中国海洋文化研究系列

丛书顾问◎曲金良 贾旭东

海洋文化遗产资源产业化开发策略研究

刘家沂／主编

中国海洋大学出版社
·青岛·

特此鸣谢

山东省发展与改革委员会

山东省财政厅

国家海洋局宣传教育中心

国家海洋局海洋发展战略研究所

浙江海洋大学

中国海洋大学

出版说明

　　本书出版由山东省发展与改革委员会/山东省财政厅的《2013年蓝黄"两区"重大课题研究项目——山东海洋文化遗产产业发展对策研究》(鲁发改蓝色经济〔2013〕1253号)课题支持。

　　山东省历史悠久,海洋文化遗产底蕴深厚,是我国重要的海洋大省。根据不完全统计,全省共有各级海洋物质文化遗产44项,其中国家级海洋物质文化遗产10项,省级22项;各级海洋非物质文化遗产82项,其中国际级海洋非物质文化遗产8项,省级21项。随着依托海洋资源的一次、二次产业的发展,海洋生态环境对山东省海洋经济的制约作用日益凸显,探索突破海洋经济发展瓶颈的重要支点有着重大的现实意义。为此,山东省发展与改革委员会/山东省财政厅联合下发了"山东海洋文化遗产产业发展对策研究"科研项目,切实服务于山东省海洋经济的又好又快发展,为山东省"蓝黄"两区建设战略规划提供有力的支持。

　　本书是在这个项目的研究基础上,从一个区域的研究扩展至全国范围,从海洋文化遗产产业化发展的一个点,上升到对我国海洋文化遗产保护及产业化发展理论与实践的全面研究,提出了海洋文化遗产产业的发展布局、路径和基本思路,以期对海洋文化的建设和发展有所助益。

　　本书作者的学术水平和认识有限,遗漏、疏忽和错误在所难免,有些观点可能存在偏颇,敬请各界读者和有关专家指导指正。

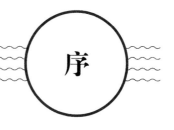

序

加强我国海洋文化遗产保护和传承，努力推进其产业化发展

刘家沂

有一种学术观点认为，抢救、挖掘和保护海洋文化遗产的管理不是国家海洋行政管理机关的职责，而是国家文物行政管理机关的职责。我认为，这个观点忽略了一个重要的问题，即保护海洋文化遗产不仅仅只是对海洋文物的管理，因为海洋文化遗产的范围较之海洋文物的概念更为广大。另一种学术观点提出，是否需要在现有文化遗产管理体系中再单列一个海洋文化遗产管理体系。我认为，非常有必要。因为保护海洋文化遗产的目标，是为了服务于中国海洋强国战略和 21 世纪海上丝绸之路的建设，是为了提高海洋软实力以提升建设海洋强国的服务能力，是为了全面推进海洋事业发展，使海洋文化成为兴海、富海、强国的思想引领和行动载体，为实现中华民族伟大复兴提供坚实的海洋精神文化支撑。

我国是海洋大国，建设海洋强国是中华儿女的历史梦想和美好夙愿。纵观世界主要海洋国家的兴衰轨迹，向海而兴是一条亘古不变的铁律。中华民族要实现伟大复兴的梦想，就必须要走向海洋。我国也是海洋文明古国，沿海人民在认识、利用和开发海洋的过程中，创造了辉煌的海洋文明成就，留下了大量独具特色、焕发异彩的海洋文化遗产。

因此，必须深刻发掘海洋文化遗产，大力弘扬传统海洋文化，彰显中华民族海洋文化在世界海洋文明体系中的地位与价值,充实和完善中华民族多元文化传统的新内涵。

一、加强海洋文化遗产保护和传承的价值和意义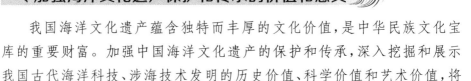

我国海洋文化遗产蕴含独特而丰厚的文化价值,是中华民族文化宝库的重要财富。加强中国海洋文化遗产的保护和传承,深入挖掘和展示我国古代海洋科技、涉海技术发明的历史价值、科学价值和艺术价值,将大大增进国人对中国海洋文化遗产价值的认识,提升民族自豪感,增强海洋意识。

加强中国海洋文化遗产的保护和传承,将有力彰显中国海洋文明的辉煌历史。中国不但是世界上历史最为悠久的内陆大国,同时也是世界上历史最为悠久的海洋大国,海洋文化遗产正是其历史的见证,是揭示长期以来被遮蔽、被误读、被扭曲的中国海洋文明历史、重塑中国历史观的事实基础。

加强中国海洋文化遗产保护和传承,有利于传承和弘扬中华传统文化国家战略。海洋文化遗产是中华海洋传统文化的重要载体之一,当然也是博大精深的中华传统文化的重要组成部分,只有充分重视海洋文化遗产的历史人文价值,才能在当代条件下弘扬其精神、挖掘其价值、促进其发展,才会有助于促进中华传统文化全面、整体的复兴和繁荣。

加强中国海洋文化遗产保护和传承,有利于推动海洋文化的发展。海洋文化遗产资源的保护与利用与当代海洋文化的创新繁荣息息相关,将有力地增强中华民族的海洋意识,强化国家海洋历史与文化认同,提高国民建设海洋强国的历史自豪感和文化自信,从而推动当代海洋文化繁荣发展。

加强中国海洋文化遗产保护和传承,有利于沿海地区发展文化产业,从而推动海洋经济的快速发展。海洋文化遗产的产业化发展是海洋文化产业的重要组成部分,沿海地区丰富多彩的各级遗产项目,是这些地区发展文化产业的重要基础和资源,其中有些资源在促进海洋旅游经济发展、满足人民的文化生活需求等方面将发挥不可替代的作用。

加强中国海洋文化遗产保护和传承,有利于维护我国国家主权和领土完整、保障国家海洋权益。我国沿海地区、海岛传承至今的海洋文化遗产，有些是我们的祖先开发海洋活动的历史见证，认识和重视这些海洋文化遗产，对于维护我国国家主权和领土完整、保障国家海洋权益和我国沿海社会的生存与发展权利，都具有不可低估的重大价值。

二、我国海洋文化遗产保护的现状及问题

随着国民海洋意识的不断提高，人们逐渐认识到海洋文化遗产所蕴含的厚重的历史价值和丰富多彩的人文价值，在全社会的共同努力下，不断加大对海洋文化遗产的挖掘和抢救力度，我国海洋文化遗产保护与传承取得了一定成绩。

一是海洋考古发掘取得初步成果。1987年，我国正式组建水下考古研究中心，标志着中国规范化海洋文化遗产考古发掘领域迈入起步阶段，广东省阳江市宋朝"南海Ⅰ号"和福建省东平潭"碗礁1号"沉船等的发掘，则是近年来最重要的海洋考古发掘。此外，我国还开展了一批水下考古发掘和调查工作，如山东省蓬莱市的海洋船的发掘、辽宁省绥中县海域元朝沉船的发掘、福建省连江县白礁沉船的发掘、山东省庙岛群岛海域调查和广东省新会县银洲湖元代沉船调查等。

二是海洋文化遗产资源调查零星展开。在我国文化遗产资源普查中，沿海地区涉及部分海洋文化遗产资源的调查和搜集；在非物质文化遗产代表作申报时，部分海洋非物质文化遗产也得到了整理。个别沿海省份曾作过简单的海洋文化资源的调查整理，如浙江省曾在进行的"我国近海海洋综合调查与评价"中，附带对浙江海洋文化资源作了简单整理。部分高校和学术机构也曾经开展过一些诸如海交史迹、外销瓷窑口等调查。厦门大学主持的"环中国海海洋遗产海洋文化遗产调查研究"课题已取得相应成果。

三是部分海洋文化遗产得到保护和传承。一些重要的物质性海洋文化遗产得到有效保护，如重要的妈祖庙、海神庙被立为不同级别的重点文物；重要的海交史迹、抗倭古迹、港市遗迹、贝丘遗址和渔村古镇等得到保护。同时，不少海洋非物质文化遗产被立为国家级、省级非物质文化遗产代表作，有的还指定了传承人，使其得到一定的保护与传承。

四是海洋文化遗产保护和传承理论的个别研究。部分学者在开展海洋文化研究中，对海洋文化遗产保护和传承的一些基础理论做了初步研究。如对中国海洋文化遗产类型做了初步的理论探讨，对海洋文化遗产的价值做了研究，对其保护和传承策略做了探索等，如中国海洋大学曲金良教授发表的《我国海洋文化遗产保护的现状与对策》和《关于中国海洋文化遗产的几个问题》，从理论上对如何保护和传承中国海洋文化遗产提出了自己的看法；又如张威、吴春明等编著的《海洋考古学》等，就海洋文化、海洋考古等相关理论问题做了有益探讨。这些理论研究对提高人们保护海洋文化遗产的意识和能力起到了积极作用。

然而，在取得成绩的同时，我们对海洋文化遗产资源的保护力度仍不够强，随着沿海地区的项目建设和资源开发，海洋文化遗产保护的压力也越来越大，一些具有重要历史人文价值和艺术价值的海洋文化遗产随着社会经济的发展逐渐从人们的视野中消失，个别项目也濒临灭绝。因此，要继续加强对海洋文化遗产的保护和传承，为保存海洋人文记忆、推动海洋文化发展、促进海洋事业全面进步作出贡献。

三、加强我国海洋文化遗产保护及产业化发展

为丰富中华民族文化宝库，推动海洋文化蓬勃发展，各地应当积极采取各种措施，努力加强海洋文化遗产保护。

（一）开展海洋文化遗产调查

摸清遗产家底，既是保护与传承海洋文化遗产的前提，也是开展系列海洋文化研究的基础。要在基本符合我国文化遗产保护体系的基础上，对中国海洋文化遗产类型和分布作深入的研究，制定我国海洋文化遗产分类标准，促进中国海洋文化遗产资源的全面调查。制定和实施国家海洋文化遗产普查工程，基本摸清我国海洋文化遗产家底状况，为进一步分类、重点保护奠定基础。

建立海洋文化遗产保护体系，在中央和沿海地区设立地方海洋文化遗产保护机构，加强中央和地方以及跨地区的海洋文化遗产保护合作，建立协调合作工作机制。结合《全国海岛保护规划》中的海岛名称标志设置工作，开展对海岛文化记忆、海洋重大历史遗迹的田野调查，以及对

海洋历史上的航海活动和航线的实地勘察,利用信息技术绘制我国海洋文化遗产的地域分布电子地图,建立我国海洋文化遗产数据库和管理信息系统。

(二)创新中国海洋物质文化遗产保护方式

加强基本理论研究,既要对海洋文化遗产内涵、范围、特征和分类作出科学界定,又要研究海洋文化遗产保护和传承的内在规律,还要探索法学、管理学理论的有效支撑,并对海洋文化遗产的公益性和产业性融合保护发展提出理论见解。加强海洋文化遗产保护传承方式的创新,将海洋文化和现代信息技术有效结合,充分利用数字化技术、虚拟现实技术、移动互联网技术等现代信息技术的发展,创新海洋文化遗产的保护、传承、利用、发展的新模式,推进海洋文化遗产的普及化、产业化和可持续发展。

加快建构中国海洋文化遗产保护体系。根据国情,针对中国海洋文化遗产的特点、现实态势和分布状况,提出科学的保护与传承策略,探索完善的保护机制,促进中国海洋文化遗产保护体系的建构。

加强国家级历史遗迹类的海洋保护区建设与管理。对海洋沉船、水下遗址与遗物等制定切实的保护措施;对临海的古码头、柔远驿、市舶司、历史悠久的灯塔等古遗址制定并实施不可移动海洋文物的保护规划;完善滨海重大建设工程中的海洋文物、海洋遗址的保护工作,严格项目审批、核准和备案制度;建立涉海非物质文化遗产清单及档案,绘制国家滨海海洋非物质文化遗产资源分布图,在国家非物质文化遗产名录和传承人体系建设中,切实推进涉海非物质文化遗产的保护与传承。

(三)加强对海洋非物质文化遗产保护

保护重要海洋节庆和海洋习俗。与海洋精神文明创建活动相结合,丰富和发展富有浓郁民族特色的海洋民间传统节庆内容、风俗、礼仪,保护沿海人民的海神祭典活动,保护少数民族传统海洋节庆仪式,结合各种海洋节庆活动,开展海洋文化遗产保护宣传活动。

传播海洋名人文化。要传播和颂扬以航海与经营海运事业闻名的名人,在保卫祖国海疆而英勇奋战的海洋英雄,勇于开拓遍布全球的海商名人,以传播中华海洋文明的海外交流名人,以撰写中国海洋文献著称的学术名人。

整理编纂出版相关典籍。实施国家整理出版海洋文化典籍工程。重视中国海洋文明史的研究，发掘和研究中国对世界海洋文明的重要贡献。开展涉海古籍与文物的抢救、出版工作。充分发挥高等学校和学术机构出版单位整理、研究和编纂、出版海洋传统文化典籍的作用。系统开展搜集、整理、出版中国海洋族群的民间故事与口述历史，搜集、整理、出版散存在民间的海洋文化艺术作品。搜集、整理、出版以妈祖与观音信仰为主要内容的海洋宗教文化和传说。

（四）在产业化发展中注重传承和保护

要处理好海洋文化遗产的保护、传承和产业化发展的关系。对于历史文化遗产的保护和传承和产业化发展，国内外学术界历来存在着争议。一些学者认为文化遗产重在保护，而不应当发展产业；一些学者认为可以发展产业，但不宜过度。经过多年的实践，大多数学者和政府文化工作者都认识到，文化遗产的保护和产业发展两者之间是一种辩证的关系，应当在重视保护的基础上，积极促进文化产业的发展；通过产业发展，可以使文化遗产的保护足以获得必要的经济基础，从而使文化遗产得到保护，并增添其旺盛的生命力。

海洋文化遗产的保护、传承和产业化发展的关系，同样也符合这样的共识，即一方面我们应当重视保护，使原汁原味的海洋文化遗产项目得到充分的保护和传承；一方面，也不宜过度商业化发展，以致改变海洋文化遗产的原始状况；另一方面，还要注意去其糟粕（如一些带有封建迷信内容的、不符合当代精神的内容），弘扬其精华，在创新发展中不断给予海洋文化遗产增添新的活力，使其保持旺盛的生命力。

挖掘海洋文化遗产的内在精华，积极促进其产业化发展，使广大人民群众能够欣赏到海洋文化遗产丰富多彩的情趣、健康的内容，满足社会大众的精神文化需求，用产业化发展所取得的物质成就来反哺海洋文化产业的保护工作。因此，我们应当辩证地看待两者之间的关系，它们并不是矛盾的、水火不相容的关系，而是相辅相成的相互促进的关系。只有处理好这样的关系，才能真正在促进产业化发展的同时，有力地保护好和传承好海洋文化遗产。

目录
CONTENTS

第一章
海洋文化产业概述

　　地球是一个"大水球"，其表面的 71% 被海洋所覆盖。人类与海洋有割舍不断的关系，海洋纵深贯穿于人类精神文化记忆，横向延展至人类生存发展领域。可以说，人类社会的进步和文明的延续都直接受益于海洋。我国是历史悠久的海洋大国，纵观华夏海洋文明史，中华民族与海洋密不可分，从《山海经》中的"精卫填海"与"四海龙王"，至《庄子•秋水》中河伯的"望洋之叹"，都体现出浓郁的海洋历史文化内涵，徐福东渡、海上丝绸之路、郑和下西洋、妈祖信仰等海洋文明成果，都在全世界范围内具有强大的影响力和辐射力。

第一节　中国进入海洋强国建设阶段

　　海洋是中华民族走向世界的重要门户，尽管中西方航海事业都取得了巨大成功，但却表现出两种完全不同的文明交往模式，即中国人建立的朝贡模式和以欧洲人为代表的殖民模式。坚持朝贡模式的中国航海船只从不强取豪夺，而是把中国的茶叶、瓷器等物品进行赠送或交换，体现了大国的友好平等的外交态度，在所到之处皆传播了中华民族的古老文明，促进了文化与宗教的交流。

　　新中国成立以来，党和国家一直高度重视海洋事业发展。以毛泽东同志为核心的党的第一代中央领导集体在带领全国人民巩固政权、发展经济的过程中,清晰地意识到兼顾海洋发展的重要性,毛主席曾豪情万丈地指出:"我们要把祖国的海岸线筑成海上长城和海上铁路!"中华人民共和国 12 海里领海宽度的确立、人民海军的诞生和壮大、国家海洋法律法规的颁布和完善、海洋行政管理部门的成立,都是新中国海洋事业发展史上浓墨重彩的蔚蓝印记。

伴随着"十年浩劫"的结束和改革开放的拂面春风,中国海洋事业迅速发展,我国先后在大洋考察、海洋调查、海洋学科发展及应用技术研究等方面取得一系列重大成就,特别是以极地考察为代表的海洋科技捷报频传,沿海城市的开放和发展更是给"春天的故事"增添了魅力。

世纪之交,世界沿海国家逐渐把未来发展的战略重心转移到海洋,国际海洋竞争日趋激烈,海洋已经成为综合国力竞争的重要舞台。在此背景下,党中央更加注重海洋经济和海洋科技等工作,从规范发展及长远角度考虑,编制了一系列指导海洋事业发展的纲领性文件,同时,在"科技兴海"方针的指导下,我国的海洋科技事业也步入快速发展的历史时期。

进入 21 世纪,党中央深刻认识到海洋是人类最大、也是最后的资源宝库,对海洋的开发利用更需要科学、合理、有序,建设中国特色海洋强国的宏伟蓝图也徐徐展开,从中共十六大报告首次提出"实施海洋开发"到"十二五"规划纲要中"推进海洋经济发展"成为专门一章,都体现了党中央对海洋事业的充分肯定和高度重视,我国海洋事业在规划制定、法律法规、海权维护、海洋科技、极地考察、大洋科考、海洋环保、国际合作等诸多领域都取得了令人瞩目的成就。

中共十八大提出建设海洋强国的宏伟战略目标,标志着我国海洋事业发展进入从海洋大国迈向海洋强国的全新阶段。以习近平同志为总书记的新一届党中央领导集体,更加重视海洋发展,提出关心海洋、认识海洋、经略海洋的新要求,身体力行地加强学习研究和对外合作交流,把建设海洋强国作为实现中华民族伟大复兴中国梦的重要组成部分,推动我国海洋强国建设不断取得新的成就。

第二节　海洋文化产业定义

海洋文化源远流长,是根植于沿海国家人民内心深处的世界性的文化现象。当前有关海洋文化的定义多达几十上百种,至今未有一个统一的定义。有专家认为"文化"是人类社会缘于自然资源和环境条件所创造和传承的物质的、精神的、社会的生活方式及其表现形式,按此理解,海洋文化是沿海地区的人们缘于海洋所创造和传承的物质的、精神的、制度的、社会的文明生活方式及其表现形式。上述表述是从宏观的角度来认识海洋文化,近似于海洋文明的概念。如果从微观的角度来看,海洋文化的本质就是人类在开发和利用海洋的过程中,与海洋的互动关系及其产物,简言之,海洋民俗、海洋考古、海洋信仰、与海洋有关的人文景观,等等,都属于海洋文化的范畴。

一、海洋文化是海洋强国软实力

海洋文化是相对于大陆文化的一种文化现象,是千百年来沿海人民顶着狂风恶浪、不畏艰险、勇于拼搏、敢于冒险的精神的结晶,其显著特点就是开放、开拓和进取。进入 21 世纪,世界上许多国家纷纷将目光投向了海洋,将海洋视作可持续发展的新空间。种种激烈的竞争背后是各海洋国家不同民族之间不同海洋意识、观念、文化的竞争,也就是不同海洋文化之间的竞争。海洋文化竞争的成败决定着未来海洋国家的格局和态势,也决定着各海洋国家未来发展的命运。

中国是历史悠久的海洋大国,中华民族海洋文化源远流长、成果丰硕,是中华文明不可或缺的组成部分,对中国传统文化整体的发展繁荣具有重要的对内支撑作用和对外拓展作用。海洋文化本身就是特色文化,长久以来中国沿海居民依托海洋自然及资源的独特优势开发和利用海洋,他们的生活、生产习惯和社会风俗都和大海息息相关,其文化是沿海社会群体的物质生活、精神生活与文化风貌的集中体现,承载着沿海人民的价值取向和审美情趣,具有宝贵的社会价值、艺术价值、经济价值和文化传承价值。

新中国成立以来,党领导着人民在不断的反思和教训中追寻民族复兴的伟大道路,在百年的屈辱史中我们认识到了海洋的重要性。进入新世纪,我国的海洋事业获得了前所未有的发展良机,海洋经济不断发展,海洋科技不断进步,海洋对推动社会经济可持续发展、开拓国家的利益和安全空间的作用日益显现,逐渐成为增强综合国力的重要一环。在社会经济和国家安全需求的驱动下,海洋经济、科技、军事等取得可喜的新进展,但与之相配套的人文社会科学领域对海洋发展的重视程度仍然远远落后于社会需要,不能及时提供理论指导和人文精神的支持。究其原因,历史上重陆轻海的社会价值导向和海洋人文社会科学的不发达,导致国民海洋意识的普遍薄弱和海洋文化的相对缺失。在学术界,海洋文化研究还没有形成主题学科,没有建立起完整的理论体系,缺少自己的海洋文化品牌。此外,还缺乏全国性的统筹规划和有力的保障措施,经费投入不足,研究队伍单薄,力量分散,这都在一定程度上制约着海洋文化的建设和发展。总之,现阶段的海洋文化与我国人民群众日益增长的精神文化需求不相适应,与我国实施开发海洋战略、建设海洋强国的目标还不相适应。

鉴于此,我们应当加强海洋文化建设,着眼于"文化竞争力"和"软环境"的改善,提升"海洋文化生产力",发展海洋文化产业,从而有利于深入挖掘和阐明海洋文化的时代价值和开拓进取的海洋观,有利于在全社会形成关注海洋、热爱海洋、保护海洋的浓厚氛围,为海洋强国建设不断注入精神动力。

二、海洋文化产业是具有海洋特色的文化产业

(一)文化产业概述

"文化产业"这一术语产生于 20 世纪初,最初出现在霍克海默和阿多诺合著的《启蒙辩证法》一书中。文化产业作为一种特殊的文化形态和经济形态,影响着人们对其本质的把握,不同国家从不同角度对文化产业都有着不同的理解。联合国教科文组织关于文化产业的定义值得我们参考,即文化产业是按照工业标准,生产、再生产、储存以及分配文化产品和服务的一系列活动。

1. 我国对文化产业的定义和分类

2003 年 9 月,文化部制定下发了《关于支持和促进文化产业发展的若干意见》,其中将文化产业界定为:"从事文化产品生产和提供文化服务的经营性行业。文化产业是与文化事业相对应的概念,两者都是社会主义文化建设的重要组成部分。文化产业是社会生产力发展的必然产物,是随着中国社会主义市场经济的逐步完善和现代生产方式的不断进步而发展起来的新兴产业。"2004年,国家统计局将"文化及相关产业"界定为"为社会公众提供文化娱乐产品和服务的活动,以及与这些活动有关联的活动的集合"。

国家有关部门于 2012 年发布了《文化及相关产业分类(2012)》,第一次明确了我国文化产业的统计范围、层次、内涵和外延,该文件将我国文化及相关产业分为五层,其中第一层分为"文化产品的生产"和"文化相关产品的生产"

两部分；第二层根据管理需要和文化生产活动的自身特点分为 10 个大类，即"新闻出版发行服务""广播电视电影服务""文化艺术服务""文化信息传输服务""文化创意和设计服务""文化休闲娱乐服务""工艺美术品的生产""文化产品生产的辅助生产""文化用品的生产""文化专用设备的生产"；第三层依照文化生产活动的相近性分为 50 个中类；第四层共有 120 个小类，是文化及相关产业的具体活动类别；第五层则为小类下设置的延伸层。

2. 我国文化产业发展现状和特点

根据《中国文化产业年度发展报告（2014）》，我国文化产业的发展数据如下。

从近 10 年的测算结果来看，我国文化产业增加值呈现出持续上升的趋势且发展较为平稳。剔除 2012 年文化产业重新分类引起的统计口径不一的影响，文化产业的投资规模从 2008 年的 9 390.73 亿元增长至 2012 年的 19 576.68 亿元，5 年投资规模年均增幅达 20%；在文化投资的持续推进下，2012 年，我国文化产业法人单位实现增加值 18 071 亿元，占到 GDP 的 3.48%。而从具体行业的发展情况来看，虽然各行业均有不同程度的增长态势，但也呈现出各自不同的特点：文化旅游业仍居于文化产业整体市场规模的主导地位，同时也呈现出与新兴平台相结合的新趋势；以网络新媒体和游戏为代表的新兴产业发展迅猛，技术和平台两种因素在文化产业发展中的作用越来越重要；以电影、动漫、艺术品为代表的内容产业在保持持续发展的同时，呈现出理性回归的发展趋势；2013 年我国对外文化贸易成绩斐然，在促进对外文化交流、推动中华文化"走出去"、提升国家文化软实力、提升开放型经济水平等方面发挥着越来越大的作用。

3. 我国文化产业发展趋势

中宣部改革办副主任高书生从近几年在政策协调和在基层调研中掌握的情况出发，认为中国文化产业的发展呈现出以下几个引人注目的趋势：一是我国文化资源已进入大调整、大整合的时期；二是行业界限越来越模糊，出现了行业融合的趋势；三是文化与旅游以及制造业的结合越来越明显；四是文化产业发展已经从自发转向自觉。深圳大学副校长李凤亮则表示，信息化、虚拟化、体验化、跨界化和国际化将成为未来文化产业的五大趋势，文化领域从业者更需要不断提升前瞻性战略研判能力，增强文化科技创新动力，继续强化技术引领作用,加大人才培养力度,不断破除文化产业体制机制障碍,进一步培育消费市场。

可以肯定的是,中国文化产业的发展前景广阔。在数字化大发展和国际性大融合的背景下,我国文化产业发展将呈现出数字化内容产业引领新世纪文化产业发展,以经营娱乐元素为主的产业形态成为文化产业中最活跃的力量,跨媒介、跨行业、跨地区乃至跨国运营的文化传播集团成为文化产业的主体,文化产业的风险性特征更加突出等趋势。文化产业作为一种新的经济形态,崛起的势头非常强劲,文化、娱乐正在替代那些传统制造业、金融服务业,成为潜力巨大、发展速度较快的优质产业,显现出成为国家经济未来发展主要角色之一的趋势。

(二)海洋文化产业概述

海洋文化产业是海洋经济的重要组成部分。进入 21 世纪,发展海洋经济已经成为世界的共识,新兴海洋产业逐渐成为海洋开发的重要方向,传统海洋产业亦在转型中扩展,海洋经济与海洋文化的互动加速。当前,我国对于海洋文化产业的研究尚属于起步阶段,结合海洋文化与文化产业的定义,我们认为海洋文化产业是指为满足社会公众的精神、物质追求,从事涉海文化产品生产和提供涉海文化服务的行业。

海洋文化产业可包括滨海旅游业,海洋体育、休闲与娱乐业,海洋庆典会展业,海洋新闻出版业,海洋广播电视电影业,海洋艺术业。海洋文化产业既是传统产业,又是具有广阔发展前景的战略性海洋产业。如今,依托海洋资源的一次、二次产业对海洋生态环境的压力已经凸显,海洋经济的可持续发展受到前所未有的挑战,海洋文化产业无疑将成为突破海洋经济发展瓶颈的重要支点,有望成为继海洋现代渔业、海洋装备制造业、海洋交通运输业之后中国海洋经济新的增长点。

2014 年 8 月,文化部、财政部联合印发了《文化部财政部关于推动特色文化产业发展的指导意见》(文产发〔2014〕28 号,简称《意见》),这是对党中央关于发展特色文化产业、国务院关于推进文化创意和设计服务与相关产业融合发展精神的具体落实。特色文化产业是指依托各地独特的文化资源,通过创意转化、科技提升和市场运作,提供具有鲜明区域特点和民族特色的文化产品和服务的产业形态,而海洋文化本身就是特色文化,因此,《意见》的出台将更好地推动特色文化产业健康快速发展,同时也意味着中国海洋文化产业春天的到来。根据《意见》提出的发展目标,结合我国海洋文化产业发展基础和形势,到2020年,我国海洋文化产业将基本建成海洋特色鲜明、重点突出、布局合理、链条完整、效益显著的海洋文化产业发展格局,形成若干在全国有重要影响力的海洋文化产业带,建设一批典型的、带动作用明显的海洋文化产业示范区(乡镇)和示范基地,培育一大批充满活力的海洋文化市场主体,形成一批具有核心竞争力的海洋文化企业、产品和品牌。海洋文化资源得到有效保护和合理利用,海洋文化产业产值明显增加,吸纳就业能力大幅提高,产品和服务更加丰富,在促进地方经济发展、推动城镇化建设、提高生活品质、复兴优秀传统文化、提升文化软实力等方面的作用更加凸显。

第三节　我国海洋文化产业发展背景

过去20多年间,我国海洋经济总量高速增长的同时,海洋产业门类也日趋增多,海洋捕捞业、海洋运输业、海洋盐业等传统产业逐步走向成熟,海水增养殖业、海洋油气业和滨海旅游业等新兴海洋产业已具有一定规模,沿海各省市结合自身特点和优势,已形成了多元化发展的海洋产业的新格局,海洋文化产业在这样的背景下发展迅速。

一、海洋经济快速发展带动海洋文化产业起步

近年来,我国海洋经济发展的内外环境发生了深刻的变化,既面临难得的历史机遇,也面对诸多的风险和挑战。从国内环境来看,科学发展观的深入实施、经济结构转型步伐的加快、扩大内需战略的持续推进,给海洋经济发展提供了广阔的空间,国家对海洋开发重视程度的提高也将对海洋经济发展提供强劲动力。同时,绿色、低碳、资源节约、环境友好等观念的深入人心,将对海洋经济的可持续发展提出更高的要求,海洋资源集约利用和生态环境保护的压力将进一步加大。从国际环境看,后国际金融危机时期,世界经济进入新一轮调整,为我国发挥后发优势、通过开放合作加快海洋经济发展提供了机遇。但是,全球需求结构变动和各种形式的贸易保护主义抬头对外向型海洋产业发展产生较

大影响,国际社会对海洋开发关注度的提高、海上国际争端的加剧,也将对我国维护海洋权益、加快海洋资源开发进程带来更加严峻的挑战。在此形势下,如何突破海洋经济发展的诸多瓶颈制约,提升海洋经济综合实力与竞争力,协调海洋经济与陆地区域经济、海洋经济增长和生态环境保护的关系,提高海洋开发能力,是当前和今后一段时间内我国海洋经济发展的重大战略任务。

未来几年间,我国将进入海洋经济加快发展、发展战略转型和发展方式转变的关键时期。面对日益高涨的国际国内海洋开发浪潮和复杂多变的国内外政治经济环境,必须立足国家发展与安全的战略高度,从国家可持续发展和全面建成小康社会的战略需求出发,以更加开放的视野、陆海双向的思维,切实推动海洋经济综合实力的大幅度提升和发展方式的转变,使其真正作为推动我国经济社会发展的重要引擎发挥作用。

二、海洋文化产业发展的基本思路

开放性是海洋经济的基本属性,同样也是海洋文化产业发展的重要方针。海洋经济的开放性特征要求我国未来的海洋文化产业应实施“走出去”和“引进来”相结合的发展战略,主动参与各国海洋文化产业的合作与竞争,在经济全球化和世界海洋开发格局的整体框架下推进海洋文化产业的发展。一方面,要立足国内,明确海洋文化产业的战略重点,不断提高海洋文化资源的利用效率和可持续发展水平,着力提高海洋文化软实力,提高控制、利用和综合管理能力。另一方面,要放眼全球,积极参与海洋文化产业开发的国际项目,通过独立自主的勘探开发主动参与国际合作。

海洋经济与陆域经济是相对而言的,作为沿海国家和地区经济的重要组成部分,海洋经济实质上是陆域经济向海洋的延伸,二者之间有着千丝万缕的自然和社会经济技术方面的联系。正确处理海洋国土开发和陆地国土开发、海洋经济发展和陆域经济发展的关系,不仅是海洋经济发展的需要,而且是国家和地区经济健康发展的必然要求。海洋文化产业同样如此,发展海洋文化也要摆脱传统的陆海分离、重陆轻海的思想束缚,正确处理海洋经济和陆地经济发展的关系,在海陆协调互动和一体化发展中加快海洋文化产业的发展进程。

现代海洋开发的竞争很大程度上是科技实力的竞争。与陆地资源开发相比,海洋文化产业资源开发的技术要求与技术创新的难度要大得多。未来随着海洋文化产业资源开发向纵深推进,不仅要求传统的海洋文化产业升级,而且对科技和互联网的要求也将进一步提升,因此要加强科技创新和科技成果转化,把文化创意设计和"互联网＋"融入海洋文化产业的各个方面。

三、海洋文化产业的大致分布及空间布局

经过多年的努力,我国海洋经济的综合实力及影响力已经有了很大的提升,海洋文化产业的空间布局也应该适时做出优化和调整,要突出重点,以重点资源、重点产业和重点区域为突破口,带动主要海洋文化资源的合理利用和开发。战略布局的优化主要针对海洋文化产业和临海地区文化产业的空间整合与区域布局优化。一方面,要着眼于沿岸不同区域的区位条件、区域经济发展状况、海洋文化产业资源特点和海洋文化产业发展的现有基础,合理确定不同区域海洋文化产业发展的主导方向和重点,同时要打破行政关卡和地方保护主义,保证所有产品在区域内自由出入和产业自由竞争,促进海洋文化产业要素的合理流动和优化组合,着力推动跨区域海洋文化产业的空间重组;另一方面,要充分利用临海、临港的区位优势,发挥海洋文化产业园区的载体作用,促进海洋文化产业的空间集聚,实现海陆文化产业的协作配套和集群化发展,促进形成特色突出、优势互补、分工合理的陆海型区域海洋文化经济发展空间格局。

我国沿海省份的海洋产业及优势见表 1-1。

表 1-1 我国大陆沿海省(市)海洋产业发展优势概况比较分析一览表

省(市)	产业发展	优 势
广 东	广东以发展港口海运业、临港工业、海洋渔业、滨海旅游业和海洋新兴产业五大海洋产业为主,重点打造石化、造船、钢铁和能源四大临海工业基地	1. 广东是华南乃至中南和西南地区物流运输的枢纽,毗邻港澳地区,是内地与东盟商品进出的重要集散地。 2. 广东海洋经济综合试验区是全国海洋经济发展试点,国家赋予了广东在海洋经济方面,与港澳地区、海西、北部湾、海南乃至东盟等地区合作的先行先试权。 3. 广东岸线资源和产业实力都比较强,值得借鉴的在于其合理的产业布局和对城市的明确定位,避免了同质化发展。目前初步形成了特色突出、优势明显的珠三角、粤东、粤西三大海洋经济区

续表

省(市)	产业发展	优　势
山　东	从产业来说,山东的海洋水产业、港口运输业、盐化工产业在全国名列前茅	1. 山东半岛是我国最大的半岛,濒临渤海与黄海,东与朝鲜半岛、日本列岛隔海相望,南接长三角地区,北临京津冀都市圈,位于东北亚经济圈的圈层中心,是中国北部延伸至太平洋进而通向各大洲的重要门户,区位条件十分优越。 2. 山东海洋生物资源优势明显,海洋产业基础较好。山东半岛蓝色经济区是全国海洋经济发展试点,将构建"一核、两极、三带、三组团"的框架。 3. 山东半岛海洋人文资源底蕴丰富,海洋科技力量集中,拥有中科院海洋研究所、中国海洋大学、国家海洋局第一研究所等约占全国 60% 的海洋科研机构,海洋科技人员 1 万多名,占全国的一半以上
上　海	目前,上海仍以传统的海洋产业为主体,滨海旅游业、海洋交通运输业和海洋船舶制造业构成了上海的三大海洋支柱产业	1. 上海地处长江入海口,是天然良港。它位于长江三角洲的中心,有着广阔的经济腹地,经济发展可持续性强。 2. 海洋科技实力雄厚,全国首家"国家科技兴海产业示范基地"正式落户上海浦东新区。 3. 作为全国最大的沿海城市,上海市拥有丰富的滩涂、港口航运、滨海旅游资源等,海洋经济具备良好的发展基础
浙　江	海洋产业体系较为完备,港口物流业、石化工业在全国名列前茅;滨海旅游发展空间巨大;海洋生物医药、海洋能源、海洋装备制造、海水利用等新兴产业发展势头良好,成为海洋经济新的亮点	1. 在区位优势方面,浙江省沿海和海岛地区位于我国"T"字形经济带龙头的南翼和长三角城市群核心区,海域位于长江黄金水道入海口,毗邻台湾海峡,是我国沿海通道纵轴的重要组成部分,也是长三角地区与海峡两岸的联结纽带,具有深化国内外区域合作、加快开发开放的有利条件。 2. 全国海洋经济发展试点省,在海岛的规范化开发方面有许多其他沿海省市地区可借鉴之处。 3. 丰富的海洋资源为浙江发展海洋产业提供了坚实的基础,民间资本相对丰富成为浙江海洋产业的强大动力

省(市)	产业发展	优 势
福 建	福建海洋渔业、海洋港口物流业、滨海旅游、船舶修造、海洋工程建筑五大主导海洋产业均呈现快速增长,海洋生物与医药产业等海洋战略性新兴产业、海洋现代服务业是该省今后海洋经济发展的重要方向之一	1. 海洋区位得天独厚,北承长三角,南接珠三角,直对台湾海峡,扼东海与南海之交通要冲。 2. 福建历史上一直就有经略海洋的特质和传统,是海上丝绸之路起点、郑和下西洋驻泊点以及我国对外通商最早的省份之一。目前,福建省正全力打造海峡蓝色经济试验区,继山东、广东、浙江之后,正式跨入中国海洋经济试点省行列。福建坚持科技兴海战略,充分发挥国家海洋三所、厦门大学、厦门海洋职业技术学院等海洋科研教育机构的智库作用,以实施重大海洋科技项目为载体,加快提升自主创新能力,在海产品精深加工、海洋生物制药等方面取得重大突破,科技进步对福建海洋经济贡献率达到59%。 3. 福建是海洋文化富集地区之一,妈祖文化、船政文化、海上丝绸之路文化、郑和下西洋文化、闽商文化等广为人知。2012年5月22日,"福建省海洋文化中心"正式揭牌。目前,福建在不断推动海洋文化发展的同时,还将推进海洋文化与信息技术结合,培育文化博览、动漫游戏、影视制作等海洋文化创意产业,建设一批海洋文化创意产业示范区,以此培育海洋经济新增长点,使海洋文化成为福建海洋经济强省的软实力
江 苏	船舶制造业、海洋渔业、滩涂农林牧业、滨海旅游业、海洋运输业等都属于江苏传统海洋产业,这些传统产业的存量在科技进步和产业升级中被盘活,不断释放出新的活力。近几年,连云港新材料和新医药、盐城汽车和"风光电"新能源装备制造、南通船舶与海工等一批产业链长、竞争力强、特色鲜明的沿海产业基地相继涌现	1. 江苏地处中国东部沿海地区中部,长江、淮河下游,东濒黄海,西连国家中西部地区,北部连接环渤海地区,东南与上海、浙江接壤,是中国经济最发达的省份之一。 2. 2009年,江苏沿海地区发展上升为国家战略,海洋经济发展迈入快车道。在南通、连云港、盐城三个沿海地级市的经济发展中,40%以上来自于海洋产业作出的贡献。目前,江苏正着力打造"L"形特色海洋经济带,建设以连云港、盐城和南通3个中心城市为核心的江苏北部海洋经济区、中部海洋经济区和南部海洋经济区。 3. 江苏沿海地区在发展过程中形成"对外开放合作才能跳出经济洼地"的共识,与外合作共建产业园区一方面为江苏海洋产业的发展提升了新空间,另一方面也带来了新机遇

续表

省(市)	产业发展	优　势
辽　宁	目前,已形成海洋渔业、交通运输业、旅游业、船舶修造业等六大海洋支柱产业。同时,海洋生物医药、海洋生物、海水利用等新兴海洋产业也得到初步发展	1. 辽宁沿海经济带位于东北地区的前沿、环渤海地区的中心和东北亚经济圈的关键地带。毗邻黄海和渤海,与日本、韩国、朝鲜隔海相望,面向经济活跃的泛太平洋区域,与俄罗斯、蒙古陆路相连,是欧亚地区通往太平洋的重要"大陆桥"之一。 2. 优势海洋资源有港口资源、旅游资源、渔业资源、油气资源和海水资源等。"五点一线"沿海经济开发开放带目前正在建设中
天　津	五大优势产业有海洋油气业、海洋化工业、滨海旅游业、海洋交通运输业和海洋工程建筑业。五大战略性新兴产业包括海水利用业、海洋高端装备制造业、海洋工程建筑业、海洋可再生能源业和海洋生物制药业	1. 滨海新区地处环渤海经济带和京津冀城市群的交汇点,背靠"三北",依托京津,面向东北亚,与日本、韩国隔海相望,是中国北方连接亚欧大陆桥最近的东部起点。 2. 滨海新区是继上海浦东新区后第二个综合配套改革试验区,获得"先行先试"资格。天津市着力打造"一带五区两场三点"海洋空间发展布局
河　北	传统渔业占海洋经济总量的80%以上;海洋经济总量中第二、三产业比重偏低;海洋油气开发、海上风电、船舶制造、海水利用等高技术产业刚刚起步;现代物流业、旅游业尚未形成产业化规模;海洋药业尚属空白	在以中国、日本、韩国为核心的东北亚一体化加速发展的进程中,河北在全国具有得天独厚的区位、资源、产业等优势,在与日本、韩国的经贸往来中,河北有大港对大港的优势,面临着日本、韩国等东北亚国家产业转移与其市场对接的难得机遇。"渤三角"正在加速崛起成为我国继"珠三角""长三角"之后的第三增长极
广　西	一直以来,海洋渔业、盐业和海洋交通运输业是广西传统的海洋产业,是地方性支撑产业。近年来,临海工业规模也在不断壮大,随着钦州石化、北海特种钢、防城港核电、防城港钢铁等一批重大工业项目的开工建设,以钢铁、石化、电力为代表的临海工业得到快速发展,产业聚集程度不断提高,电子信息、海洋生物制药等新兴产业也正在兴起	1. 广西具有沿海、沿边、沿江的区位优势,同时处在我国大陆东、中、西三个地带的交汇点,是华南经济圈、西南经济圈与东盟经济圈的结合部,是西南乃至西北地区最便捷的出海通道,也是联结粤港澳与西部地区的重要通道。特别是随着北部湾经济区、中国-东盟自由贸易区的建立,广西作为连接中国西南、华南、中南以及东盟大市场的枢纽,将发挥结合部的重要战略作用。 2. 海洋资源丰富,文化氛围浓厚为发展海洋产业的发展奠定了坚实的物质基础

省(市)	产业发展	优　势
海　南	形成了海洋渔业、滨海旅游业、海洋交通运输业、海洋油气业四大支柱产业。海南海洋面积全国最大,但海洋和渔业产值及海洋科技力量两项均为全国倒数第一,科技支撑能力弱成为海洋开发的最主要问题,严重阻碍海洋经济发展	1. 海南省地理位置独特,自然资源丰富,气候条件优越,环境景观优美,发展的基础良好,潜力巨大。 2. 海南国际旅游岛为海南海洋产业发展带来前所未有的新机遇。 3. 与其他沿海城市相比,海南的基础设施建设较好,配套能力相对较强

第二章
海洋文化遗产及典型资源概述

　　中国既是陆地大国也是海洋大国,中华民族在漫长的历史岁月中既创造了辉煌的大陆文化,也留下了令人瞩目的海洋文化遗产。中国社会科学院哲学研究所卞崇道研究员认为,沿海居民与内陆居民自古以来就交融在一起,因此,沿海文化的发生与发展始终依存于内陆文化,是中华文化的重要组成部分,是通过其独特的文化内容与形式来体现中华文化的整体精神。

第一节　海洋文化遗产

一、文化遗产与海洋文化遗产

(一)文化遗产的定义和分类

　　我国是一个统一的多民族国家,悠久的历史和灿烂的古代文明为中华民族留下了极其丰富的文化遗产,它们体现着鲜活的民族精神,是中华民族智慧与文明的结晶,是中华文化的根基和重要组成部分,是维系中华民族精神与情感的纽带和维护国家统一的重要基础,是传承中华文明的重要桥梁。近年来,文化遗产越来越受到党和国家的高度关注,也逐渐成为社会热门话题。有学者在对文化、文化资源定义的基础上,对文化遗产的定义提出了新的表述:文化遗产包括文化资源和文化产业两个子系统,突出了文化遗产的信息性和经济性两大本质属性,而其中的文化资源则包括文化基因、文化载体、文化环境、文化市场。

具体而言,文化遗产是指为国家、民族、群体或个人所拥有、掌握、控制或保护的,具有重大历史、艺术、科学价值的,含有特殊文化信息及其无形传媒或有形介质或载体以及特殊文化环境所组成的,能带来潜在、间接或直接社会经济利益的,符合联合国或国家法规规定的各种无形或有形的文化资源。

联合国教科文组织 1972 年 11 月在法国巴黎举行的第十七次会议通过的《保护世界文化和自然遗产公约》(简称《世界遗产公约》)中,把文化遗产分为物质文化遗产和非物质文化遗产两大类。其中,物质文化遗产包括文物、建筑群、遗址,具体为:

——文物:指从历史、艺术或科学角度看,具有突出、普遍价值的建筑物、雕刻和绘画,具有考古意义的成分或结构,铭文、洞穴、住区及各类文物的综合体。

——建筑群:指从历史、艺术或科学角度看,因其建筑的形式、同一性及其在景观中的地位,具有突出、普遍价值的单独或相互联系的建筑群。

——遗址:指从历史、美学、人种学或人类学的角度来看,具有突出的普遍价值的人造工程或自然与人类结合工程以及考古遗址的地区。

非物质文化遗产指被各群体、团体或有时为个人视为其文化遗产的各种实践、表演、表现形式、知识和技能及有关的工具、实物、工艺品和文化场所,其范围包括:

——口头传统,以及作为文化载体的语言;

——传统表演艺术(含戏曲、音乐、舞蹈、曲艺、杂技等);

——民俗活动、礼仪、节庆;

——有关自然界和宇宙的民间传统知识和实践;

——传统手工艺技能;

——与上述表现形式相关的文化空间(即定期举行传统文化活动或集中展现传统文化表现形式的场所,兼具空间性和时间性)。

表 2-1 文化遗产类型表

类　型		内　容
物质文化遗产	不可移动文物	古遗址、古墓葬、古建筑、石窟寺、石刻、壁画、近代现代重要史迹及代表性建筑等
	可移动文物	历史上各时代的重要实物、艺术品、文献、手稿、图书资料等
	在建筑式样、分布均匀或与环境景色方面具有突出普遍价值的历史文化名城	

类　型	内　容
非物质文化遗产	口头传说和表述,包括作为非物质文化遗产媒介的语言
	表演艺术
	社会风俗、礼仪、节庆
	有关自然界和宇宙的知识及实践
	传统的手工艺技能
	相关的文化空间

(二)海洋文化遗产的概念和特点

当前,关于海洋文化遗产的分类尚无统一定论,根据文化遗产的一般定义和海洋文化特征,中国海洋文化遗产是指我国历代海洋文化史上形成并积淀下来的具有历史、艺术、科学价值和经济、环境、景观、生态等内涵的物质与非物质文化形态。我国海洋文化遗产在漫长的发展过程中依托独特的环境,形成了自身独有的特点。

1. 空间分布集聚性

我国海洋文化载体多分布在沿海地区,沿海城市的社会经济发展程度、海洋自然和人文资源、城市地理位置、海洋开发活动时间、当地政府重视程度等因素直接决定了各地区海洋文化遗产的数量和质量。我国海洋文化遗产主要分布在广州、泉州、宁波、烟台、大连、青岛、厦门、舟山、防城港、日照、连云港、威海、秦皇岛、潮州、湛江等历史文化底蕴深厚、海洋文化相对发达的沿海城市。

2. 与海洋信仰紧密相连

我国海洋文化遗产中的许多海神文化内容,如妈祖信仰、龙王信仰等,这些神祇与人们的生产生活紧密相关,如妈祖信仰与商业等经济要素具有天然联系,天后宫所建之处是福建、泉州、天津等经济较发达或经济发展环境较好的地方,因为天后一般是助人预防海洋风险、保平安的,而商业也有海洋般的风险、不确定性,故天后成为商人的精神寄托之一,这也与海洋具有崇商性相吻合。与之相比,龙王庙则多见于内地村庄,多了几分“内陆味”,因为农民多向龙王祈求来年的风调雨顺。同时,我国地方民间海神信仰均不相同,虽形象特征大体相同,但均为善良、乐于助人的形象,且多为女性。这与我国在女性特征、角色分工认知的文化传统有关。

3. 多样化和复杂化

我国海洋文化遗产包括海神庙宇、海洋节庆或仪式、海洋社会群体、建筑和器物、文献资料等实际形态，并且每一种具体形态还呈现出不断丰富和复杂化的趋势，如海洋节庆或仪式的具体程序日趋增多，从中可以看出我国海洋文化遗产实际形态呈多样化。

4. 与时俱进性

我国海洋文化遗产实际形态的与时俱进性主要体现在：传统海洋节庆和仪式程序不断注入新元素，祭海节仪式体现了倡导生态保护和可持续发展的理念，如各地举行的开渔节和放生仪式都体现了合理开发海洋的理念和行为；国家和地方政府的涉海政策会体现在这些实际形态上，如海洋文化旅游新政策会反映在庙宇修建、涉海景点增设等方面，渔业新政策也同时会直接体现在渔民的生产生活中；同时涉海活动中使用的物品均具有时代特色，可体现在渔船的配置、供奉海神的物品、海洋军事装备上等。以浙江舟山渔民画为例，渔民画是渔民在海洋生产生活实践过程中，将对生活的感悟，美好的愿望以及真挚的情感，通过一幅幅奇趣构思的斑斓图画表现出来，具有很高的审美价值，很强的生命力。东海之滨的舟山是中国第一大群岛、世界著名渔场，舟山渔民画具有悠久历史，是舟山的一张别致的"名片"。舟山渔民画具有厚重的历史文化底蕴，但是随着时代发展，舟山渔民画与时俱进，呈现以下发展趋势：随着当地海洋文化旅游经济发展，当地将渔民画作成旅游纪念品和各种明信片，大大扩大了渔民画的流通领域；渔民画越来越多地成为海洋节庆的组成内容，在更多现代化平台上予以展示；渔民画创作题材和艺术形式不断创新，使渔民画朝着多方面、深层次发展。

5. 海洋文化遗产资源的开发保护形式以发展旅游、展览展示为主

除了海洋社会群体、文献资料以外，海洋文化实际形态中的海神庙宇、海洋节庆或仪式、海洋博物馆都有发展旅游业的倾向。它们的不断丰富和发展大部分是以发展本地旅游业为动力的。这也是祭海节功能多元化的根本原因。当前许多地区祭海节的功能已不仅是祭祀，而是已演变成集省内各地区非物质文化遗产交流、民众娱乐、经济交流于一体的活动，并逐渐呈规模化。

（三）海洋文化遗产的重要价值

海洋文化遗产是先人留下的宝贵文化财富，其价值不能单纯用经济指标来

衡量,我们经过分析研究,认为其包含以下价值。

1. 历史传承价值

这是海洋文化遗产的核心价值。海洋文化遗产反映了人海和谐相处的智慧,反映了人类的海洋活动及其成果,具有不容忽视的历史文化价值。海洋文化遗产内容丰富、种类多样,可有效弥补官方历史之类正史典籍的不足、遗漏或讳饰,有助于人们更接近本原地去认识已逝的海洋历史及文化。当前,在互联网和现代通讯工具的冲击下,许多传统文化正处于快速消亡的过程中,加强海洋文化遗产保护,有利于保护中华民族传统文化的多样性和原真性。海洋文化遗产是先民在长期海洋生产生活实践中积淀而成的,是世代相传沉积下来的思想精髓和文化理念,海洋文化遗产作为海洋文化乃至人类文化传递和保存的生动有效的手段、工具和载体,能够很好地确保海洋文化和精神的代代相传。

2. 审美艺术价值

海洋文化遗产中融入了先民的艺术创造,反映了精妙的艺术技巧和独特的艺术形式,能深深打动人类心灵、触动人类情感,人们可形象地了解海洋历史真相、沿海先民生存生活状态、不同人群的海洋生活习俗以及他们的思想与感情,具有重要的审美艺术价值;同时,海洋文化遗产提供了大量文艺创作原型和素材,可为当代影视、小说、戏剧、舞蹈等文艺创作提供不竭源泉,从而推动海洋文艺作品创作,发挥审美艺术价值。

3. 科学认识价值

海洋文化遗产是历史产物,是不同时代人海和谐相处过程中的生产力发展状况、科学技术发展程度、人类创造能力和认识水平的原生态的保存和反映,存留了当时人们面对海洋的思想认识水平、生活情感态度、科学发达程度、风俗信仰禁忌等历史文化内容,具有较高的科研价值。同时,很多海洋文化遗产如海洋生产生活记忆本身就具有相当高的科学性,反映了古人在与海洋的交往过程中,对自然规律的掌握认识和合理运用。

4. 社会构建价值

海洋文化遗产蕴含着传统正面的价值体系和思想理念,是精神文明建设的重要内容,可有力地规范沿海群体的生产生活方式、思想价值取向,从而有利于弘扬正气、凝聚民心、倡导道德,促进沿海地区社会和谐、人民生活安定。同时,海洋文化遗产多倡导传统伦理道德的内容,通过展示、宣扬其中美好向善的伦理道德资源和内容,将极大地助益和谐社会建设。但同时,一些发达国家已经认识到"无论是有形文化遗产,还是无形文化遗产,都应该在确保文化遗产不被破坏的前提下,尽可能地进入市场,并通过切实可行的市场运作,完成对文化遗产的保护及其潜能的开发"。例如日本、韩国积极发掘本国民俗文化资源,保护、恢复传统礼仪节庆仪式,瑞士、芬兰、英国等国极为重视保护本国的少数民族文化,给以极好的保护、传承的条件,除了从维护文化生态、保护文化多样性的角度考虑外,也是看到了其中巨额的经济收入。

因此,我们也不能规避海洋文化遗产经济价值的存在和实现。我国海洋文化遗产作为海洋文化旅游产业、海洋休闲体育业的重要资源,具有转化成为海洋文化生产力、带来经济效益的良好潜力,要处理好海洋文化遗产传承保护和资源开发的关系,以保护带动开发,以开发促进保护。通过促进沿海地区的经济发展,更多地反哺海洋文化遗产保护,资助海洋非物质文化传承人,更好地保护传承和宣传推广海洋文化遗产,从而实现文化保护和经济开发的良性循环。总之,在强调海洋文化本真性、原生态保护的同时,也要有适度的经济观念,对那些既能显示民族特色又有经济开发价值、市场开发前景的优势海洋文化遗产资源,要敢于树立产业化的发展思路,进行科学的品牌定位,制定合理的营销战略,集中力量培育优势品牌,将资源优势转化为经济优势,充分实现海洋文化遗产的经济开发价值。

二、我国海洋文化遗产保护工作现状

(一)加强海洋文化遗产保护的意义

我国海洋文化遗产蕴含独特而丰厚的文化价值,是中华民族文化宝库的重要财富。加强中国海洋文化遗产的保护和传承,深入挖掘和展示我国古代海洋科技、涉海技术发明的历史价值、科学价值和艺术价值,将大大增进国人对中国海洋文化遗产价值的认识,提升民族自豪感,增强海洋意识。

加强中国海洋文化遗产保护,将有力彰显中国海洋文明。海洋文化遗产作为中国不但是世界上历史最为悠久的内陆大国、同时也是世界上历史最为悠久的海洋大国的历史见证,是揭示长期以来被遮蔽、被误读、被扭曲的中国海洋文明历史、重塑中国历史观的"现实存在"的事实基础。

加强中国海洋文化遗产保护,有利于传承和弘扬中华传统文化国家战略。

海洋文化遗产是中华海洋传统文化的重要载体，只有充分重视海洋文化遗产的历史人文价值，才能在当代条件下弘扬其精神、利用其价值、促进其发展，才会带来中华文化全面、整体的复兴和繁荣。

加强中国海洋文化遗产保护，有利于推动海洋文化的发展。海洋文化遗产资源的保护与利用与当代海洋文化的创新繁荣息息相关，将有力地增强民族海洋意识、强化国家海洋历史与文化认同、提高国民建设海洋强国的历史自豪感和文化自信心，从而推动当代海洋文化繁荣发展。

加强中国海洋文化遗产保护，有利于维护我国国家主权和领土完整、保障国家海洋权益。认识和重视海洋文化遗产，对于维护我国国家主权和领土完整、保障国家海洋权益和我国沿海社会的生存与发展权利，对于国计民生，都具有不可低估的重大价值。

（二）我国海洋文化遗产研究现状

新中国成立以来，我国的文化遗产保护工作长期侧重于文物考古的调查与发掘，从人类社会多元文化遗产保护与研究全局的高度来衡量，传统的文物考古工作存在诸多不足，主要表现在两个方面：一是非物质文化遗产的调查研究与保护不力，远远落后于物质文化遗产（即传统认识的"文物"）的调查研究与保护；二是文化遗产工作中的海洋文化遗产调查研究相对薄弱，除了部分学术机构曾经开展的一些诸如海交史迹、外销瓷窑口、水下沉船等部分海洋文化遗产的考古调查发掘外，迄今仍缺乏从全局高度对海洋文化遗产内涵构成、时空分布、历史文化价值的系统调查、研究与认识。

从我国文化遗产保护整体布局来看，海洋文化遗产是文化遗产研究、保护工作中的薄弱环节；从学术角度看，这是一项实践性很强的学术工作，还存在很多不足，但是也具有很大的学术潜力。主要变现在以下几个方面：一是缺乏综合性理论思考，学界和文博界曾提出"从文物保护走向文化遗产保护""物质文化遗产与非物质文化遗产保护"的区分，以及"中国海洋文化"等思考，但文物与文化遗产保护研究工作中仍存在明显的"重陆地、轻海洋"的偏颇，没有从大陆性与海洋性二元文化对立统一的高度，认识海洋文化传统、保护研究海洋文化遗产。二是缺乏从海洋性聚落形态高度的整体研究，现有的沿海部分史前贝丘遗址环境考古，若干港史、海交史迹的调查等重要的基础工作几乎是"各自为政"，没有被置于一个系统的文化史框架中，缺乏从史前海岸居址到历代港市的系统的海洋性聚落形态演化史观。三是缺乏从海洋性经济体系的高度调查研究古代（商船）沉船、船货、生产址、舶来品及相关的海洋商路史迹，尽管我国在沉船水下考古、古外销陶瓷、海上丝绸之路等方面取得了重要的研究成果，但这些局域性的工作、片段式的研究不足以体现环中国海古代海洋经济圈完整的内在结构。四是海疆遗产与海防史迹的调查研究不力。海疆治理、海防史迹是我国历代王朝政治对海洋世界主权的象征，是大陆性文化与海洋性文化对立统一的历史记忆。长期以来，史学界对历代王朝的海疆政策、海疆治理与海防实践等，做了大量理论研究，但从文物考古、文化遗产角度的调查研究明显薄弱。五是濒危海洋性非物质文化遗产的调查、记录与研究亟待加强。舟船既是海洋活动的工具，又是海洋非物质文化的载体，学界主要依据文献资料、历史图谱和沉船史迹等"死"的舟船材料，进行了大量的"船史"研究，但却对沿海港湾残存的传统木（帆）船、民间造船工艺等"活"的舟船材料重视不够。在航海技术方面，学界虽在航海技术、航海文化的研究以及古针经、古航海图的收集研究上取得了不少重要成果，但船家社会中可能还残存的以地文航海、天文航海、使风走船等为代表的古法航海技术，以及更多的水路簿、古海图等珍贵的遗产，更亟待调查、拯救、整理、研究，发掘其在航海史研究上的不可多得的学术价值。在船家社会人文方面，学界在海洋族群、海洋神灵、海洋民俗、海洋文学艺术等方面的专题成果不少，但也缺乏以海洋性非物质文化遗产为核心的从族群到人文的船家社会的系统考察。

总之，学术界已经对我国海洋性文化遗产的诸多领域，不同程度地开展了一系列基础性的研究，但存在诸如重陆轻海、重文献而轻史迹、重物质文化而轻非物质文化遗产等诸多缺陷，从环中国海海洋文化遗产角度的系统全面的调查研究更是阙如。在国内外已开展的人文社科研究中，尚无"环中国海海洋文化遗产调查研究"的立项，也无类似的课题研究，因而具有明显的创新价值。

（三）我国海洋文化遗产保护工作现状

随着国民海洋意识的不断提高，人们逐渐认识到海洋文化遗产所蕴含的厚重的历史价值和人文价值，不断加大对海洋文化遗产的挖掘和抢救力度，在全社会的共同努力下，我国海洋文化遗产的保护与传承取得了一定成绩。

20世纪80年代，随着社会经济的不断发展，海洋考古发掘取得初步成果。1987年，我国正式组建水下考古研究中心，标志着中国规范化海洋文化遗产考古发掘领域步入起步阶段,广东省阳江市宋朝"南海Ⅰ号"和福建省东平潭"碗礁1号"沉船等的发掘,则是近年来最重要的海洋考古发掘。此外,我国开展了一批水下考古发掘和调查工作:山东省蓬莱市的海洋船的发掘、辽宁省绥中县海域元朝沉船的发掘、福建省连江县白礁沉船的发掘、山东省庙岛群岛海域调查、广东省新会县银洲湖元代沉船调查等。

随后,海洋文化遗产资源调查在沿海省市零星展开。在我国文化遗产资源普查中,沿海地区涉及部分海洋文化遗产资源的调查和搜集,在非物质文化遗产代表申报时,部分非物质海洋文化遗产也得到了整理。此外,个别沿海省份也曾做过简单的海洋文化资源的整理。如浙江省曾在进行"我国近海海洋综合调查与评价"时附带对浙江海洋文化资源作了简单整理。部分高校和学术机构也曾经开展过一些诸如海交史迹、外销瓷窑口等调查。近期由厦门大学主持的"环中国海海洋文化遗产调查研究"课题也已启动。

与此同时,在掌握一定程度海洋文化遗产资源的基础上,部分海洋文化遗产得到当地政府的保护和传承。一些重要的物质性海洋文化遗产得到有效保护,如重要的妈祖庙、海神庙被立为不同级别的重点文物;重要的海交史迹、抗倭古迹、港市遗迹、贝丘遗址和渔村古镇等得到保护。同时,不少非物质海洋文化遗产被列为国家、省级的非物质文化遗产代表作,有的还指定了传承人,使其得到一定的保护与传承。

大量的保护和传承的实践工作带动了海洋文化遗产保护和传承理论的片段化研究工作。部分学者在开展海洋文化研究中,对海洋文化遗产保护和传承的一些基础理论做了初步研究。如对中国海洋文化遗产类型做初步的理论探讨,对海洋文化遗产的价值做了研究,对海洋文化遗产保护和传承策略作了探索等,如中国海洋大学曲金良教授发表的《中国海洋文化遗产的保护现状与对策》和《关于中国海洋文化遗产的几个问题》,从理论上对如何保护和传承中国海洋文化遗产提出了自己的看法。又如张威、吴春明等编著的《海洋考古学》等,则就海洋文化、海洋考古等相关理论问题进行了有益探讨。这些片段化理论研究,对提高人们保护海洋文化遗产意识等起到了一定作用。

(四)我国海洋文化遗产工作存在不足

随着全球化、现代化、信息化进程不断加快以及受环境恶化、不当开发等诸多因素影响,我国文化遗产遭到了不同程度的损害甚至面临消失的危险。而在

"海洋世纪"的蓝色开发大潮冲击下,我国海洋文化遗产已经或正在遭到灭顶之灾,究其原因,是我们海洋文化遗产保护工作中存在一定问题。

一是当前对海洋文化遗产资源的保护力度仍不够强。尽管中国获准列入"世界遗产名录"者已有 30 处,却没有一处是中国海洋文化遗产。随着沿海地区项目建设和资源开发,海洋文化遗产保护的压力也越来越大,一大批具有重要历史人文价值和艺术价值的海洋文化遗产,将逐渐从人们的视野中消失。

二是缺乏海洋文化遗产分布的基础数据。当前我国文化保护部门和旅游部门等都发起过文化遗产资源普查工作,但是没有开展针对海洋文化的专项调查,因此缺乏数据积累;而海洋文化遗产随着时间流逝而产生的变动也会给调查统计工作带来难度,无法准确反映国家和地方海洋文化遗产分布现状。

三是民众对于海洋文化遗产的参与不足。群众是保护海洋文化遗产的最重要的力量,政府导向是大方向的,但是工作成效还是要看基层群众的态度和行为,当前,群众对海洋文化遗产的认知不足,保护意识淡漠,较少主动参与海洋文化遗产保护工作,甚至趋利性地破坏海洋文化遗产的行为时有发生。

四是尚未建立健全海洋文化遗产的传承网络。当前我国海洋文化遗产的传承保护比较散乱,没有形成政府统一管理／监管的传承网络,不利于各类海洋文化遗产的完整保存和推广。

(五)我国海洋文化遗产工作方向

我国拥有近 300 万平方千米的主张管辖海域,18 000 多千米的海岸线和丰富的内陆水域,蕴含着种类多样、数量巨大的海洋文化遗产资源,这些文化遗产年代跨度大,分布范围极为广泛。对从环渤海海域早起人类活动岳石文化遗迹,到位于广东、广西的汉唐合浦、徐闻遗迹、东南沿海的海上丝绸之路、宋元时期对外文化交流、郑和下西洋直至近现代甲午海战、抗日战争等各个历史时期的水下遗存都有发现,并且从近岸、滩涂到近海远海均有遗迹分布。随着沿海地区经济社会发展不断加速和我国海洋资源开发利用力度不断增加,我国海洋文化遗产资源保护工作的形势越来越严峻。海洋经济中的渔业、盐业、海洋交通运输业、滨海旅游业等主要分布在近海、滩涂以及近海陆地,这正是水下遗址分布类型较为丰富的地区,包括沉船、炮台、海神庙宇等。同时,近海也是填海建设及港口航道清淤等工程建设较多的区域。因此,海洋经济在空间上对水下文化遗产的影响是显而易见的。为做好海洋文化遗产保护,应做好以下几方面工作。

1. 重点摸清家底,保护工作前置

我国海洋文化遗产保护主要包括摸清文物家底、海洋开发活动中将文物调查保护工作前置等方面,这是做好海洋文化遗产资源保护工作的重要前提和方向。首先,全面展开对我国近海海域水下文化遗存连续性的系统普查。尽快对已发现的遗物点进行重点调查,根据情况开展水下保护工作;其次,应对水下文化遗产的材料进行科学管理,建立全面、系统、科学的档案系统;最后,要参照地下文物保护工作经验,在涉海基本建设活动中将文物调查勘探工作前置。总之,文物部门与海洋部门加强合作,共享资料,共同制定水下文化遗产的保护方案,在沿海项目实施时候,考古队员对其要开发的海域进行综合物探扫测,防止施工造成破坏。

2. 加强整体规划和人员培训,从宏观上加强水下文化遗产保护

首先,要加强和改善水下文化遗产保护的培训工作,不仅从潜水、水下考古技术和出水文物修复的角度去训练,更为重要的是从文化遗产保护理念、法制的角度开展培训;不仅对文物考古工作者进行培训,还要开展对海军、海警、渔业、交通灯领域的工作者进行文化遗产培训。其次,要推进水下文化遗产保护、管理体制机制的创新建设。有计划地把海军、海洋、海监、渔业、交通等力量纳入水下文化遗产保护的基本力量范畴之内,弥补文物系统在人员、经验、能力、设备、装备方面的欠缺和不足,形成各相关部门协调配合的水下文化遗产保护管理新体系。同时,要加快技术和装备水平的提升。水下工作的展开更多依赖于科技手段的进步,依赖于技术与装备水平,目前我国水下遗址的科技勘探、出水文物的保护条件等都比较薄弱,亟待引入更为全面先进的科技手段来做支撑。

3. 从政策及法律层面上寻求更为强有力的支持

我国目前有关水下文化遗产保护的法规主要是《文物保护法》和《水下文物保护管理条例》(以下简称《条例》),为了解决在实践中暴露出的新问题,应通过完善法律条例做好四个方面的保护工作:一是增加就地保护原则,水下文化遗产多年以来已经和周围环境达到了某种平衡状态,在移出水下环境之前,这些物品的腐坏程度相对缓慢;一旦打捞出水,新的侵蚀过程很快就开始了,物品很容易腐坏乃至彻底灭失。二是细化现有的文物发现报告和奖励制度,激励渔民等发现者主动报告其发现,上缴打捞出的文物。三是增加对违反者的处罚

力度。四是考虑增加促进社会宣传和公众教育的规定,增强全民保护意识,使全社会都来关注祖先们留给我们的文化资源,欣赏、热爱这些资源,从而自觉地保护它们。

三、我国海洋文化遗产类型

按照《保护世界文化和自然遗产公约》的规定,文化遗产从概念上可以分为有形文化遗产和无形文化遗产。结合相关资料我们可以发现,海洋文化遗产既包括历代沉船、船货与舶来品、古外销瓷窑与海洋经济史迹、港市遗迹与航路史迹、海滨聚落与海洋建筑形态、海防史迹等海洋性物质文化遗产,更有各地保存的传统木构舟船形态与民间工匠造船法式、老船家航海技术与航海日志、舟子秘本与水路针簿、古航海图、海洋神灵与航海民俗、海洋族群与船家社会形态等珍贵的海洋性非物质文化遗产。经过整理,我国海洋文化遗产大体可分为以下几个类别。

(一)海洋景观文化遗产

海洋景观文化遗产包括海岸自然风光、海底自然景观、海洋自然保护区和海岛风貌等。海市蜃楼以及钱塘江潮、苏北沙滩的"一字潮"也属于海洋景观文化遗产的一项重要内容,如甲午中日战争发生地、刘永福故居、"天涯海角"旅游景区、钦州三娘湾、簕山传统渔村等。

(二)海洋历史文化遗产(海洋物质文化遗产)

海洋历史文化遗产(海洋物质文化遗产)包括海岸古遗址、古炮台、古建筑、沉船遗址等不可移动文物,以及历史上各时代和海洋有关的重要实物、艺术品、文献、手稿、图书资料等可动文物,重要的海洋历史遗迹,如秦皇岛、大连、烟台的海岸有遗留下来的诸多古炮台,海底瓷器、沿海先民遗留的生产生活用具等海洋文物,以及诸多与海洋有关的文献典籍等。

(三)海洋精神文化遗产(海洋非物质文化遗产)

海洋精神文化遗产(海洋非物质文化遗产)包括郑和文化、海权文化、海盐文化、妈祖文化以及沿海居民在开发和利用海洋的过程中形成的海洋民俗文化等,还包括渔民号子、歌舞、节庆活动、戏曲、谚语、生产技艺、文学作品、神话传说、口述历史等。

第二节　我国典型的海洋文化遗产资源

　　我国海洋文化遗产资源极为丰富,其中有一些遗产资源历史悠久,影响深远,自成体系,堪称我国海洋文化遗产资源的典型代表。

一、"海上丝绸之路"

(一)"海上丝绸之路"概念的提出

　　19世纪德国地理学家李希霍芬第一次提出了"丝绸之路"这个概念,它是古代以中国为始发点,向亚洲中部、西部及非洲、欧洲等地运送丝绸等物的交通通道之总称。1913年,法国的东方学家沙畹才首次提及海上丝绸之路,此后对海上丝绸之路的使用和讨论日益增多,划分也越来越细。20世纪60年代,海上丝绸之路的概念受到日本等国学者的重视,并被联合国教科文组织所采用,成为国际社会一致公认的东、西方借助海洋进行交通、贸易的代名词。

　　总体上看,海上丝绸之路(简称海上丝路)始于中国,源于先秦,形成于两汉,兴旺于唐朝,拓展于宋元。海上丝绸之路可以分为两条比较重要的线路:一条是东海航线,即东方海上丝绸之路,是春秋战国时期的齐国在胶东半岛开辟的"循海岸水行"而直通辽东半岛、朝鲜半岛、日本列岛直至东南亚的黄金通道;另一条是南海航线,也称"南海丝路",是西汉时始发于广东徐闻港、到东南亚各国后延续到西亚直至欧洲的海上贸易黄金通道,这条线路后来成为海上丝绸之路的主道。15世纪地理大发现以后,海上丝绸之路逐渐取代陆路,成为东西方交往的主要通道。海上丝绸之路始发于中国沿海地区,途经今东南亚、斯里兰卡、印度等地,抵达红海、地中海以及非洲东海岸等。随着"文化线路"被正式列为世界文化遗产类别且"亚欧大陆丝绸之路"成为第一个跨国家、跨地区成功申遗的案例,海上丝绸之路(中国段)也作为一个重大的海洋文化遗产类型受到关注。

　　海上丝绸之路作为"文化线路",根据联合国对"文化线路"的定义满足了三个条件:产生于并反映人类的相互往来和跨越较长历史时期的民族、国家、地区或大陆间的多维、持续、互惠的商品、思想、知识和价值观的相互交流;在时间上促进受影响文化间的交流,使它们在物质和非物质遗产上都反映出来;要集中在一个与其存在于历史联系和文化遗产相关联的动态系统中。

（二）海上丝绸之路的形成与发展

海上丝绸之路的主要线路自秦汉时期开始，一直延续至今，时间跨越公元前后，历时 2 000 多年，途经数十个国家，不仅是一条绵延万里的商路，也为不同国家、不同地域的宗教及文化的交流、融汇提供了条件。

据《史记·平津侯主父列传》记载，"又使尉屠将楼船之士南攻百越，使监禄凿渠运粮，深入越"。其背景是，秦始皇灭六国后，开始着手平定岭南地区的百越之地。公元前 214 年，秦始皇连攻南越不下，于是派监史禄带领兵士凿渠，即开通灵渠，作为后勤供给的通道，增派大军进攻，攻下岭南，置桂林、象郡、南海三郡。灵渠沟通了珠江、湘江、漓江水系。源自大榕山、全长 285 千米的南流江，接漓江水穿合浦境入海，形成了中原内河网络进入大海的最便捷的黄金水道，为汉武平定南越开辟海上丝绸之路提供了交通基础。《汉书·地理志》有这样的记载："自日南障塞，徐闻、合浦船行可五月，有都元国……邑卢没国……谌离国……夫甘都卢国……黄支国，自武帝以来皆献见……赍黄金杂缯而往，所至国皆禀食耦，为蛮夷贾船，转致送之。亦利交易……数年来还，大珠至围二寸以下。"由这一记载可见，当时由徐闻、合浦，通过海道已经可以到达苏门答腊、泰国、缅甸及印度东岸，运送的货物有黄金和丝织品，这是史书上记载海上丝绸之路的最早记录。

海上丝绸之路自形成以后，其路线不断拓展延伸，《汉书·地理志》记载："平帝元始中（3 年），王莽辅政，欲耀威德，厚遗黄支王，令遣使献生犀牛，自黄支船行可八月，到皮宗，船行可八月，到日南，象林界。黄支之南，有已不程国，汉之译使自此还矣。"《后汉书·西域传》记载"与安息、天竺交于海市，利有十倍。"这是对海上贸易获利的描述。又东汉时期，"至桓帝延熹九年（166 年），大秦王安敦遣派使自日南缴外献象牙、犀角、玳瑁，始乃一通焉"（《后汉书·西域传》），此记载表明，在公元 2 世纪时，海上丝绸之路已被当时的朝廷列入常规管理，航线也伸延至印度洋。到公元 266 年时，罗马的商人通过汉代的合浦港进入中国内陆，日南、扶南、交趾是中转站。也就是说，当时的海上丝绸之路远及伊朗、罗马。到了唐代，海上丝绸之路的航线全长伸延发展超过了 14 000 多千米，我国的沿海始发港口也有所变化，数量逐步增加。

（三）海上丝绸之路始发港的变迁

海上丝绸之路的始发港，历代有所变迁。汉代海上丝绸之路始发港为徐闻、合浦古港,从公元3世纪30年代起,广州(番禺)取代徐闻、合浦成为海上丝绸之路的始发主港;宋末至元代时,泉州超越广州,与埃及的亚历山大港并称为"世界第一大港"。明初海禁,加之战乱影响,泉州港逐渐衰落,漳州月港兴起;同时,也有其他港口逐步成为丝绸之路的始发港,如北线的登州港。

作为海上交通大动脉,中西贸易得以繁荣和发达,隋唐时运送的主要大宗货物是丝绸,因此而使这一海道成为海上丝绸之路。到了宋元时期,瓷器的出口渐渐成为主要货物,因此,人们也把它称为"海上陶瓷之路"。同时,还由于输入的商品历来是以香料为主,因此又把它称作"海上香料之路"。在先秦时,我国的海路到达东南亚诸国及印度;两汉时期,我国海路西达印度、波斯,南及东南亚诸国,北通朝鲜、日本。

我国沿海的多个海上丝绸之路起点港口城市共同筹划进行海上丝绸之路(中国段)的申遗工作。2012年10月,国家文物局"文物保函〔2012〕2037号"文《中国世界文化遗产预备名单》第16项明确说明,"海上丝绸之路的港口城市有:南京市、扬州市,宁波市,泉州市、福州市、漳州市,蓬莱市,广州市,北海市"。这些港口的定位如下。

广州:南海海上丝绸之路发祥地。20世纪考古发现,广州有秦代的造船遗址、西汉初年南越文王墓,出土了来自西亚等地的舶来品等重要的海交史迹与遗物,证明广州的海上丝绸之路实不晚于南越国时期。广州这个南方大港两千年历久不衰,在海上丝绸之路和中外海上交通贸易史上有重要地位。

泉州:宋元时期海上贸易空前繁盛。泉州作为海上丝绸之路的起点之一,其海上交通起源于南朝而发展于唐朝。到了宋元时期,海上贸易活动空前繁盛,泉州的海港被马可·波罗誉为"东方第一大港"。

南京:郑和下西洋、海上丝绸之路东端始发港。公元3~6世纪形成了以建康(南京)为起点的海上丝绸之路的东海航线。15世纪,明朝郑和七下西洋的航海壮举,使南京再次成为海上丝绸之路的东端始发港。

漳州:明朝中后期海上丝绸之路始发港。漳州月港与泉州港互补,是明朝中后期唯一合法的海上丝绸之路始发港,实现了中华文明与欧洲文明的对接。

北海:最古老的官方海上航线。现北海所辖的合浦,就是古代海上丝绸之路的始发港之一。两千多年前,汉武帝派遣商船队从合浦、徐闻等地起航,通都元国、夫甘都卢国、黄支国、皮宗国、已程不国,此后,此航道也被用作交易之道,这是已知的最为古老的官方往来的海上航线。

扬州:海陆"丝绸之路"的连接点。扬州借其在大运河沿线城市中的独特位置和大运河在全国交通体系中的作用,成为陆上丝绸之路与海上丝绸之路的连接点。

福州:中唐至五代的重要港口城市。福州海上丝绸之路的出发点主要是长乐港口,在唐代中期至五代期间,福州成为海上丝绸之路的重要港口城市和经济、文化中心,并与广州、扬州并列为唐代三大贸易港口。

蓬莱:与日本、朝鲜半岛国家交往的纽带,有以登州古港为起点,通往日本、朝鲜的海上丝绸之路航线。独特的地理位置使登州港(水城)成为我国古代四大古港和近代四大对外通商口岸,自汉代以来,从登州港出发到达朝鲜半岛和日本的航线被称为"东方海上丝绸之路"。

宁波:越窑青瓷远销世界各地,宁波的海上丝绸之路,始于东汉晚期,发展于唐代,鼎盛于宋元。东吴至西晋时期,越窑青瓷就销往朝鲜半岛、日本列岛等地。唐长庆元年,明州(宁波)成为我国港口与造船最发达的地区之一,跻身于四大名港之列。明州商团崛起,越窑青瓷远销世界其他国家。

(四)海上丝绸之路将不同文化融合交汇

中国文化是独特的,同时也是多元化的。中国是多民族的国家,同时也是一个海陆兼备的国家。大陆岸线 18 000 千米,岛屿岸线 14 000 千米,海洋岛屿数千个。沿海地区与内陆众多河流相汇,沿岸人口众多,商业贸易发达。我国在形成鲜明的海洋文化的同时,也由海上丝绸之路将中国文化与异域文化交流融会。

对中国文化影响最大的莫过于佛教的传入,海上丝绸之路是佛教传入中国的第二路径。佛教起源于印度,海上丝绸之路在汉代时就可达印度,僧人往来,佛教传入中国;又借海上丝绸之路北上传入日本和朝鲜半岛。据《梁书·诸夷扶南国传》,"晋咸和中(330 年)丹阳尹高悝行至张侯桥,得金像(佛像),未有光跌,悝因留像侍寺僧。经一岁,浮出水面,未有取送县,乃施像足,宛然合。会简文咸安元年(371 年),合浦人董宗之采珠没水,于底得佛光焰,交州押送台,以施像,又合焉。自咸和中得像,至咸安初,历三十余年,光跌始具"。此间,印度佛教徒智弘、无行等从丝路进入合浦传教,一个佛像身上的三处器件,从不同的地方获得重合,见证了当时佛教已经由海上丝绸之路传入合浦。永明七年(489年),有人获得一颗天然的合浦珍珠,珍珠的形状很像正在思考的佛像,地方官府把这颗合浦珍珠献给了齐武帝,齐武帝为此专门建了座禅灵寺来供奉这颗珍珠佛像。泉州也是海上丝绸之路重要的港口城市,至目前为止遗留的与宗教相关的遗址多处,如开元寺、东西塔、天后宫、清源山老君石刻造像、伊斯兰教清净寺和圣墓、摩尼教草庵等。

海上丝绸之路是中日文化交流的纽带。中国对外文化交流的最为典型的例证是鉴真六次东渡日本,均由海上丝绸之路的北线将佛教直接传入日本。由鉴真带往日本的物件有如来、观世音等佛像八尊,舍利子、菩提子等佛具七种,《华严经》等佛经84部、300多卷,还有王羲之、王献之真迹行书等字帖三种。我国海上丝绸之路各个始发港口城市,均留存大量的东西方文化交流的遗产见证,在这里不一一赘述。

(五)千年不衰的贸易航线

海上丝绸之路自秦汉始,逐步延伸,经过近2 000年的发展,已绵延万余千米,从中国沿海始发港开始,可到达东北亚、南亚、中东、东非洲欧洲、北美等多地多国。

汉代海上丝绸之路的起止航线是:合浦—都元国(苏门答腊一带)——邑卢没国(泰国境内)—谌离国(泰国境内)—夫甘都卢国(缅甸)—皮宗(新加坡、印尼)—黄支国(印度一带)—已程不国(斯里兰卡)。

明代郑和下西洋的航线是:江苏港口—占城(越南)—爪哇(印度尼西亚—马来西亚一带)—苏门答腊(印度尼西亚)—满剌加(马来西亚)—马六甲(马来西亚-甘巴里)—柯枝(印度)—忽鲁谟斯(伊朗波斯港口)。线路开辟了到非洲东岸的航路。

清代在明代海上丝绸之路多航线的基础上,又开辟了北美海路航线、俄罗斯海路航线和大洋洲海上航线。同时,外贸的港口有所增加,地域有所扩展,来往商船频繁,商品量值上扬。

表 2-2　海上丝绸之路商品名细表

朝　代	出口商品	进口商品
唐　代	大宗：丝织品,陶瓷,此外还有铁、宝剑、马鞍、斗篷、麝香、沉香、肉桂、离良姜等	象牙、犀角、香料等
宋　代	丝织品、陶瓷器、漆器、酒、糖、茶、米等	香药、象犀、珊瑚、琉璃、珠钏、宾铁、鳖皮、玳瑁、车渠、水晶、蕃布、乌樠、苏木等
明　代	瓷器、铁器、棉布、铜钱、麝香、书籍等,其中以生丝、丝绸和棉布为大宗商品	① 香料类,如胡椒、薰衣草、龙脑等；② 珍禽类,如鹦鹉、孔雀、黑熊、红猴等；③ 奇珍类,如珊瑚、玳瑁、象牙、玛瑙等；④ 药材类；⑤ 军事用品类；⑥ 手工业原料主要有：锡、红铜、石青、硫黄、琬石、牛皮、番红土、西洋铁等
清　代	茶叶为大宗主要商品,丝绸、土布和瓷器	棉花、棉纱、毛纺品等,鸦片逐渐占据首位

随着海上丝绸之路沿途国家的增多、贸易量的扩大,康熙二十四年(1685年),清政府在粤、闽、浙、苏四省设立海关,开辟了中国近代海关制度的先河。随着通过海路与中国贸易的往来增加,许多国家逐渐在中国设立商馆。海上丝绸之路的发展,对国内市场网络的扩大、农业商品化的推进、民族工业的兴起、城镇经济发展、交通运输的繁荣都起到了推动作用。海上线路,至今还是中国与东亚、南亚、中东、欧洲、东非各国之间的海上贸易通道,我国进出口贸易的90%是通过海路运输实现的,大宗能源产品、矿产资源等,成为新丝绸之路的进口商品,而我国出口的商品无论是品种还是数量都赋予海上丝绸之路新的生命力,并惠及世界上百个国家。

海上丝绸之路,作为一个整体海洋文化遗产类别,包含了沿岸港口城市、海上航道,海上丝绸之路航线的水下遗产也包括其中。其中,南宋"南海Ⅰ号"沉船是最具有代表性的丝路海洋文化遗产,也是迄今世界上出土的最古老、船体最大、保存最完整的远洋贸易海船。截至目前,"南海Ⅰ号"探得船身残长21.58米,最大船宽9.55米,沉船遗址已出土大量小件器物瓷器标本、金器、漆木器、铜钱等,具有重大的考古价值,不仅是海上丝绸之路辉煌的历史见证,也是海上丝绸之路历史文化遗产的重要组成。

二、海洋岛屿（群）文化遗产

海洋岛屿是海洋空间资源的重要形式之一，也是海洋文化遗产的承载之地。中国近海，面积大于 500 平方米以上的海洋岛屿有 7 300 多个。海洋岛屿的分布，决定了海洋岛屿文化遗产的分布。

（一）我国近海岛屿分布情况

我国的海洋岛屿，按离岸距离远近划分为陆连岛、沿岸岛、近岸岛和远岸岛四种类型。

陆连岛是由连岛沙堤（或称连岛沙洲、沙坝）与大陆相连的岛屿，连岛沙堤是陆连岛最典型的地貌特征，典型的如福建的厦门岛、山东的大堡岛等。目前，中国陆连岛屿 93 个，主要分布在山东、广东、福建、广西沿海。沿岸岛，是指岛屿分布的位置离中国陆地的距离小于 10 千米的海岛。目前，调查到的中国沿岸岛有 4 751 个，占中国海岛总数的 68.3%，主要分布在浙江、福建、广西、广东。近岸岛是指岛屿位置离大陆大于 10 千米、小于 100 千米的海岛。

中国近岸岛 2 007 个，约占岛屿总数的 28.8%，主要分布在浙江、福建、广东、海南。远岸岛系指岛屿的分布位置距离中国陆地岸线大于 100 千米的海岛。这类岛屿的数量没有总体调查，具体到几个省份的情况是：海南省有远岸岛 120 多个，台湾省的全部海岛 220 多个均为远岸岛，广东 1 个即东沙岛。

海洋岛屿按面积大小划分有特大岛、大岛、中岛和小岛四类。特大岛系指海岛面积大于 2 500 平方千米的海岛，此类海岛只有海南岛和台湾岛。大岛，是指岛屿面积为 100～2 500 平方千米的海岛，这类海岛中国共有 13 个，其中广东 5 个、福建 4 个、浙江 3 个、上海市 1 个。中岛系指海岛面积为 5～99 平方千米，这类海岛在中国有 117 个，占调查海岛总数的 1.7%，主要分布在浙江、福建、广东、广西沿海。小岛，是指海岛面积在 0.5 平方千米至 4.9 平方千米之间的海洋岛屿。有调查记载，小岛占中国海洋岛屿总数的 98%。主要分布在浙江、福建、广东、广西、海南沿海，这类海岛绝大多数是无居民海岛。

（二）海岛文化遗产多集中于我国南部近岸海域

我国开发利用海岛的历史悠久，留有丰富的海岛文化遗迹。从我国海岛分布情况看，近岸岛屿、陆连岛大部分位于我国的东南沿海，在已有调查海岛中，中国海洋岛屿中有淡水的仅占调查总数的 8%。这些能够支撑人类生活、生产的海洋岛屿是海洋文化遗产分布的主要所在。

我国海岛分布总体呈南多北少态势，从南向北逐步减少。南部岛屿多集中在广东、福建、广西、海南、浙江；北部岛屿多集中山东、辽宁近海。海岛文化遗产的形式是多元化的，既有物质的，也有非物质的，还有景观形式的，形成较为分明的南北风格。

(三)海洋岛屿文化遗产现状

我国海岛文化遗产，受其毗邻陆域文化及海岛特殊地理区位影响，具有多元性。但是，目前我国尚未开展较为全面和系统的海岛文化遗产的调查。本书根据沿海各省市的相关网站或其他途径获得的一些资料加以整理，并予以阐述。

广东地处我国沿海南大门，毗邻港澳，海域面积广阔，岛屿众多，是古代海上丝绸之路发源地，海岛文化遗产呈现出数量多、分布广等特点，仅珠海就拥有大小岛屿 217 个。2013 年，广东省决定开展海岛文化遗产考古调查，调查的对象是珠海海岛，主要内容包括先秦及史前时期的遗址、汉唐宋元时期的遗址、明清及民国时期的海防及海关遗迹、近现代以来的古建与民俗、石刻等方面。根据珠海海岛区域特征，拟用五年时间完成调查。根据珠海海岛区域特征，计划2013 年到 2016 年完成横琴岛及附近区域岛屿、桂山岛、外伶仃西南海域、万山列岛群、担杆列岛群、淇澳岛、野狸岛、九洲列岛等调查，2017 年完成珠海海岛调查总报告。这样的摸底调查对于保护海洋文化遗产有着重要的意义。

(四)海岛文化遗产的特点

海岛文化与海岛人民生活需求和生产需要直接相关。海洋岛屿与陆连岛不同，它四面环海，距离陆地遥远，岛上资源有限，岛民以海为生，出海作业风险高，人们期盼远航的亲人平安返回成为一种共同的愿望。岛民们将平安的愿望化为祭海的活动，长期延续而形成各种表现形式，如出海仪式、建筑的形式等等，或形成口口相传的故事传说等，是海岛文化遗产的主要内容之一。海岛文化遗产，特别是非物质文化遗产的主要特点如下。

1.以祭祀、祈福、感恩为依托的宗教信仰文化

特殊的生存环境形成了特定的宗教信仰，龙王、妈祖、观音是我国海岛渔民

笃信的神。由于海岛渔家相对封闭、分散的生存环境,当地的宗教信仰有来源于内陆的成分,也有因其特定地域而形成的内涵与形式,更兼收南北各地渔船带来的文化融合与嫁接,这种精神领域的文化习俗,通过海岛这一生活环境的载体,逐年累积,形成了厚重的民俗信仰。

2. 以渔船、渔具、航海和作业方式为依托的渔猎文化

海岛是渔猎文化的发祥地和记录地。生存方式是一定区域内地域文化产生的基础,渔俗文化的发祥、传承离不开以海洋捕捞为生存手段的地域特征。特殊的生产方式造就了丰富多彩的渔俗文化。而各地渔船的云集,传承着南来北往的中外渔猎文化,船型、渔具、生产作业方式以及生产季节、航海习惯等,无一不在此留下印迹和特征。

3. 以渔家特色海鲜美食为依托的食俗文化

渔家人的饮食方式有别于农家,这是所处海岛地域环境决定的生活方式,无论是烹调、食用还是制作加工都有着一整套独特的技艺。鱼虾贝类各种海产品加工技艺的历史沿革、工艺流程、相关材料和工具、行规习俗,甚至食用时的"禁忌"谚语,都具有厚重的地方民俗文化。

4. 以渔村、渔舟、渔人为依托的生活习惯和风俗文化

悠久的海岛人文形成了渔村、渔舟、渔人的生活习惯和传统习俗,如嫁娶、生老病死、出海谢洋、造船祭海、建造房屋、社会习俗等都有着极具地域人文情怀的风俗文化,渗透着祭海、拜神的浓重色彩。如妈祖文化是一种极为深厚的海岛文化。妈祖原名林默娘,宋建隆元年人,她的一生虽短暂,却留下许多救人济世的事迹。据说公元 987 年,莆田市湄洲岛的妈祖因救海难而献身,被该岛百姓立庙祭祀,成为海神。1 000 多年来,我国大陆沿海、东南亚和港澳台地区,妈祖事迹老少皆知,历朝历代对妈祖均有封号,被誉为"海上和平女神"。妈祖庙祭典行祭地点在妈祖的故乡——莆田湄洲岛广场,祭典全程约 45 分钟,13 道程序。妈祖信仰自成一体,内容独特。妈祖是沿海地区及海岛居民心目中的航海保护神,湄洲岛成为妈祖祖庙所在地。在我国东南沿海的许多海岛上,祭拜妈祖已经是一种普遍的海洋文化现象,也是海岛文化遗产的一部分。

海岛文化遗产是人类厚重的财富,但其分布情况还尚不完全清楚,有待挖掘与整理、开发与保护。

三、近海水下文化遗产

按照联合国教科文组织《保护水下文化遗产公约》（2001 年）规定，水下文化遗产是指"至少 100 年来，周期性地或连续地，部分或全部位于水下的具有文化、历史或考古价值的所有人类生存的遗迹"。公约所列举的水下遗产包括遗址、建筑、房屋、人工制品、人类遗骸、船舶、飞行器、其他运输工具或其任何部分及其所载货物或内容物，以及相关具有考古价值的环境、自然环境和具有史前意义的物品等。

中国海域广阔，水下文化遗产丰富，年代跨度大，分布范围广泛。考古和文献资料表明，华夏先民至少在新石器时代就开始了探索海洋的活动。特别是唐宋以后，随着水上航运技术的进步、海外贸易的扩大和海洋文化的繁荣，在现代中国有效管辖的海洋和内陆水体中留存下了种类多样、数量巨大的水下文化遗产。从环渤海海域早期人类活动岳石文化遗迹到位于广东、广西的汉唐合浦、徐闻遗址、东南沿海的海上丝绸之路、宋元时期对外文化交流、郑和下西洋直至近现代甲午海战、抗日战争等各个历史时期的水下遗存都有发现，并且从近岸、滩涂到近海、远海均有遗迹分布，包括沉船、炮台、海神庙宇等。目前，我国除整体打捞的"南海Ⅰ号"以外，还有海南西沙"华光礁 1 号"、福建平原"碗礁 1 号"等沉船的抢救性发掘项目。

例如，青岛海域是近代许多重大历史事件的发生地，在中国近现代史上具有重要地位，这使得青岛沿海、沿岸拥有丰富的水下军事文化遗产。第一次世界大战是青岛 120 多年建置史上发生的为数不多的兵燹战火之一，更是改写了青岛这座城市的发展走向。当年日德两个帝国主义国家在中国领土上的厮杀，使青岛成为第一次世界大战期间亚洲唯一的战场。1914 年这场日德之战在胶澳（青岛）爆发，胶州湾海域的海战也成为这次战争的重要组成部分。据《青岛海港史》的记载，日本巡洋舰"高千惠"号、驱逐舰"白妙"号被击沉；德国巡洋舰"克罗毛浪"号、炮舰"伊尔奇斯"号、"尔伦利克马斯"号等，以及水雷敷设船等 30 多艘军用舰船在青岛海域自沉以防止军备资敌和阻塞航道，这些军事遗存有待勘查发掘。

四、海岸带文化景观遗产

景观作为文化遗产的新形式，自其 1992 年被提出之后，各国都在积极研

海洋文化遗产及典型资源概述 ┃ 第二章

究、申请相关遗产，但是迄今为止，世界上尚未有一个海洋文化景观遗产成为世界文化遗产资源。文化景观相对于自然景观而言，具有空间性和区域性，其构成要素既有社会要素，又有人工的自然要素，并可从不同角度进行类型划分。借鉴其他国家在文化景观方面的鉴别经验，参考我国已有的相关研究，结合我国的具体情况，我们可以将海洋文化景观遗产的分布大致定在我国的海岸带地区，其类别可分为以下三个方面。

（一）海洋遗址遗迹景观

海洋遗址遗迹景观指曾见证或记录了与海洋有关的重要历史事件或相关信息，而今已经废弃或丧失了原有功能的遗存环境，是反映一定历史时期沿海地区的人类文明的见证，包括建筑遗址、地段遗址等。如沿海地区的古人类遗址、古城遗址、古战场遗址、古关隘遗址、古代大型涉海工程遗址、古建筑遗址等。上述遗址主要分布在我国海岸带地区，但目前尚未有全面系统的调查，需要调研，加以研究、整理。

（二）海洋历史场所景观

海洋历史场所景观是指由建筑师或设计师根据其所处历史时期、所处地区的价值观和审美原则规划设计的，用于从事与海洋相关的社会经济活动或行使某些特殊用途或职能的，反映时代特色的空间区域或场所。如宁波的镇海口海防历史纪念馆，是为了纪念明朝中叶以来，镇海抗击倭寇和抗英、抗法、抗日四次闻名中外的反侵略战争而修建的历史纪念场所。位于宁波三江口的宁波港客运码头旧址则是镇海港和北仑港修建之前宁波的海洋客货运场所。海洋历史场所景观，还可以包括沿海城镇和村落中进行相关海洋文化活动和仪式的广场、庙宇等空间场所。

（三）海洋聚落景观

海洋聚落景观包括海洋村落、海洋城镇景观，是沿海人民各种形式的聚居地的总称，它既是房屋建筑的集合体，也包括与居住相关的设施和环境，是沿海人民有意识地开发利用和改造自然环境而创造出来的居住景观。海洋聚落景观既是当地人民居住和进行各种活动的场所，也是其生产活动的场所。海洋聚落景观作为人类适应、利用海洋自然资源和自然环境的产物，其外部形态、组合类型无不与当地地理环境相结合，同时具有经济活动的性质。

五、海洋非物质文化遗产

非物质文化遗产作为与物质文化遗产相对的遗产形式,分布极为广泛。在我国的整个海岸带及海岛上,均有不同形式的海洋非物质文化遗产的存在。按照联合国教科文组织的规定,结合我国的实际,非物质文化遗产是指各种以非物质形态存在的、与群众生活密切相关、世代相承的传统文化表现形式,包括口头传统、传统表演艺术、民俗活动和礼仪与节庆、有关自然界和宇宙的民间传统知识和实践、传统手工艺技能等以及与上述传统文化表现形式相关的文化空间。按照上述认识,我国的海洋非物质文化遗产极为丰富。由于缺乏单独的分类标准,海洋非物质文化遗产与沿海省市县的非物质文化遗产混在一起,并没有进行区分。但是,我们从沿海省市非物质文化遗产的名单中,散见一些可以归为海洋非物质文化遗产的典型案例,从中发现了不少典型的海洋非物质文化遗产的项目。比较有代表性的举例如下。

(一)水密隔舱造船工艺技术

这项工艺是中国人的技术发明,是一个典型的海洋非物质文化遗产项目。水密隔舱即船舱中以横隔板分隔、彼此独立且不透水的一个个舱区,隔舱板下方靠近龙骨处设有两个过水眼,每个隔舱板中板与板间的缝隙用桐油灰加麻绳艌密,以确保水密。水密隔舱能够提高船舶航行的安全性,便利货物的装载,增加船体的强度与刚度。水密隔舱技术早在 13 世纪末就由马可波罗介绍到西方,此后逐渐被世界各国的造船界普遍采用,对人类航海史的发展产生了重要影响。

(二)滩涂泥橇制作工艺

福建连江县马鼻泥橇,又名"木马""土溜""土板",它是该县沿海一带渔民"讨小海"的作业工具。泥橇经刨光制成,头尾部呈上翘状,突起约 8 厘米,长约 180 厘米,通高 55 厘米,宽仅 18 厘米左右,前部有一根 30 厘米左右的木柱固定在橇板上,最早用于海边作战,后来人们利用它滑行于广阔的滩涂上,迂回在广阔的泥埕上,捕捉各种贝类、蟹类等。随着社会的发展进步,人们却赋予了泥橇以体育的功能。400 多年来,泥橇从作战转化为生产,又从生产工具赋予其体育功能,形成了独特的海洋文化遗产项目。

（三）妈祖民俗文化

妈祖是我国沿海、港澳台地区和东南亚人们极为信仰的海上保护神。

浙江省洞头县百姓崇拜妈祖的习俗是一个典型代表：每年农历三月廿三日与九月初九，各庙宇都要举行隆重的祭祀仪式，开展"迎火鼎"等民俗文化活动，参与信众遍及全县 93 个渔村，为洞头渔区信俗活动的最大盛典。洞头县位于浙江省温州市瓯江口外，由 103 个岛屿组成，与我国台湾、福建相邻，是浙江第二大渔场，人们以渔业生产为主。特殊的环境条件和地理位置使得人们对妈祖极其信奉。

明末清初，福建莆田渔民来洞头捕捞生产，带来妈祖民俗文化。东沙妈祖宫（省级文保单位）就建于清乾隆年间，是浙江省尚存规模最大、构建最完整的妈祖庙，有近 300 年历史。后来，各渔村分别陆续建庙祭拜。目前，全县六个乡镇建有妈祖宫 11 座，陈、林娘娘共奉的有十余座。

妈祖文化的主要价值及其影响力重大。首先妈祖的形象已经成为人们心目中善良、智慧和正义的化身，对于提升人们心性、净化社会道德，都有积极的意义。其次，妈祖文化的价值在于它的普世性，反映了世界大同的崇高理想和深切的人文关怀，对于创建和谐社会有一定的文化价值。再次，妈祖文化是一种"活态"的文化，文化纽带意义越来越引起人们的重视。妈祖在海外华侨华人社会中起着联系乡谊、敦睦亲情、寻根怀祖的重要作用。妈祖是洞头县和我国台湾等地区共同信仰的影响最大的神灵，妈祖文化是维系海峡两岸关系重要的桥梁和纽带，对于促进祖国统一具有积极意义。

（四）海船装饰

海船装饰的文化遍及沿海各地，浙江象山等地渔民渔船装饰的习俗比较独特。据考证，远在新石器时代，象山就有先民渔猎栖息，出现船只之后，船饰习俗也随之诞生。当地渔民对船的装饰，从船头、船眼、船旗、船舷、船桅、船尾等外形，到船舱、神龛、驾驶台、淡水舱以及各个零件等内部，各个部位如何油漆、漆的颜色如何搭配都十分讲究，并逐步形成了一种约定俗成的工艺规矩。经过漆饰后的渔船，就是一件极为精美的实物画作。象山捕鱼人尊渔船为"木龙"，这是因为过去人们认为海洋为龙王所主宰，木龙可保年年有鱼，岁岁丰收。船饰是历代渔民千百年来血汗和智慧的创造，寄托着渔民驾龙闯海、乘风破浪、四海平安的愿望，充分体现了渔民在与大海搏斗中的美好愿望，表达了渔民朴素的思想感情和健康活泼的审美情趣，展示了劳动人民的聪明才智，它的产生和发展，有着极高的文化和艺术研究价值，是我国美术发展史上不可缺少的重要组成部分。

（五）海葬风俗

海葬也是沿海渔民的特殊风俗。在浙江岱山地区，渔民遇到海难而丧身后，要举行特殊的葬礼，被称为"潮魂"。岱山四周皆海，捕鱼及交通均以木船为主，因旧时经常遭遇海难事故，渔民海上遇难者多，素有"十口棺材九口空，可怜只有稻草人"之说。根据当地民间传说，不能让人的魂魄漂泊在大海之中，故要将亡者灵魂招至家中，以示对亡者的尊重和对亲属的安抚。岱山"潮魂"的种类分为两种：一是"追魂"，针对淹死在海里，但已拾回尸体者；二是"招魂"，尸体没捞上岸，必须用稻草人替身。"潮魂"仪式由道士主持，率领亲人于夜晚抵达海滩边，随带小唱班伴奏，并执燃香各一支，其中一人手捧蒙面的公鸡。抵滩后，道士们念咒、作法，并领众亲绕道三圈，遂从海滩至家堂来回三次，每次沿途由亲人们不断地喊某某某或加上辈分称呼的"来了，来了"。总之，尽快把亡魂引到灵堂，最后一次将活鸡缚于供桌角上，同时众目注视公鸡是否啄过桌上的酒或饭，如啄过了，表明亡者已入魂；另一种说法是挂竹竿上的稻草人掉下来了，就表明魂魄已招进。于是"潮魂"程序就告结束。择日出殡，选定时辰，棺木抬往墓地安葬。另一种海难特殊葬礼为"拾元宝"。历代民间相传，渔船在海上遇险，周围渔船都有放弃作业和抛弃网具而及时施救之良风。有人落水，不论何方人氏，都当救不辞。捞尸叫拾"元宝"，以讨吉兆。无主尸则运回陆地埋葬，葬地多而集中处叫"义冢地"。

上述几个较为典型的海洋非物质文化遗产的项目案例，还没能完全反映我国海洋非物质文化遗产的整体状况，需要我们在对全国沿海地区的海洋非物质文化遗产进行调查的基础上，进行深入摸底和研究。

第三章
海洋文化遗产资源产业化发展布局

　　海洋文化遗产产业是传承海洋文化,实现中华传统海洋文化的创造性转化、创新性发展的重要途径,也是保护和传承传统海洋文化,实现文化富民、乐民的重要方式。传统和特色海洋文化资源的产生和发展与沿海地区人民的生产生活紧密联系,随着社会变迁,很多传统海洋文化资源赖以生存的文化生态环境逐渐发生改变甚至消失。通过促进海洋文化遗产产业化进程,开发海洋文化遗产优秀产品和优质服务,将海洋文化遗产资源的传承和保护与人民的生活结合起来,将海洋文化遗产的历史文化价值转化为经济价值、社会价值,才能更有效地实现传统海洋文化的保护和传承。

第一节　海洋文化遗产资源产业化进程

　　合理开发和利用海洋文化遗产资源,既符合文化遗产资源保护规律,也可以有效解决当前海洋文化遗产破坏严重、保护不力的问题,因此,要大力推动海洋文化遗产资源的开发利用和产业化进程。

一、海洋文化遗产产业化的必要性和重要性

　　当前,我国文化遗产工作主要集中在保护的层面,要充分发挥文化遗产的潜在价值,就必须将其作为文化产业的重要资源进行科学、系统的开发。在党

和国家积极推动文化产业成为国民经济支柱性产业的大背景下,积极推进海洋文化遗产资源的产业化开发利用,充分挖掘其蕴含的经济价值,这既是落实中央文化政策的具体措施,也是促进沿海地方国民经济发展的组成内容。

(一)推进海洋文化遗产产业化进程,是沿海地区经济发展的需要

当前,文化和经济一体化以及走向海洋是未来经济发展的重要趋势。中共十八大、十八届三中全会提出要建设海洋强国和社会主义文化强国,并于近期提出建设"21世纪海上丝绸之路"的战略部署,发展海洋文化产业、加强海洋文化遗产保护有利于推动国家战略实施。同时,我国沿海地方纷纷提出"海洋强省""文化强省"的建设目标并积极参与"21世纪海上丝绸之路"建设,海洋文化已经成为沿海地区区域经济和社会发展最重要的支撑。海洋文化遗产产业是海洋文化产业的组成部分,因此大力发展海洋文化遗产产业,将有利于推动海洋文化蓬勃发展,进而有助于地方经济发展目标的实现。

(二)推进海洋文化遗产产业化进程,是保护与发展海洋非物质文化遗产的要求

遵照国务院《关于加强文化遗产保护工作的通知》确立的"保护为主、抢救第一、合理利用、传承发展"的非物质文化遗产工作方针,我国沿海地区应当做好海洋文化遗产工作的保护和传承工作,合理利用海洋文化遗产资源。我国海洋文化遗产资源丰富,具有产业化开发利用的良好潜力,可通过文化产业的市场化、规模化营运,释放其内在价值,满足人民群众精神文化需求,同时产生积极的经济效益,进而反哺海洋文化遗产保护工作,从而拓宽海洋文化遗产的生存发展空间。

(三)推进海洋文化遗产产业化进程,可应对海洋文化遗产的生存威胁、顺应时代发展的要求

海洋文化遗产的各要素有机地存活于社区或群体共同构成的生命环链中,而且还在不断地生成、传承乃至创新。海洋文化遗产各要素在现实存在中处于濒临灭绝的境地,大量资源正在被商业文化异化,大量的民间海洋艺术正在悄无声息地消亡。只有运用市场经济的动力,结合海洋文化遗产本身的价值属性,进行产业化开发,才能保障非物质文化遗产的传承。

随着生活水平的提高,人民群众对于新颖、独特、猎奇、体验式的文化产品的心理需求大增,海洋文化遗产因独具特色而受到人们的喜爱,尤其沿海地方群众世代传承和长期保留下来的原发性的民族民间文化艺术愈受青睐,但是海洋文化遗产创造了巨大的经济效益的同时也在越来越多的旅游观光活动和人为开发过程中遭到不同程度的破坏、流失和变异。因此,要通过产业化发展,促进政府引导和专家研究,实现海洋文化遗产资源科学、规范地开发,以及海洋文化产业的健康发展,从而推动海洋文化遗产资源保护,改善当前一些地方的海洋文化遗产破坏性开发的现状。

二、发展海洋文化遗产产业的依据和借鉴

(一)国家相关政策依据

我国海洋文化遗产资源极为丰富,并制定了一批海洋文化产业相关法律、政策、规划,这些政策法律的制定、施行为海洋文化遗产产业化提供了重要指导和依据(参见下表)。

表 3-1　海洋文化遗产产业发展政策依据表

领　域	类　别	名　称
海　洋	规　划	国家海洋事业发展"十二五"规划
		全国海洋经济发展"十二五"规划
		全国海洋文化发展规划纲要
文　化	法律法规	中华人民共和国文物保护法
		中华人民共和国水下文物保护管理条例
	规　划	水下文物保护中长期规划
		国家文物博物馆事业发展"十二五"规划
		国家文物保护科学和技术发展"十二五"规划
		国家"十二五"时期文化改革发展规划纲要
		文化产业振兴规划
		文化部"十二五"时期文化产业倍增计划
	文　件	关于推动特色文化产业发展的指导意见
		国务院关于加快发展对外文化贸易的意见
		关于深入推进文化金融合作的意见
		国务院关于推进文化创意和设计服务与相关产业融合发展的若干意见

此外,我国沿海省市地方出台的海洋、文化、旅游等法律、政策、规划中,均

提出了海洋文化遗产的相关内容和要求。

（二）国外成功经验的借鉴

推动海洋文化遗产产业化发展，在国外不乏先例，为我们提供了参考的依据。积极研究各国案例，总结、学习、借鉴其成功的经验，研究、反思其遇到的问题，可有利于我们少走弯路，更好地促进海洋文化遗产产业健康发展。下面总结了意大利威尼斯和日本"一村一品"两个成功的案例。

1. 威尼斯

威尼斯（Venice）位于意大利东北部，也是亚得里亚海威尼斯湾西北岸的重要港口，城市建于离岸4千米的海边浅水滩上，平均水深1.5米，由118个小岛组成，以舟相通，有"水上都市""百岛城""桥城""水城"之称。威尼斯又是世界著名的历史文化名城，有千余年的历史，其建筑、绘画、雕塑、歌剧等在世界上有着极其重要的地位和影响。威尼斯旅游业非常发达，海洋文化遗产是其重要的旅游资源，在推动旅游业发展的过程中起到了重要作用，贡多拉和彩色岛是两个重要的开发点。

贡多拉是历史悠久、独具特色的威尼斯尖舟，11世纪最盛行时期数量超过1万艘，但如今仅剩下了几百艘。贡多拉统一采用传统的黑色，只有在特殊场合才会被装饰成花船。平日贡多拉主要作为旅游船使用，尽管费用较贵（平均每40分钟为70～120欧元），但是依然受到游客喜爱，创造了较高的经济价值。每年9月的第一个周日下午，在威尼斯的大运河上会举行历史悠久的贡多拉传统划船比赛（即雷戈塔·斯多利卡划船比赛，据史料记载起源于1315年），吸引了世界各地的大量游客，有力拉动了当地旅游业发展，同时使这种古老的威尼斯文化遗产得以流传。

彩色岛堪称威尼斯的"童话小岛"，岛上的房屋都被漆成了各种绚丽的色彩。艺术家们用色大胆，把这座小岛打造成了一座童话的世界。许多游客来到这座小岛为的就是沉迷那一刹那的浪漫。另外，岛上传统的手工艺品也物美价廉，受到人们的喜爱。

2. 日本"一村一品"

"一村一品"运动是一个村子的居民，充分利用本地资源优势，因地制宜，自力更生，建设家乡，发展农村经济的活动，该运动起源于日本大分县。日本向来重视民俗文化的保护，而乡村文化作为民俗文化的重要组成部分，更是保留传统、复兴民族的重中之重。"一村一品"运动倡导因村制宜发展特色,培育全国乃至世界一流的产品和项目,这些项目以农特产品为主,但也可以是文化和特色旅游项目。日本诸多乡村非常注重保护并经营传统文化遗产:一是,多数乡村设有自己的乡村博物馆,几乎每一个乡村都有几座或十几座古老的民居被政府认定为保护单位,政府给予民居主人以资助,以便为民居进行修缮保护;二是,把乡村里在工艺技术上或表演艺术上有"绝技""绝艺""绝活儿"的老艺人认定为"人间国宝",一旦认定后,国家就会拨出可观的专项资金,录制其技艺,保存其作品,资助其传授技艺,培养传人,鼓励从事乐舞表演和传承活动。经过几十年发展,日本乡村戏剧、乐舞、曲艺等表演艺术比如"能""文乐""狂言""讲谈"等从濒危到重生再到走向新的繁荣,同时也通过发展文化旅游业,创造了大量经济价值,实现了文化遗产资源开发与保护的良好结合。

通过上述案例我们不难发现,海洋文化遗产资源的合理开发是实现资源保护、经济发展、品牌打造的有效渠道,是实现传统海洋文化"返老还童"的灵丹妙药,这为我国海洋文化遗产的产业化进程提供了先进经验和宝贵借鉴。

三、海洋文化遗产产业化开发的特点和原则

(一)特点

海洋文化遗产资源开发应当抓住以下几个特点。

1. 民众参与性强,体验空间大

海洋文化遗产是民众的生活文化和活态文化,呈现出通俗性、日常化、互动性强等特点。例如,游客在参加传统海洋节庆、仪式时,现场观赏,极易受到感染乃至形成渴望参与、表演的动机,进而在这种差异性、非常态的文化情境中获得身体、心灵、情感以及智力的独特体验。再如,各地独特的海洋传统文艺精品也是受到大家喜爱的产品。海洋文化资源所具有的体验特质为发展体验性旅游提供了巨大的发展空间。

2. 娱乐性强,休闲功能完备

传统海洋文化,尤其是渔民画、渔歌调子等传统海洋文艺形态,是沿海民众调剂生活、舒缓身心的重要手段,因此具有较强的娱乐性和休闲型。以海洋节庆文化活动为例,不管是(舟山群岛)中国海洋文化节,还是中国(象山)开渔节,其主题精炼,紧贴时代,内容丰富,形式多样,观赏性极强,休闲娱乐特质十

分显著,有利于开发休闲类旅游,而渔民画、独弦琴、人龙舞等艺术对于海洋节庆会展业、海洋文艺演出业等都具有很好的支撑作用。

3. 地域性强,文化价值极高

海洋文化遗产根植于辽阔的海域疆土,一方面鲜明地体现了沿海文化粗犷豪放的精神气质,另一方面与内陆文化息息相关,紧密相连,民族气息浓厚。游客身临其境,既能体会到海洋文化"雅俗共赏"的风格,又能体验沿海的生活方式、审美情趣、民间技艺以及独特的民族信仰,具有极高的文化价值和艺术价值。

(二)原则

以下原则,也是海洋文化遗产资源开发的着力点。

1. 可与现代化资源技术紧密结合

海洋文化遗产资源内涵丰富,具有很深的历史文化价值,但在开发利用过程中,往往与现代化的技术资源紧密结合,如通过现代化的场馆展示传统海洋文化作品,将传统海洋文艺与现代艺术形式、声光电等技术结合起来,将传统海洋节庆与现代旅游业发展业态结合起来。总之,一方面要保证海洋文化遗产资源的原真性,注重保持其文化内涵和文化特色,另一方面要注重与现代化技术相结合,使之更加符合现代人的审美标准和评价标准,从而创造更多、更高的价值。

2. 强调空间聚合和业态融合

我国知名的海洋文化遗产项目和产品很少,要实现其健康发展,就要打破行业和地区壁垒,加快海洋文化遗产产业与旅游等相关产业融合发展。从目前我国海洋文化遗产产业发展现状来看,传统海洋文化资源广泛分布在民族、民间地区,由于经济、交通和地理等基础条件限制,城乡之间、地区之间海洋文化遗产产业发展不平衡,加之部分海洋文化遗产项目是企业、群众的自发行为,缺乏规划和引导,很多地区仍然处于独立、分散经营的状态,很难形成完善的服务体系、产业链条和规模效应。以区域整合的方式发展海洋文化遗产产业,更有利于形成优势互补、良性互动的发展趋势,以及创意、生产、推广的一体化协同发展效应。从文化产业发展规律来看,业态间的融合是实现海洋文化遗产产业发展的重要内容,特别是以海洋文化旅游为基础,形成演出演艺、工艺品和展览等多业态融合发展的方式,也是推动地方海洋文化遗产产业健康发展的普遍做法。因此,要积极培育海洋文化遗产产业,逐渐打造海洋文化遗产示范渔镇、渔村和渔港,并进一步打造形成示范区乃至产业带,一方面从微观上强调发挥比较优势,突出差异化的竞争力策略;另一方面从宏观上强调突破区域限制,形成区域合作机制,统筹城乡发展,并形成集聚联动效应。

3. 重视市场运作和创意引领

海洋文化遗产产品和服务要加强与创意设计、现代科技、时代元素相结合,促进内容和形式创新。当前我国许多海洋文化遗产项目存在形式陈旧、类型和功能单一等问题,与现代时尚消费需求脱节,如各景点纪念品均存在粗制滥造、缺乏创意的问题,缺乏竞争力和吸引力,因此,要通过创意将传统海洋文化资源与现代生活方式和时尚消费需求相嫁接,提升其科技含量,深挖其文化内涵,打造群众喜爱、经济效益好的经典产品和服务。

4. 注重产业发展与城镇化建设相结合

海洋文化遗产产业的发展延续城市文脉,承载海洋文化记忆和乡愁。建设有历史记忆、地域特色、民族特点的特色海洋文化城镇和乡村,加强城镇化过程中的海洋文化遗产产业发展,不仅关系到传统海洋文化资源的保护与传承问题,更关系到人的城镇化问题。充分利用城乡特色海洋文化遗产资源,是开发海洋文化遗产资源的重要方向。

5. 以金融、人才、项目等为抓手,扶持海洋文化遗产产业发展

我国海洋文化遗产产业主要集中在县乡地域,由于相对落后的社会经济发展现状,存在着资金不足、人才缺乏、组织形式落后、产品创新能力不强等问题。因此,政府要在财税政策上重点扶持,注重从更大范围内引进资本和扩展交易、合作渠道,通过支持当地重大文化项目,带动当地海洋文化遗产产业发展。在人才培养方面,既强调提升海洋文化遗产持有者的创新能力,也重视培养经营管理人才。这对于解决目前海洋文化遗产产业发展中存在的问题,既有很强的针对性,也有很强的可操作性。

第二节　我国海洋文化遗产产业发展的模式

文化产业发展模式是文化产业发展的总体模式和路径选择,需要根据文化产业自身条件制定。通过对海洋文化遗产产业的资源基础和发展现状进行分析研究,我国海洋文化遗产产业的主要优势在于资源丰富,形式多样。结合海洋旅游产业的支柱地位和产业关联度,可以将我国海洋文化遗产产业确立为:以海洋文化遗产资源为依托、以海洋文化旅游为核心产业带动的模式。

一、以海洋文化遗产资源为依托

海洋文化遗产资源是推动海洋文化遗产产业化进程的重要基础,对于海洋文化遗产产业化发展具有决定性的意义。海洋文化遗产资源的丰富与否,制约着产品的创造、生产以及服务的质量和数量,决定着该地区在海洋文化遗产产业领域中是否拥有独特的优势,从这个角度角度来看,海洋文化遗产资源的存在状况以及区域布局,与整个海洋文化产业发展的空间布局高度契合。

丰富的海洋文化遗产资源是我国引以为傲的优势所在,它能够供给整个产业发展的各种资源要素。这些资源具有不同的地域分布特色,而且大都具有较强的垄断性和明显的资源竞争优势。因此,依托各地独具特色的海洋文化遗产资源,在保护好这些资源的前提下推进产业化经营,最大限度地开发和实现海洋文化遗产资源的经济价值,是海洋文化遗产产业发展的必然选择。

以海洋文化遗产资源为依托就是要加大资源开发利用的力度,深层次地挖掘海洋文化遗产的内涵,提升海洋文化遗产产品、服务的品位和质量,从而提高其市场价值。由于不同层次和类型的消费者的消费需求不同,而且随着消费者的消费行为日趋理性,他们对于海洋文化遗产产品价值和服务水平的要求越来越高,这就要求我们要不断深挖其文化资源的内在价值。以山东省即墨东部海域的田横岛为例。该岛拥有迷人的海岛风光,但人文内涵却不够丰富,影响了其旅游价值的发挥。近年来,地方政府通过大力发掘秦末汉初齐王田横部属五百将士自刎的忠烈故事,以及海神娘娘的传说等历史传说,把优美的海洋自然资源和厚重的历史人文遗产资源有机结合起来,对该岛进行综合开发,不仅成立了省级旅游度假村,还开发出海上垂钓、海上冲浪、海上跳伞等旅游娱乐产品,使田横岛海洋旅游的商业价值和文化价值快速提升,收到了较好的经济效益和社会效益。实践证明,以海洋文化遗产资源为依托,不仅要对资源进行直接利用,更重要的是要深入挖掘文化内涵,同时与其他类型资源相结合,这样才能有效提高海洋文化遗产的产业层次和经济价值。

以海洋文化遗产资源为依托,要注重加大资源保护力度,实现海洋文化遗产产业的永续性发展。如果只注重开发而不注意保护,只追求短期的经济效益而损害甚至破坏海洋文化遗产资源的原生态，则是得不偿失。当前在海洋文化遗产业资源开发过程中，不少地方政府和企业未形成完善的长远规划，尤其是在巨大的商业利益驱使下，无节制地过度开发，对海洋文化遗产资源的生存环境造成了破坏，已经对海洋文化遗产产业造成严重的伤害，这种倾向必须加以避免。

二、以海洋文化旅游产业为核心产业带动

海洋文化遗产资源的产业涉及文化产业的若干方面，不可能面面俱到，平均发展，而应当抓住核心产业，加大投入，重点发展。从我国海洋文化遗产产业发展现状看，核心产业带动的模式具有可行性。核心产业带动模式的理论源于法国经济学家佛朗索瓦·佩鲁提出的区域经济发展的增长极理论，该理论主张，区域经济的发展主要依靠条件较好的少数地区和少数产业带动，应把少数区位条件好的地区和产业培育成经济增长极，通过增长极的极化和扩散效应，影响和带动其他产业的发展。我国海洋文化产业发展尚处在朝阳期，海洋文化遗产产业的发展更是处于初级阶段，在产业结构、发展协调等方面存在局限性，如果内部各行业同步推进，必将受到资金资源、人力资源等多方面限制，从而限制整个产业发展。

核心产业带动模式的实质，是通过核心文化产业的驱动力，围绕核心文化产业的发展来实现文化产业资源的合理、优化和充分配置，最大限度地发展相关产业，从而形成区域文化产业的整体发展。核心文化产业处于主导地位，决定着整个区域文化产业的发展方向、速度和规模，其选择合理与否关系到核心文化产业自身的发展，也决定着整个地区文化产业的结构和发展进程。

目前我国已经初步形成了门类比较齐全的海洋文化产业结构，但其内部发展是不平衡的，主要表现在海洋文化旅游产业的比重远远高于其他产业，这种现象也同样反映在海洋文化遗产产业中。其次，海洋文化旅游产业作为海洋文化产业支柱，对其他薄弱产业的发展至关重要，如海洋工艺品的销售需要游客作为重要客源。因此，应确定以海洋文化旅游产业为支柱产业，大力发挥其关联效应，带动海洋文化遗产产业中的其他行业发展。走核心带动模式就是要把海洋文化旅游产业作为先导性、基础性和关键性的产业，摆在优先发展的重要战略地位，将其产业潜力扩展到其他产业中。因此，需要准确掌握市场需求及

变化规律,综合开发海洋文化遗产资源,使其与旅游资源有机结合,设置多样化的旅游产品服务项目,一方面提升海洋文化旅游的层次性、参与性、娱乐性,增强吸引力,一方面旅游收入推动了配套设施建设,带来了经济收入,从而提高了整个海洋文化遗产产业的综合实力。

值得注意的是,要获得长久的战略竞争优势,不仅需要核心产业发挥带动作用,更需要其他行业的配套辅助。因此应在重点培育海洋旅游业的同时,分层次地推进其他海洋文化遗产产业类型的发展,从而保证产业的全面协调发展。当前,海洋会展节庆产业、海洋文艺等产业尚处于初始阶段,在市场竞争中处于弱势,应该适当加大对它们的扶持力度,使这些产业成为新的经济力量。

第三节　打造海洋文化遗产重点产业

我国海洋文化遗产资源丰富,其中海洋文化旅游、海洋文艺、海洋休闲体育等产业门类发展为沿海地区海洋经济提供了有力的支撑。发展海洋文化遗产产业,要立足我国海洋文化遗产产业发展现状和资源禀赋,设置重点产业,打造出能够拉动海洋经济增长的重要引擎。

一、以海洋文化遗产为主题的文化旅游产业

海洋文化遗产为主题的文化旅游产业是指立足我国海洋文化遗产资源,打造与沿海自然风光、传统海洋民俗相结合的旅游产业。

(一)海洋文化旅游

文化旅游是旅游业中的一种创意思维,它将旅游者体验与学习需求相结合,旨在为旅游者提供富含文化特色的人文观光、度假、休闲、商务等形式的旅游产品服务,使旅游者以文化审美、文化鉴赏的心理去从事旅游活动。

海洋旅游与海洋文化有着密切关联,可以说只有依托丰富的海洋文化资源才能开发出精彩的海洋旅游产品。我国沿海人民开发利用海洋已有数千年历史,积淀了厚重的海洋文化遗产,如何充分利用这些资源推动海洋文化旅游产业发展,对于推进各地的海洋强省战略和文化强省建设,都有着重要意义。

(二)我国海洋旅游的不同模式

未来的海洋旅游业可能成为最有希望的海洋经济领域,发展模式日益丰

富,主要有以下六种:特色风情渔村模式、海洋旅游产业园模式、海洋主题公园集群模式、滨海旅游度假区模式、邮轮游艇基地模式、综合海岛开发模式。

1.特色风情渔村模式

现代渔港不仅沿袭了传统渔港的捕鱼养殖功能,同时也开辟了一种新型的海洋旅游形式——特色风情渔村体验。从旅游发展历程来看,旅游的发展一般要经历"观光游—休闲游—度假游—体验游"四个阶段,而体验游是人类旅游心理需求的最高境界,这种和渔夫拉网捕鱼、看渔妇织网晒网、品美味海鲜的旅游方式吸引了越来越多的游客参与其中,海滩篝火晚会、喊渔家号子、跳渔家秧歌等妙趣横生、其乐无穷的旅游活动使游客告别了单纯的赶海观光、踏浪逐沙,而体验到了传统旅游所没有的乐趣。特色风情渔村模式将成为我国未来海洋旅游业的重要模式之一,此类项目适用于旅游资源丰富、具有较大市场依托、区域为 3～5 平方千米的滨海渔港。

2.海洋旅游产业园模式

提到产业园,人们首先联想到的是以制造业为主体的工业化发展模式,而这里所提到的海洋旅游产业园则完全不同,这是一片以发展海洋旅游产业为目标的热土,是以游客、工作人员幸福快乐为目标,它同时也是促进海洋旅游业与其他产业共同发展的平台。当然,在这里更多强调的是产业融合,不是单纯的海洋旅游,而是涉及文化、体育、金融、科研等众多行业,正如前面所讲,是海洋众多主题功能的融合。以海洋生物产业园为例,其中可以包含国内外知名海洋生物企业、海洋生物研究所等生产科研机构,也可以包含海洋生物为主题的博物馆或展览馆、海洋生物主题酒店等娱乐休闲项目。一个成功的产业园必然会吸引更多的投资者,同时也会引起更多有兴趣者的关注,旅游便成为其中理所当然的组成部分。我国现已具备建设海洋旅游产业园的基础,但仍存在很多问题,不是很成熟,这种模式在我国的应用也应谨慎,此模式对旅游资源要求相对较低,比较适用于 1～3 平方千米的临海地区开发试用。

3.海洋主题公园集群模式

海洋主题公园是现代旅游业在旅游资源开发过程中所孕育产生的新的旅游吸引物,是集诸多娱乐内容、休闲要素和服务接待设施于一体的综合性旅游目的地。它以强烈的个性、普遍的适宜性而吸引着各个层次的游客,同时以其高门票、高消费、重游率高等特点吸引着投资者的投资建设。海洋旅游公园集群模式在国内至今还未被应用,这将是未来几年我国海洋旅游发展的新方向。正如昆士兰的黄金海岸,拥有着众多富有趣味的主题乐园,每年吸引着 1 000 多万的游客到此游览。在那里,既可以体验各种刺激的娱乐活动,也可以到天堂农庄去体验澳洲最原始的生活方式,各类游客在那都可以得到不同的满足。作为一个开发完善的景区,黄金海岸为不同消费水平的游客提供了完善的"吃、住、行、游、购、娱"服务与设施,成为景区经济的另一重要增长点。此模式投资较大,且应具备完善的服务配套设施,适用于 1 平方千米的滨海地区。

4. 滨海旅游度假区模式

旅游度假区发展模式是我国海洋旅游发展中最常见的一种发展模式。滨海旅游度假区模式于 20 世纪 80 年代被引进我国并被广泛应用,至今已较为成熟。一个成熟的滨海旅游度假区在建有适合滨海旅游的旅游娱乐设施外,还需包含与之相关的餐饮、住宿、交通以及购物等基础配套设施。美国的新泽西海洋城便是这一模式的典型代表。它位于美国东部新泽西角的南部,距亚特兰大约 20 分钟车程,距费城 70 分钟,距纽约 2 个小时。虽然滨海旅游资源水平相对于美国其他地区并没有明显的优势,但通过资源整合、聚向营销等一系列开发营销手段,这里已成为美国著名的家庭度假胜地,创造了滨海旅游度假区的奇迹,为滨海旅游度假提供了新的发展模式。这类发展模式在未来几年里仍是我国海洋旅游发展的重点,普遍被用于面积为 5 ~ 10 平方千米的滨海地区,且对区位、交通、市场等有较高的要求。

5. 邮轮、游艇基地模式

邮轮游艇旅游是近几年快速发展的偏高端旅游项目,随着市场产品的不断丰富、开发者的不断增加以及游客旅游需求的不断提高,这一旅游方式已具有一定量的游客,且平均消费水平远远高于传统旅游模式。它不仅包括传统的邮轮观光、游艇体验,现在很多私密的聚会、会议也趋向于在邮轮上或游艇俱乐部中举行。同时,它的兴起与发展也带动了海洋第二产业的快速发展。邮轮、游艇建造基地承担起邮轮、游艇的生产、维修与保养任务;码头的建设决定着其接待规模、接待水平等。丹麦的埃斯比约作为北欧最著名的渔港、远洋港、集装箱港,同时也是发达的邮轮、游艇基地,每年运载游客 35 万,结合其他海洋旅游资源,每年接到游客量达 200 万之多。邮轮、游艇基地至今尚未成为可独自生存的旅游项目,需更多地借助其他旅游项目的开发,作为景区资源整合中的一部分，占地约 1 平方千米。

6. 综合海岛开发模式

海岛旅游一直受到广大滨海旅游爱好者的青睐，并以其受欢迎程度高居滨海旅游之首。传统的海岛旅游无外乎海岛观光、休闲度假等，而新兴的海岛综合开发完全颠覆人们的观念，开创了集观光度假、购物休闲、娱乐表演、主题乐园、养生 SPA 为一体的度假模式。新加坡的圣淘沙本是一个占地 390 公顷的小渔村，后经过多次改造成为现在国际闻名的家庭度假海岛。它在原有的风景秀美的海滨风光基础上，策划出一系列的度假娱乐项目，水上运动、主题乐园、音乐喷泉、高尔夫球场、各式表演等满足了不同消费水平游客的娱乐需求；节庆大道为时尚人士提供了购物的好去处；养生 SPA、特色美食等让游客身心、味蕾得到最大的震撼；还有专为儿童打造的儿童俱乐部、名胜世界，这使圣淘沙不仅成为大人们的度假胜地，同时也成为儿童的娱乐天堂。此类发展模式为我国海岛开发提供了新的思路，值得我们借鉴学习。

（三）开发建议

应当充分认清海洋文化旅游产业和海洋文化遗产业产之间的互相关系。海洋文化旅游产业是海洋文化支柱型产业，也是利用海洋文化资源最广泛、综合性和关联性最强的产业，具有较高的经济效益和社会效益，容易形成城市品牌影响力和吸引力。海洋文化旅游产业与交通运输、商贸、餐饮等行业紧密相关，不仅受它们的制约，更可以带动它们的发展，通过拉动海洋文化旅游产业，可以拉动上下游众多相关产业链的发展。海洋文化旅游产业是实现海洋文化遗产产业发展的重要突破口。我国具有海洋文化遗产资源丰富的先天优势，由于在较长时期内忽视了从产业角度对这些宝贵资源进行合理开发，使得海洋文化遗产资源优势尚未转变为优势。随着我国推进海洋强国、文化强国和"21 世纪海上丝绸之路"建设，要大力发展以海洋文化遗产为主题的旅游产业，打造拉动海洋文化遗产产业健康发展的有力引擎。

开发以海洋文化遗产为主题的文化旅游产业，要重视对新项目的开发性投入，又要通过优化配置组合形成新的市场卖点。当前，我国可以支撑海洋文化遗产旅游产业发展的资源主要有海洋宗教文化遗产、海洋商业文化遗产资源、海防文化资源、传统海洋民俗文化资源、海洋饮食文化资源、海洋非物质文化遗产资源，要根据各类资源的自身特点和利用方向来制定相应的策略。

1. **海洋宗教文化遗产的开发与利用**

海洋宗教文化资源是海洋文化中最具影响力和号召力的因素。我国沿海主要宗教文化有妈祖信仰、龙王信仰、佛教文化、道教文化等,可以在宗教文化的基础上发展海洋文化遗产旅游产业。

立足沿海现有的寺庙、道观等,根据其自然特点,按照宗教文化特色营造浓郁的旅游氛围,推出具有各地海洋宗教特色的体验游项目,如在山东省青岛市崂山道观、浙江省舟山市普陀山等设置具有沿海地区文化特色的宗教仪式,使香客、游人在实现朝圣、旅游目的的同时,感受传统海洋文化所蕴含的精神内涵,从而获得精神上的享受。

加强对海洋宗教的宣传,将传统文化遗产与现代化的传播手段结合起来。把具有悠久传承历史的宗教建筑、遗址、仪式等内容与影视传媒等现代化传播媒介相结合;把流传已久的民俗故事、神话传说、历代文人骚客留下的诗文名篇,拍摄成相关录像摄影作品,制作成精美的宣传品,在电视、报纸杂志、电脑网络等宣传媒体上宣传。

顺应现代人修身养性的要求,开发海洋宗教保健养生产品。如佛教崇尚清心寡欲和素食,可开发佛教饮食产品,将中国传统饮食习惯与佛教文化相结合,找到生态旅游与佛教饮食的结合点,开发素斋食品;道教注重养生,可开设相关的养生讲座,推出养生食品等;可开设佛经、道德经等传统宗教的精品公开课,提供精神文明健康服务。

以海洋宗教故事和哲理信条为资源开发主题公园,融入八仙过海、哪吒闹海、龙王等文化元素,设计寓教于乐的旅游项目,开发特色鲜明、创意性强的文化旅游商品,以轻松有趣、受游客喜爱的形式展现深厚的文化内涵。

在海洋宗教文化资源开发方面,应当做到合理的"扬弃",在各部门的积极配合下,注意挖掘其符合中华民族优秀价值观的精华内容,抛弃那些过度宣传封建迷信的糟粕,避免在社会上造成负面影响。

2. **海商文化遗产资源的开发与利用**

海洋文化与商业文明息息相关,海商文化在我国拥有悠久的历史。我国海洋文化不乏商业元素,因此在海洋文化遗产开发中,决不能忽视对海商文化遗产资源的开发和利用。

海洋商业的内涵与海洋第三产业比较接近,包括海洋交通运输仓储业、海水产品及其加工品的批发和零售贸易活动、滨海旅游业、为海洋生产和服务活动而提供的金融保险服务、其他涉海服务业等。我国海上丝绸之路不仅是文化和对外交流之路,也是中国走向世界的商贸之路,海上丝绸之路沿线城市泉州、湛江、宁波等地均为我国古代商贸业的发展作出过重要贡献。优秀的海洋商业文化不仅贯穿中华民族海洋发展史,也渗透在今天海洋事业发展之中。因此该资源具有较强代表性和影响力,具有开发成为相关旅游产品的潜力。

应当选择合适的沿海古商埠、码头等开辟旅游专区,如合浦、潮汕、泉州等地的古港口,按照史书记载,在原地进行修复、重建,进行情景重现,模仿古代海商交易、贩售、衣食住行,以具有传统特色的旅游环境和体验项目吸引游客参观,如古代商贸展演、仿古船游览、海上旅游纪念品贩售等。

开发具有古代商业特色的旅游纪念品,如商船模型、传统服饰等,要注重特色设计,避免雷同和庸俗化,要注重发掘文化内涵,打造反映历史、符合历史的旅游纪念精品。

开辟专题展区,介绍当地商业沿革、发展等的相关知识,可以承接学生团体参观等业务,在创造经济收益的同时有助于提高其海洋意识。

3. 海防文化资源的开发与利用

海洋是重要的国防前哨和门户,在防止外部敌人从海上入侵、保卫国家领土和维护海洋主权方面具有重要的战略意义。以山东为例,山东半岛与辽东半岛共扼渤海,是京津地区的重要海上门户,海防战略地位重要。清前期学者杜臻认为山东拥有"天造地设之险",《清史稿》上也说"欲守津、沽,先守威、旅"。明朝时山东半岛极易受倭寇、海盗攻打和侵略,明政府采取了一系列措施加强海防,如海禁政策和加强海防措施等;清朝时采用闭关自守的海禁政策和"重防其出"的海防思想,导致后期鸦片战争等一系列失利。因此,我国沿海各地都拥有厚重的海防文化底蕴,也有发展海防主题旅游的丰富资源。

建设主题旅游区或旅游公园。烟台、大沽口、舟山、虎门等地的海防、海战遗址、纪念建筑已成为人们凭吊英雄烈士、反思历史的游观场所,可以设置展览项目,展示重大海战海防事件,展示著名海战将领,展示船舰、炮塔炮台、武器等设施设备,介绍相关背景资料和历史知识,在丰富旅游区内容的同时加强群众的爱国意识和海洋意识。这些旅游景点可以建设为重要的海防教育以及海洋意识宣传教育基地。

开发海防题材旅游产品。通过挖掘海防历史文化资源,将这些意义深远、内容丰富、形式多样的海防文化资源开发为旅游产品,是开展爱国主义教育和历史教育、弘扬传统海洋文化的绝佳载体,同时为体现公益性,可制作相关挂图、海报等,在当地进行分发、公示。

开发旅游宣传产品。在沿海城市宣传材料、宣传片制作过程中,纳入海防相关内容,提高城市厚重的文化底蕴;制作专门的海防文化宣传材料或读本,选择其中优秀者加以大力推广。

4. 传统海洋民俗文化资源的开发与利用

民俗旅游是一种高层次的文化旅游,在世界范围内得到了普遍重视和迅速发展。海洋民俗文化旅游可以满足游客“求新、求异、求乐、求知”的心理需求,因此具有广阔的发展前景。海洋民俗文化旅游有助于吸引大量游客,带来可观的经济效益,也有助于促进地区间的文化交流。与海相伴、靠海为生的劳作方式,深深地影响着沿海人民的生活观念和心理特征,塑造了渔区独具特色的风俗习惯,可以开发成为更好地满足当前人们需求的有品位、高层次、体验式的旅游活动,但同时民俗文化资源具有容易受外界影响的特点,实践证明,在传承保护的同时没有开发利用,海洋民俗文化会逐渐走向衰弱,因此,要推动传统海洋民俗文化资源的旅游开发。

可以打造精品民俗旅游项目。立足传统渔村镇,打造民俗村、民俗园,如在箬山古渔村策划“渔港秀”等富有风情的项目,通过陈列、展览、节庆、“渔家乐”等动静结合的方式展示海洋民俗独特的魅力。

加强海洋民俗作品创作的传播。可以整编有浓郁地方特色的海洋文化大戏,进一步挖掘海洋民俗文化内涵,推出渔歌、渔曲等系列产品。

5. 海洋饮食文化资源的开发与利用

我国各地海鲜资源得天独厚,大黄鱼、小黄鱼、带鱼、海参等海产品享誉世界,因为我国海岸线较长,各地气候和自然环境的不同造成我国渔业资源极为丰富。我国海鲜美食文化源远流长,也遗留了大量的海洋饮食文化资源,为发展海洋饮食文化遗产旅游创造了良好条件。

可挖掘、梳理、整合特色美食资源,组织聘任烹饪美食专家,大力挖掘梳理、提升、包装美食资源,努力提高其知名度和市场影响,增强吸引力。

加强旅游特色餐饮体系建设,增加旅游地特色餐馆数量,合理布局餐饮服务网点,在城镇繁华地带开发建设风味餐饮一条街或风味小吃一条街,在景区内或附近开发小型餐饮点,以当地特色菜肴、风味小吃吸引游客。根据不同季节和地区的特点,设计配套的特色餐饮体系。在城区应突出商务性、大众性和经济性相互补充的餐饮体系的建设;在海岛海滨应突出海鲜海味风格和农家渔家特色的餐饮体系的建设;在渔港应突出文化性和民俗风情性强以及地方渔业文化浓郁的动态餐饮产品体系的设计与策划。

可塑造海鲜特色品牌,海鲜应当作为一种旅游吸引物加以大力推广,如向游客介绍当地各种海鲜的类型和特色,发展渔港边的海鲜餐馆和餐饮船、酒吧船等游船,开发海鲜美食专题旅游等。

6.海洋非物质文化遗产资源的开发与利用

我国已经进入知识经济时代,非物质文化遗产市场化、产业化是必然趋势。以山东海洋非物质文化遗产的打造为例,当地该类资源可以从两个方面进行旅游开发。

发展以海洋非物质文化遗产内容的旅游产品,可在地方开办企业,也可以采取家庭作坊式的运作方式,将沿海传承已久的渔具制作技艺、饮食服饰风俗等转变为具体产品,成为独具地方特色的旅游产品,同时带动上下游产业共同发展。

设置以海洋非物质文化遗产主题旅游项目。可以打造非物质文化遗产主题公园、休闲中心和生态中心,重点设置体验类项目,消除本地与其他地区之间、沿海和内地之间的隔阂;同时在新设或现有滨海旅游地举行渔民调子、民俗舞蹈等表演类活动,提高吸引力和接待能力。

二、以传统涉海文艺作品为主体的文艺产业

海洋文艺资源产业化的趋势早已在市场中初见端倪。海洋传统文艺是海洋文化遗产的重要组成部分,凝结了宝贵的传统记忆,在漫长的发展历程中不断延续着自身的文化图像,形成了丰富的海洋文化产业资源,无论是沿海人民口口相传的神话传说,还是作为民俗事项的文艺表演,与生产相关的渔民号子、渔民画、独弦琴艺术等,都是具有开发价值和潜力、可应用于海洋文艺产业的遗产资源。

(一)发展现状和问题

我国以传统涉海文艺作品为主体的文艺产业没有如海洋文化产业其他类

别那般发展迅速,但是也取得了一定的发展成果。

海洋传统文艺产业化实践初见成效。山东省等地立足传统海洋文化所创作的《丝海梦寻》《海兰花》《梦海》《大海,您听我说》等文艺精品,广西的大型海上实景演出《梦幻北部湾》等,在社会上引起良好的反响,这些都是海洋传统文艺与海洋文化产业相结合的良好实践,为海洋文艺资源产业化运作提供了良好启示,同时为各地文艺产业基地和团队建设提供了良好借鉴和平台。

通过市场开发来促进海洋文艺资源的传承和保护。我国有很多具有宝贵历史价值的海洋文化遗产资源面临被破坏和灭绝的困境,这一状况通过市场开发的方式已经有所改观,一大批优秀的传统海洋文艺资源通过产业开发重新焕发出活力。

文艺产业基地的建设为涉海文艺产业的发展提供了良好借鉴和平台。以山东为例,2009年10月,山东首个海洋文艺产业基地——潍坊滨海国际影城揭牌,该基地以影视娱乐为主要内容,带动影视品牌引进、影视服务、影视旅游、院线影城、音像发行和影视制等影视产业链条,这既为建设海洋文艺产业基地提供了良好借鉴,也成为展示海洋文艺产品的良好平台。

当然,当前海洋文艺资源的产业开发从整体看仍处于探索和培育的初级阶段,产业化程度十分有限,技艺传承青黄不接、人才流失、市场规模小、品牌欠缺等问题十分突出,因此亟须政府和全社会加强关注,合力推动。

（二）开发建议

针对我国海洋文艺资源的产业化开发处于初级阶段的现状,应通过成熟的产业化运作,加快要素市场建设,实施人才战略、品牌战略,切实提高资源转化能力,推进产业化进程。

1. 用产业化的运营思路盘活资源

树立产业化眼光,按照产业化运作规律,对海洋文艺产业资源进行挖掘开发,使一些远离人们视野的资源进入海洋文化消费市场。但是海洋传统文艺资源的开发必须防止纯市场化、商业化倾向,必须重视葆有其艺术特色、文化特色,将这种特色延续并更鲜明地融进产业发展和产品生产中。

2. 加快海洋文艺产业要素的市场建设

海洋文艺要素市场与一般的海洋文化市场不同,它是为文艺市场进行专业化服务的市场。要通过加快海洋文艺要素市场建设,充分发展和完善代理、评估、拍卖等文化中介机构,通过规范中介机构的经营行为来强化演艺市场的流通环节。

3. 重视人才,实施人才战略

发展海洋文艺产业尤其要重视人的要素。因为该产业是典型的创意型产业,无论是演艺行业的演员还是文学艺术品行业的作家和艺术家,其创造力都是产业发展的重要因素。

4. 打造海洋文艺品牌,延长产业链

坚持艺术作品和艺术产品相结合的原则,通过创新追求品牌化和精品化的设计,奠定品牌战略发展的基础,通过全方位地开发品牌,依靠品牌的效应打造和延长产业链,开发衍生产品,彻底挖掘各地海洋文艺资源潜力。

三、以传统海洋活动为特色的休闲体育产业

以传统海洋活动为特色的体育产业可分为海洋休闲体育产业和海洋民俗体育产业两种形式。海洋休闲体育产业是依托海洋自然环境和人文环境,开设适合地方情况的休闲体育项目,为人们提供休闲与娱乐产品和服务的产业;海洋民俗体育是在涉海性民间风俗活动或涉海性渔民生产生活中,依托多种需要而产生和发展起来的,并在海洋时空范围内流传的与健身、娱乐、竞技、休闲、表演有关的活动形态,充分体现了沿海和海岛人民独有的生活情态。具体活动项目包括,冲浪、跳水、潜水、游泳等海上活动,抓杆、升帆、摇橹、龙舟等船上活动。这些活动的自然载体或海、或船、或泥、或沙,不仅深受渔民的喜爱,对外来游客也很具吸引力。我国具有发展以传统海洋活动为特色的体育产业的良好优势,无论是政府、企业、体育高校,都应该努力推动以传统海洋活动为特色的体育产业的发展。

(一) 产业背景

我国海洋休闲体育产业发展具有优越条件,并面临良好的发展契机。我国自然条件优越,沿海地带岬湾相间,优质海滩众多,适宜兴建大型的海上赛事码头基地和体育场所,如北海银滩等自然条件极为优越;我国拥有举办大型赛事的丰富经验;我国沿海省份均建有各类游艇码头、游艇俱乐部以及垂钓基地等休闲娱乐为主的设施,如威海建设了乳山东方如意、小石岛等 7 处游艇俱乐部,

海南三亚的游艇业更是十分发达;沿海地区政府的规划和发展蓝图中都纳入了休闲体育产业发展内容,营造了良好的政策导向和发展环境。

(二)功能评价

对以传统海洋活动为特色的体育产业的科学认识和正确评价是开发利用的前提和关键。以山东省为例,该省沿海以传统海洋活动为特色的体育产业资源丰富,集山、海、岛、港之胜,融自然与人文景观于一体,具有多种体育旅游功能。

休闲娱乐功能。以传统海洋活动为特色的体育活动对游客来说很有娱乐性、观赏性和趣味性,通过自身参与,愉悦身心,陶冶情操,得到心理满足和放松;通过组织赛事,对参与者、观赏者都能给予强烈的感情刺激和体验。

健身疗养功能。各类水上、水下、海滩运动对不同人群的身体健康都有积极的促进作用,一方面增强了体质,另一方面通过缓解压力、促进人际交流来调整人的心理状态,促进心理健康。

自我拓展功能。通过参加各类水上、水下运动,挑战自我,勇于尝试,不仅是从生理体能上的拓展,也是对拼搏意识、坚强意志的培育和锻炼。

(三)价值分析

以传统海洋活动为特色的体育产业不仅可以满足人们的休闲需求,而且与普通体育相比更具有挑战性、刺激性以及竞技性。当前,涉海体育产业作为一种新兴事物方兴未艾,其强劲的经济功能已经凸显。围绕开发海洋休闲赛事旅游产品,业内人士认为,高端旅游产品并非面对高档消费者,它的真正意义在于为旅行者提供一种体验。体育赛事与旅游虽然是两个不同的行业,但两者携手可以创造无限商机,尤其是国际赛事能带来国外高端的旅游客源。如青岛作为2008年奥帆赛的举办地,为了给赛前各国运动员提供"训、住、食、游、购、娱"的专业服务,组建了中国青岛银海国际帆船帆板俱乐部,除了给国家培养储备水上运动员外,同时也为青岛海上及海岛旅游发展注入新的活力。此外,青岛还开通了海上旅游航线,开展夜间海上休闲娱乐、海底潜水旅游等旅游活动项目。发展以传统海洋活动为特色的体育产业除了创造经济价值,也具有保存优良文化传统、示范海洋传统文化遗产保护和利用、满足人类对海洋生活向往的重要功能。

（四）开发建议

围绕以传统海洋活动为特色的体育产业,应该从海洋休闲体育产业和海洋民俗体育产业两方面提出思路。

1.海洋休闲体育产业

发展海洋休闲体育产业需将海洋休闲体育产业与山东海洋文化遗产相结合,一方面空间上与沿海古渔村镇相结合,在环境承载允许的前提下,在具有传统色彩和历史积淀的古渔村镇开办赛事,设置海洋休闲体育项目,利用凝聚人气的赛事项目使沿海古渔村镇重新焕发活力,同时也利用沿海古渔村镇的文化底蕴提高赛事项目的层次。同时时间上与民俗节日相结合,如端午节与龙舟、快艇赛事项目相结合等,将赛事项目作为传统海洋节庆的重要内容,不仅丰富了节庆内容,还赋予海洋休闲体育赛事以文化内涵。另外,需要内容上与传统海上运动和生产生活相结合,如将潜水和捕鱼等相结合,将垂钓比赛和出海相结合,打造传统体育、传统生产生活方式和现代休闲体育结合的典型。

2.海洋民俗体育产业

如何将海洋民俗体育产业与海洋文化遗产相结合? 一是可以利用丰富的海泥资源,开展泥类活动,如赛泥马、泥地蹬独木舟、泥地爬行、滑泥等活动的举办,扩大了影响,促进了发展;二是要注重在挖掘和改造海洋民俗体育活动的基础上弘扬海洋民俗体育文化,优化海洋民俗体育资源配置,加快发展民俗体育产业,着力增加海洋体育产业品种和数量,提高海洋民俗体育文化产品的内涵;三是以赛事为主线,将传统运动纳入赛事,可以设立面向群众参与的传统体育竞技,形成海洋民俗体育赛事;四是精心打造海洋民俗体育文化品牌,通过品牌策略,发展海洋体育文化产业。

四、立足传统渔文化为内容的休闲渔业

海洋休闲渔业已经成为我国海洋海岛旅游的新亮点。发展海洋休闲渔业,带动其他相关产业发展,是开发海洋、振兴经济的新思路,可以将以创新为特点的海洋休闲渔业和以传统为特点的渔业文化资源相结合,建立新的产业表现形态。

（一）产业背景

我国休闲渔业的发展已经初具规模。目前我国的休闲渔业就其表现的形

态看可划分为生产经营形态、饮食服务形态、游览观光形态、科普教育形态四类。其中,生产经营形态是指以渔业生产活动为依托,让人们直接参与渔业生产,亲身体验猎渔活动,开发具有休闲价值的渔业资源、渔业产品、渔业设备及空间、渔业生态环境以及与此相关的各种活动,主要是以垂钓、观赏捕鱼等为标志的生产经营形式。饮食服务形态是指建立起集鱼类养殖、垂钓、餐饮与旅游度假为一体的新型经营形式,主要表现在都市郊区以渔业为依托的"农家乐"("渔家乐")、避暑山庄、都市鱼庄等。游览观光形态是指走进海洋,结合旅游景点综合开发渔业资源,"住水边、玩水面、食水鲜",既有垂钓、餐饮,又能游览观景、休闲、度假。科普教育形态是指主要是以水产品种、习性等知识性教育和科普为目的的展示形式,如水族馆、海洋博物馆等。

尽管我国的休闲渔业取得一定发展,逐渐显现出打造成为渔业经济新业态的潜力,但从整体看沿海各地发展很不平衡,发展存在较大差异,青岛、三亚、上海等经济发达地区休闲渔业发展情况明显较好,而部分海洋(渔业)经济欠发达地区则处于刚刚起步阶段,其经济个体零星出现,发展潜力不足,而且同一个城市中,因社会经济和自然条件不同,发展状况也不尽相同。

(二)功能评价

休闲渔业激发了传统渔文化的活力,尤其是浙江舟山等传统渔文化发达之地,休闲渔业不仅保护了传统渔业文化资源,同时促进了渔业结构调整,提高了渔民收入,也促使渔民转变了开发利用海洋资源的方式,客观上起到了保护海洋生态环境的作用。同时,传统的休闲渔业延长了海洋旅游的产业链,以传统渔文化为内容的休闲渔业具有较强吸引力和新奇性,可以作为滨海旅游业的补充项目,丰富海洋文化遗产产业内容。

(三)开发建议

加强政府引导。根据沿海各地渔业文化遗产资源开发和保护的实际,推动其与休闲渔业相结合,要落实相关政策,出台具体措施,规范市场主体行为,保护渔业文化遗产,使以传统渔文化为内容的休闲渔业逐渐步入正规化、规范化、法制化的轨道。同时政府应努力营造适合以传统渔文化为内容的休闲渔业发展的大环境。

加强科学规划和基础设施建设,打造具有地方特色的渔业品牌。以山东传统渔文化为内容的休闲渔业的发展不是基于规模扩张和资源消耗,而是依靠挖掘渔业文化资源内涵,通过整合资源、规范服务,提升"渔家乐"、休闲渔业产品层次,形成更具整体影响力的品牌。

实现规模与质量的有机结合。选择海岛休闲渔业、会展休闲渔业等高端形态与渔文化资源相结合,在沿海传统生活方式保存较好的渔村开展网箱垂钓、驾船、划艇、渔家乐等休闲渔业服务项目;在海产养殖区可以发展垂钓、采集和加工等产业形态,深入挖掘海韵渔情特色文化资源。

五、立足海洋文化遗产旅游的房地产产业

海洋文化遗产资源是沿海地区房地产开发中值得挖掘的重要内容。从游客经济向"房客经济"转型的过程中,沿海一线的海洋旅游度假地产受到大众青睐,这为立足于海洋文化遗产旅游的房地产产业的发展奠定了坚实基础。

(一)产业背景

当前在全国旅游产业较为发达、旅游资源较为丰富的地区,旅游房地产市场行情十分看好,售价远远超出同类地段普通商品房,如海南三亚等地房价居高不下。其中,海洋旅游房地产的价值受到所在地海洋文化因素影响,海洋文化遗产作为重要因素也产生了一定影响作用。

由于沿海地区地理、经济发展特性,旅游房地产业率先在沿海区域落足,如青岛因"绿树红瓦,碧海蓝天"而享誉海内外,极大地促进了海洋旅游房地产的发展,为立足于海洋文化遗产旅游的房地产产业创造了良好条件。这其中以三亚市近几年的房地产表现最为明显。三亚作为著名的滨海旅游城市,海洋旅游资源优势十分明显,在三亚,几乎所有的房地产开发商都是以海景为主题来包装项目。伴随着全国房地产市场的快速发展,三亚的房地产愈加火爆,曾上演了"10年价格涨10倍"的神话。仔细分析三亚房地产的区域,可以发现沿海地区房产多为高端项目:以三亚湾海坡、鹿回头半岛、亚龙湾为代表的一线海景资源型高端项目,由于资源稀缺性,各开发商相互比拼资源,定价都以各自为中心,且多以高端大户型为主,均价很高,价格下降空间不大。以三亚湾二线地区及两河为主的休闲度假型中高端项目,主要面向度假为主的人群,均价较高,这类房产竞争激烈,顾客持币观望较多。三亚房地产成交量自2008年初以来不断增长,但近年来消费者的购买行为趋向理性,潜在客户大多会采取持币观望

的态度。据统计,三亚房地产项目的 90% 是岛外人群购买,而且大多是第二、三套房以上置业。从客源来看,成交的客户以高端顾客为主,这部分人群对度假休闲有着刚性需要,其中绝大多数购买一线海景房。另外,三亚二、三线住宅的主要目标客户为候鸟型养老度假人群,这部分人对度假型住宅也有刚性需求,由此我们可以得出结论,旅游地产是我国房产的组成部分,不能独步于中国房地产市场的大环境,受宏观局势影响,调整在所难免。但是旅游地产受到独特的资源优势和高端的置业群体的影响,其市场表现与普通房地产有根本性区别,尤其是知名旅游地区的高端房地产,受宏观局势影响相对较小。从来访量和成交量较高的项目来看,我国旅游房地产,尤其是热点旅游房地产逐渐将高性价比作为竞争内容,即将全面步入品牌竞争阶段,同时,旅游地产更依赖于环境条件和投资的实力,因为旅游地产的客户群已不是简单地为解决住房有无的客户群体,而是一批讲究生活质量、着眼投资效益的苛求客户。而随着中国经济持续不断的发展,会造就更多的富裕人群,再加上不可抗拒的旅游经济潮流的到来,我国旅游地产未来发展前景乐观。

(二)发展思路

结合我国当前实际,我国海洋文化遗产和旅游房地产业的结合方式主要有以下几种。

1. 提升品牌价值

通过挖掘各地海洋文化遗产资源的品牌价值,促进周边房地产发展。奥运会后鸟巢、水立方周边地价飞涨,2008 年后海南三亚旅游海景房价格暴涨都为我们提供了良好借鉴,可以在打造海洋文化遗产产业精品项目时,考虑其品牌外部经济性对周边地产的增值作用。

2. 在古渔村镇打造渔家风情建筑

传统渔村的转型,有些地区的经济增长逐渐从传统渔业为主转变为旅游业为主,古渔村镇开发后会迎来大量游客,大量游客的涌入对周边旅馆、饭店、休闲场所提出更高要求,因此要借势打造渔家风情建筑,从而推进地产产业发展。

3. 处理好供求矛盾

当前我国受国民经济收入水平制约,消费者仍以观光旅游需求为主,有欲望、有能力、有需求消费休闲度假产品的并不多;另一方面,立足海洋文化遗产的旅游地产产业属于新兴产业,如何在当前复杂的房地产市场中发展仍有待考察和研究。因此,要避免海洋文化遗产旅游房地产项目一拥而上,超过当地市场需求和环境承载力。

4.处理好遗产保护和地产发展的关系

要严格审核海洋文化遗产旅游房地产项目,文化部门、海洋部门和环境保护部门要做好环评工作和前期评审工作,保障新建房地产项目与周边环境格调一致、相互融合,一方面防止新的房产对整体风格的破坏,另一方面防止建设过程中对周边人文景观和自然环境的破坏。

5.建立严格的准入机制,打造高端品牌

提高硬件设施建设水平,做好宣传工作,搞好售后服务,形成具有品牌竞争力的地产项目,建立准入机制,不符合标准的房地产项目一律不准进入海洋文化遗产开发领域,坚持高端起步,不走先建后拆的路子。

六、以海洋文化遗产为内容的会展节庆产业

随着海洋文化产业的迅速兴起,海洋会展节庆产业也以独立的产业形态出现在了海洋文化产业的类别中,凭借其产业关联性强、利润丰厚的特点而被政府和企业重视。同时,海洋文化遗产具有重要的人文价值和艺术价值,可作为重要的展示品牌,从而创造可观的经济效益和社会效益。

(一)产业背景

我国海洋节庆会展产业目前已初具规模。经过近年来的迅速积累,在政策环境、硬件设施、品牌效应、发展劲头等方面表现良好,具备了一定的规模水平。各沿海城市也逐渐重视传统海洋文化遗产对于推动节庆会展产业的重要作用,一方面高度重视支持传统海洋节庆的举办和发展,另一方面在海洋会展中积极纳入海洋文化遗产相关元素,提高会展的文化底蕴和海洋特色。

(二)存在问题

当前,以海洋文化遗产为基础的会展节庆产业发展面临以下问题。

1.海洋节庆会展业还不发达

市场化程度不高,政府参与角色过于明显;特色定位不明显,许多海洋节庆会展项目为尽快地抢占资源和市场,往往是匆匆上马,不仅对于海洋文化产业资源的把握和定位不准确,而且形式上粗制滥造。

2. 海洋节庆会展业较少涉及文化遗产

海洋节庆会展较多展示海洋经济、海洋科技、海洋管理等内容,较少展示海洋历史人文和海洋文化遗产等方面的内容,谈不上海洋文化的特色和内涵。

涉及海洋文化遗产的节庆会展中,相关内容缺乏品牌价值和宣传效果,吸引不了高水平企业投入相关产业。

(三)发展思路

海洋节庆会展产业必须增强会展企业的专业化和特色化,充分挖掘我国各地海洋文化遗产资源优势,打造海洋节庆会展产业品牌,不断增强产业活力和带动作用。

1. 坚持实施市场化运作,同时加强对海洋文化遗产的保护

海洋文化遗产会展节庆产业的发展要重视节庆会展业的发展规律和已有经验,充分挖掘海洋文化遗产的资源价值,创造经济收益,要重视文化遗产保护有关法律和原则,注重海洋文化遗产资源的可持续利用。

2. 吸引海洋文化遗产所在地管理部门或传承者参与

一方面增强产业主体的实力,充分发挥各方面的优势;另一方面可以采用非物质文化遗产传承者现场展示创作等形式丰富节庆会展内容,提高参与性。

3. 合理整合会展产业资源和遗产资源

现在沿海各地都建有会展场馆和海洋节庆活动,重复办展的现象比较普遍,应该整合节庆会展资源,集中展示海洋文化遗产魅力,创造规模效益和集约效益。

4. 以海洋文化遗产资源为基础打造特色品牌

应积极推动海洋文化遗产资源与节庆会展业融合,明确发展目标和产业定位,培育具有传统特色和潜力的会展节庆品牌。

七、以海洋文化遗产为基础的社会教育产业

按照国际惯例,文化遗产社会教育是指由社会机构及有关社会团体或组织实施的,以唤起公众的文化遗产保护意识、培养公众对文化遗产的情感、传授文化遗产保护技能、促进公众积极参与文化遗产保护为目标,在学校教育以外针对社会公众进行的一切有目的、有组织、有计划的遗产教育活动。而海洋文化社会遗产教育是其中的重要组成部分。

（一）产业背景

社会教育是指学校教育以外的一切文化教育机构进行的教育活动，有利于学生增长知识、发展能力，具有影响面广泛、作用突出、形式灵活多样等优点。社会教育可以面向社会的成人劳动者，具有公益属性，也可进行产业化发展。我国社会教育机构的类型主要有文化馆（站）、少年宫、图书馆、博物馆、纪念馆、广播电台与电视台等。

以海洋文化遗产为内容的社会教育产业可以有效宣传海洋文化遗产相关知识，提高群众保护海洋文化的意识和能力。政府应加强相关投入和补贴，引导公益性机构和教育机构开展相关工作，在完成公益性目标的同时创造经济价值。

（二）经验借鉴

以欧盟为代表的遗产大国已经在文化遗产的社会教育方面积累了成熟的经验，梳理起来，主要集中在以下两个方面：一是充分发挥民间组织的重要作用，二是吸引公众到遗产地体验学习。

（三）发展思路

1. 发挥沿海民间组织和科研机构的重要作用

各类机构可以通过出版刊物，传播海洋文化遗产相关知识，创造经济效益；研究机构可以建立遗产资源信息库，并提供信息咨询服务；相关部门可以提供免费参观和讲座，通过组织海洋文化遗产主题公益活动，吸引社会企业提供赞助。

2. 在海洋文化遗产地组织体验学习考察活动

设置具有教育性和趣味性的体验学习项目，学习相关知识，提高广大群众尤其是青少年群体热爱海洋文化遗产、保护海洋文化遗产的意识，打造良好平台，吸引广告宣传、文艺表演、期刊出版等方面的企业进行投资。

八、以海洋文化遗产为特点的康体养生产业

（一）产业背景

近年来，随着社会老龄人口的逐年增多和群众保健养生意识的日益增强，保健产业是国际上公认的朝阳产业，解决了温饱问题的现代人，对生命质量的

提高产生了一种新的需求。富裕起来的老百姓更加关注自己的身体健康,由此衍生出的健康经济带来巨大的商机。康体养生旅游是指通过"吃、住、行、游、购、娱"等提升身心养生元素,达到康体效果。它以康体(生理和身体)和养生(心理和心灵)为依托,满足人们延年益寿、强身健体、陶冶心灵的需求。海洋文化遗产中有很多以健康为主题的内容,如传统饮食、长寿文化等,可立足这些资源,打造以海洋文化遗产为特点的康体养生产业。

(二)发展思路

1.发展海岸、海岛抗体旅游项目

选择空气新鲜、气候宜人的海岸、海岛,打造康体养生旅游目的地,针对老人、病人打造康体养生、养老休闲旅游的发展理念和模式,推行康体旅游产品多样化发展。要在海洋文化旅游中融入健康养生的元素,把休闲、养生、健康内涵贯穿到"吃、住、行、游、购、娱"各环节和旅游业发展全过程,是健康养生旅游的发展方向,健康养生旅游的产品开发要明显突出多样性与丰富性。

2.与渔村体验项目相结合,在传统渔村体验生活

渔村传统生活自力更生、崇尚人与自然和谐相处,可打造以健康为主题的渔村生活体验,品尝传统渔民饮食,参与渔村劳作。

3.选择环境较好的地方打造休闲养生中心

开发海洋文化遗产资源,打造休闲养生中心。例如,在涠洲岛等地打造海岛养生中心,建设疗养院,配备专业养护人员,推进高端的健康服务。

案例:特色养生苑

青岛青山湾养生度假村主要包括项目:青山湾养生苑、青山书院国学俱乐部、国际书画艺术村,并配套有游艇码头、农家观光采摘园、特色商业步行街、浪漫海滩、渔人码头等。青山湾养生度假村欲打造成以山海生态观光、渔家民俗体验、渔村休闲度假、道家养生为特色;集吃新鲜渔家宴,品山泉崂山茶,住渔村大苑,购山珍海味,看五百年渔村,感受渔家民俗,领悟道家智慧的"吃、住、游、购、娱、学"为一体的综合性养生度假景区。青山书院,传统的中国四合院建筑,古色古香,书院内设有两个多功能培训会议室,可以容纳100人培训和会议;设有书画创作室、道家养生室、茶餐厅。书院内配有高档餐厅,可以和朋友推杯换盏,谈心交流,品尝当地的渔家海鲜和养生菜。

养生苑整体建筑形式为江南古典园林风格,上下三层连廊结构,屋顶采用青瓦滴水檐,砖雕窗台,有木制古格扇门窗,中国渔家吉祥图案的实木雕花栏杆,庭院天井、水池、假山。院内中间用鹅卵石铺成阴阳太极图,养生苑处处体现中国"天人合一"的道家文化理念,给人以返璞归真的感觉。室内外还有多幅浮雕图画,取名养生苑,有静心、养生之意,就在于让忙碌的都市人在这里修身养性。这里洗澡、饮用水全部采用崂山千年积淀的天然矿泉水,水质纯厚柔滑。养生苑外表古色古香,内部现代设施一应俱全。

青山书院着力将自己打造成企业家乡村俱乐部、文化休闲养生会所、企业家的心灵港湾,逍遥游山海,悟道山海间。青山书院致力于整合智慧、资源、资本,以"回归自然,放松心情,积累能量"为理念,将书院打造成企业家整合项目资源、结交高端人士、共享互助基金的交流平台。青山书院请大学校长担任院长,采用"游学"的形式,定期邀请管理大师、学术名师、崂山道士来和大家交流、切磋;定期举办管理论坛、国学讲座,邀请书、画艺术家举办写生、笔谈活动;举办茶艺表演、古琴演艺表演等文化活动。到青山书院可听道家论道,指点迷津;可听专家释疑,解决管理烦恼;由养生大师导引养生,通过太极、呼吸、诵读、静修等方式,调理身心;还可由书童伴游,早看旭日,晚看青山水月和万家渔火,白天可爬山、钓鱼、品茶、听道,静享世外桃源生活。

第四章
海洋文化遗产资源产业化发展思路

发展海洋文化遗产产业,要坚持科学的基本原则,规避资源开发不均衡、商业化气息过重等问题,制定合理的发展策略,从而实现海洋文化遗产产业的可持续发展。

第一节　海洋文化遗产产业的基本原则和注意事项

为提高海洋文化遗产资源利用效率、提高产业水平,海洋文化遗产资源开发和产业保护应注意以下原则,避免出现重大的失误。

一、基本原则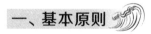

(一)保护性原则

海洋文化遗产资源是其产业化发展的基础,是十分脆弱、不可替代和不可再生的,一旦遭受严重破坏将会给中华民族传统海洋文化宝库造成不可弥补的伤害。因此,海洋文化遗产产业发展必须遵循保护性原则,不仅对资源本身进行保护,还需要保护其所在的生态环境要素,即将其周边的社会、经济、自然环境视为一个整体加以保护,正确处理好"保护、开发、利用"三者之间的关系,全面评估资源开发等活动对资源和环境可能产生的直接和间接影响。海洋文化遗产产业在发展时要做好科学规划,要具有一定的超前性,并通过定方向、定容量、定强度,将开发强度控制在承载范围内,尽量保持资源的原始性和完整性,体现原有生态环境和海洋文化特色。

确保其"真实性",是文化遗产保护利用的基本任务,在历史建筑保护方面,尽管保护理念和实践的探讨在不断深入,对历史文化遗存的保护并没有跳出不改变原状原则的保护框架,但目前仍然存在一些不足,"如古建筑保护缺乏相应的保障制度,技术工人缺少专业资格认证,得不到应有的尊重,传统的修缮材料使用容易受到现代材料的冲击,保护实践处于弱势。在多学科参与保护方面,彼此渗透很有限,互为利用大于互为促进,如何共同发展还有很大的提升空间。"文化遗产保护还面临着经济利益渗透、专业修复人员匮乏等问题。在文化遗产保护过程中,诸如"尽可能减少干预""定期实施日常保养""保护现存实物原状与历史信息""按照保护要求使用保护技术"等保护方法应该被坚守,让文化遗产保护回归"真实性"仍是一项重要的原则。

(二)协调性原则

海洋文化遗产不仅具有经济价值,更具有厚重的历史人文和社会教育价值,在其产业化开发利用的道路上,绝不能盲目市场化,将目光聚焦在追逐经济价值上,而要将展示中华民族海洋文化、满足人民群众对海洋历史文化的探索欲望、展现沿海传统生产生活方式放在重要位置。因此,在海洋文化遗产产业发展的过程中,要实现经济价值与社会价值相协调,注重海洋文化建设和海洋意识提升;要实现开发利用和管理保护相协调,在开发过程中要尽可能维护资源和环境的原本风貌,其经济收益首先反馈到海洋文化遗产保护事业中;要注重海洋文化遗产产业与其他产业门类相协调,打造形成支撑当地海洋产业和文化产业发展的重要内容。

(三)产品多样化和精品化原则

由于沿海各地自然地理、社会经济、历史沿革等条件不同,传统海洋文化资源具有明显的多样性和差异性,同时各地海洋文化产业发展和产品开发的侧重不同,因此海洋文化遗产产业要立足地方实际,体现自身特色,注重提供多样化产品和服务,满足群众多样化的需求。同时,当前海洋文化遗产成果并不缺乏,但是精品比较少,文化含量比较低,因此要加强对海洋文化遗产资源的内涵挖掘,避免粗浅开发利用造成资源浪费和破坏,提高海洋文化产品附加值和品味,打造海洋文化遗产精品,提升其竞争力和影响力。此外,要注重贴近群众、贴近实际,坚持社会责任与主流情感相统一,坚持本土化,富于时代特色和传统内涵,创作具有新的时代内容和审美追求的海洋文化遗产精品,打造高端海洋城市名片和海洋文艺品牌。

（四）公众参与性原则

沿海地方的社会公众是海洋文化遗产的创造者和守护者,许多海洋文化遗产存在于沿海地区的乡镇、村落之中,并与他们的生产生活紧密结合。因此,要坚持群众参与的原则,充分发挥人民群众的主体地位,吸引群众参与产业规划、资源保护以及产品生产等活动,使他们在推动产业发展、加强资源保护的过程中享受经济收益,由原来的被动接受变成自觉行为,在思想上自觉重视海洋文化遗产资源保护和产业开发,从而形成海洋文化遗产产业发展与沿海城市经济社会发展相互促进的局面。同时,要强调深入挖掘各地海洋文化遗产资源,鼓励社会力量、民间资本参与产业发展,打造多样化、多层次文化产品,满足广大群众的海洋精神文化需求,丰富群众的海洋文化生活,使得海洋文化遗产产业发展成果最大限度地惠及全体人民,这是实现海洋文化遗产价值的现实需要,也是保护发展海洋文化遗产产业的根本目的。

二、推进海洋文化遗产资源产业化进程中需要注意的问题

（一）避免资源开发不均衡

海洋文化遗产种类丰富、各具特色,具有不同的历史人文价值,但都承载着人类开发利用海洋的感情和记忆。当前,许多地方政府部门在对待海洋文化资源时采取截然不同的态度,对知名的稀少的资源,尤其是入选非物质文化遗产保护名录的资源倍加重视、倾力支持,对普通的海洋文化遗产资源态度冷漠,这不利于海洋文化遗产产业健康发展。因此,我们要注意,遴选出来的海洋文化遗产只是我国众多非物质文化遗产中的很少一部分,过分重视"代表作"只能导致漠视、遗弃更多未被发现或者未入选的优秀海洋非物质文化遗产,割裂了海洋文化的完整性和延续性,不利于产业化利用和多样性发展。

海洋文化遗产产业尚处于起步阶段,其发展、壮大离不开大量资源的先期投入,而在我国,行政、财政等资源投入很大程度上取决于政府态度,入政府"法眼"的没有问题,缺少政府支持的则辛苦度日。为实现资源配置公平合理,

要严格审议海洋文化产业发展、海洋文化遗产开发保护的相关政策和预算，充分发挥海洋文化专家的作用，积极采纳社会各方意见，主动接受群众意见、建议、质询和监督，使得海洋文化遗产产业发展不偏科、无短板；要充分发挥市场作用，避免政府过度参与，尤其是避免政府直接投资和补助，要积极寻求文化企业赞助和社会投资，经济效益好、发展前景好的海洋文化遗产项目将争取到更多的社会资源，进而获得更大的市场份额，从而实现优胜劣汰；要充分意识到均衡是相对的，海洋文化遗产产业发展过程中要秉持科学态度，既要实现不偏不倚、全面发展，也要注意培养重点、以点带面，实现海洋文化遗产产业的整体发展。

（二）注重资源保护和开发的动态性

文化因适应各个社会历史时期生产力的发展而不断发展变化，海洋文化是中华文化的重要组成部分，也面临传统与现代化冲突、调适的重大问题。海洋文化遗产，尤其是非物化的海洋文化遗产资源具有活态性、传承性等特点，其外在表现和传承延续与人的思维、理念、情感、习俗、生活方式等密切相关。当前沿海群众对传统海洋文化资源开发利用的方式粗糙，文化内涵挖掘不深，资源利用率低，难以抵御商品经济和海量信息传播带来的冲击。因此，海洋文化遗产产业发展过程中，保护各地传统海洋文化的原生性、独特性和不可替代性，也要在尊重其开发利用规律，主动赋予其时代内涵，实现海洋文化遗产的不断补充和完善。

保护的目的是为了合理利用，产业化发展的目的是为了更好地保护和传承。海洋文化遗产资源的产业化开发利用过程中，要注重传统和现代相结合。首先，要重视保存和维护，避免传统海洋文化遗产在商业化的趋势下走了样、变了味，要维持整体环境和遗产资源的传统风貌，如传统建筑、服饰、工具、饮食等，尤其对正在进行旅游开发的传统渔村渔港，要鼓励建设地方特色建筑，动员群众展示传统生产生活，使传统海洋文化遗产资源的市场价值充分发挥。其次，应注重与时俱进，尊重传统文化的内涵和形式，以合理开发利用为其注入新的生命力。以传统服饰为例，可适当进行改善，使之更美观、更轻便、更时尚，更加符合现代化需求。再次，要重视数字化、信息化等科技手段在海洋文化遗产资源开发保护中的应用，善用现代科技不仅是保护保存遗产本身要求，也是时代发展的必然，更符合现代科技理念逐渐渗透进入我们社会生活的趋势。

（三）避免过度的商业化开发

文化的"过度商业化"，是指当前文化领域内一种一味追求商业价值，而不考虑文化产品的精神属性，唯利是图地攫取文化市场超额利润的做法。许多地方为发展经济，提出"文化搭台，经济唱戏"，这在一定意义上给文化领域带来了勃勃生机，但一定要注意的是如果文化、商业结合有度，这将是一种双赢的局面，但是如果因过度商业化而忽视文化产品的精神属性，不仅不利于文化产业发展，也是对原生态文化资源的一种损耗和破坏。海洋文化具有重要的精神属性和教育使命，尽管海洋文化遗产可以通过市场化、产业化开发得到有效传承，但要坚决避免过度商业化导致对其传承造成不可挽回的破坏。

要实现海洋文化遗产传承和商业化开发的良好结合，就要正视海洋文化产业的商业属性。事实上市场化是一个不可阻挡的趋势，通过市场化运作实现对海洋文化遗产的设计、开发、生产、推广，是海洋文化遗产保护和发展的良好方式；同时，要处理好海洋文化产业的保护与传承，处理好其表现形式与文化创意产品、旅游产品的关系，坚持保护为主、合理利用、适度开发，否则就背离了我们的初衷，要以传承和发展为目标，杜绝"重申请、轻保护，重形式、轻内涵"，在追求财政收入大幅度增长的同时加强对海洋非物质文化遗产资源的保护，同时避免对资源简单化的商业包装而忽视资源特性和精神内涵的行为。

以传统渔村旅游开发为例，利用沿海自然文化资源发展生态旅游或文化旅游，这是传统渔村发展的良好路径，但其商业化开发不能超过合理的度，把资源当作摇钱树，一味追求经济效益，这就是一种破坏，传统渔村发展文化旅游不能一味追求收益的最大化，更不能为招徕游人而任意编造和生硬添加所谓的"景点"。

（四）处理好利益分配的问题

传统文化产业是 21 世纪经济的重要增长点，传统文化正成为新一轮经济结构调整中的核心竞争力，给区域经济的发展注入新的血液和活力。海洋传统文化遗产中同样蕴含巨大的经济利益，如何实现利益合理分配，是保障其健康发展的重要内容。因此，海洋文化遗产资源的开发利用涉及资源的拥有者、传承人、社会各方的利益，也必须重视后续的利益分配问题，要把不同群体、不同利益主体的利益公平公正地处理好、分配好，让各方的利益都能够得到兼顾，实现互利互惠、共同发展。一方面，要做大做强海洋文化遗产产业，坚持将传统海洋文化与滨海旅游、影视出版等产业相结合,进一步提高经济效益和社会效益,做大海洋文化遗产产业这块蛋糕,切实满足各方面的需求;同时要制定统一的标准和相应的法律规范,充分利用法律作为资源配置的有效手段,在整合资源、明晰权属过程中,减少产业开发中的权属纠纷,平衡各方利益。另一方面,要坚持经济利益向非物质文化遗产管理者和传承人倾斜,向基层倾斜,通过合理分配非物质文化遗产资源促进海洋非物质文化遗产资源的开发和保护。

第二节　海洋文化遗产产业的发展策略

当前,我国海洋文化遗产资源的开发利用依旧是低层次发展、小规模开发的境况,产业化开发更是处于初始阶段,因此根据产业发展规律和现阶段特点,应采取相应的策略。

一、规划科学化策略

(一)规划先行

规划先行是做好海洋文化遗产产业化发展的重要基础性工作,"吃、住、行、游、购、娱"六要素是文化旅游产业发展的基础和条件,只要做好规划,才能更好地开发、利用和保护地方海洋文化遗产资源,设置科学合理的旅游项目,正确处理好这六要素的关系。同时,与其他海洋文化产业门类相比,海洋文化遗产产业化相对滞后,资源开发、项目打造等工作尚不成熟,只有加强规划,才能变劣势为优势,发挥比较和后发新优势,在抓好现有常规文化旅游产品、产业的同时,推动实现海洋文化遗产产业健康快速发展。

(二)科学编制海洋文化遗产产业战略

将海洋文化遗产产业发展其纳入地方经济社会发展规划、城市建设总体规划、海洋事业发展规划、旅游产业发展规划、文化事业发展规划等政策规划的整体框架下,同时要与周边地区相关规划、下位规划相契合,保障海洋文化遗产产业健康发展。

(三)打造海洋文化遗产产业重点项目

按照"先规划、后建设"的原则,发展海洋文化遗产产业项目,前瞻性地考虑该项目对当地国民经济社会发展和生态文明建设的影响,争取引进、建设高端项目,如大力推动海洋文化遗产产业与阳光康养休闲产业等新兴旅游业态融合的项目,以项目带动海洋文化遗产产业与健康、养老、医疗、旅游、体育、保险、文化、科技信息、绿色农业等高端业态的融合,从而抢占制高点,避免破坏性利用海洋文化遗产资源的项目立项。

(四)优化海洋文化遗产产业整体布局

按照国家和地方文化、海洋产业发展的要求,要优化海洋文化遗产产业整体布局,确定各建设项目实施的空间布局、时间安排,既保障海洋文化遗产产业整体发展,又凸显重点项目的拉动作用,使海洋文化遗产产业发展与当地海洋文化遗产资源禀赋相契合,与区域海洋文化产业发展情况相契合,与当地国民经济发展和城市建设布局相契合。

二、特色定位策略

文化的魅力在于差异性,通过探索不同文化之间的差异,可感受多样化的独特魅力。中共十七届六中全会和《国家"十二五"时期文化改革发展规划纲要》《文化部"十二五"时期文化产业倍增计划》,都强调要加快发展具有地域和民族特色的文化产业,并明确指出要"发掘城市文化资源,发展海洋文化遗产产业,建设特色文化城市"。海洋文化的创造、演化与地方政治经济社会文化的变迁密不可分,因此鲜明的地方特色是其吸引力的源泉,更是海洋文化遗产产业长久发展的不竭动力。例如,海上丝绸之路是最具特色的海洋文化遗产资源的代表性符号,各个地方的海上丝绸之路的不同特色可广泛应用于动漫游戏、创意设计、数字内容服务等新兴文化产业领域,打造成为地方文化产业发展的新板块,从民族风俗、地理地貌、传说故事等角度展现地方魅力。

实践证明,当社会自然文化条件相似时,绝对不能简单化地利用资源、推出雷同的产品和项目,尤其是文化产业,首先重视发展的差异化。重复建设或复制他人的产品,不利于打造互补共生的海洋文化遗产品群。因此,海洋文化遗产产业化发展过程中,要以具有地方特色的原生态资源为基础,树立高标准、高起点、适度超前发展的理念,坚持走错位发展道路,挖掘、整理并展示优秀海洋文化遗产精品,积极开发具有地方特色的海洋文化遗产产品,在资源禀赋、发展模式几乎相同的情况下,发挥比较优势,明确发展重点,促进多样化、差异化发展,实现特色鲜明、功能互补,同时要将不同的地域文化碎片整合起来,共同打造区域海洋文化品牌形象与推广,从而强化整体优势。

各地文化企业可以发挥各自地域的资源优势,结合文化事业与文化产业的发展需求,充分利用地方特色海洋文化遗产资源,使之相辅相成,相得益彰。

三、旅游体验策略

文化旅游是海洋文化遗产产业的重要组成部分。海洋文化遗产旅游业是民生产业、低碳产业、朝阳产业,积极推动海洋文化遗产与海洋文化旅游紧密结合,是产业转方式调结构的优先方向,也是促进消费升级的关键所在,因此要抓住新机遇,发挥新优势,切实推动海洋文化遗产旅游产业的健康发展。国家旅游局有专家指出,随着体验经济概念的提出,就形成了一个新的概念——阅历产业,也就是说,旅游者花费的是时间和金钱,购买的是体验。海洋文化遗产旅游的重要方向是体验,即海洋文化遗产文化产品要与时俱进,让老百姓可体验、可触摸、可亲近。海洋文化旅游有较强的文化教育功能,但传统旅游产品如历史遗迹、博物馆等多以展示的静态、被动方式进行生硬教育,传统海洋文化的可亲近性、可体验性比较弱,如今在互联网思维的席卷之下,各行各业都在从过去的以产品为中心转向以消费者为中心,因此海洋文化遗产旅游产品的创作、生产也应当与时俱进,开发理念应当从"以我为主"向"以客为主"转变,更多地增加旅游文化产品的体验性、参与性和互动性。要突出海洋文化遗产旅游项目的"体验化"特点,就需要经过科学设计的过程。

(一)设置趣味性、娱乐性和个性化主题

围绕海洋文化遗产资源,设置趣味性、娱乐性和个性化主题,提高参与性和实践性,如弹奏京族独弦琴、参与绘制渔民画、动手操作渔具等,这对外地群众尤其是内地群众有很强的吸引力。

(二)挖掘典故史实

把历史故事整合到产品中,使旅游每个环节都符合特定的故事情境,突出人性化和情感性,如打造八仙过海旅游主项目、海盐文化主项目等。

(三)重视游客的感官刺激

提供给旅游者的应该是有震撼力的记忆深刻的视觉印象,注重文化景观和环境景观的独特性,在有条件的地方安装设备,采用高科技的声、光、电技术,营

造与主题相配合的场景和气氛,让游客参与其中。

　　总之,要以科学性、趣味性、参与性、综合性为要求,生动揭示海洋文化遗产的丰富内涵,提高旅游产品和旅游活动的科技含量和文化含量,使旅游者在寓教于乐的过程中了解中华民族海洋文化发展的历史,体会我国先民依海而生的感情,开阔眼界、增长知识,增强对科学和文化的热爱。

四、产品组合化策略

　　我国海洋文化遗产资源丰富,但分布较为零散,因此在开发利用海洋文化遗产资源、打造海洋文化遗产产品的过程中应当树立系列产品概念,这些系列产品相互关联又有特色差异,从而大大提高海洋文化遗产产业的整体实力和影响力。一般来说,文化资源特色和产品品牌越鲜明,其产业规模就越大,要想使海洋文化遗产产业实现跨越式发展,就必须加强规划、实现联动,重新整合成为复合型旅游产品。产品组合实质上是融合发展的过程,各方资源的整合利用至关重要。

(一)实现地区上的联动

　　打破区间的行政界限,跨越省、市行政区域整合资源和产品,如树立"大市场、大产业、大旅游"的观念,与周边地区联动,将当地海洋文化遗产旅游纳入区域旅游发展规划,设置连接不同城市的海洋文化遗产旅游线路,推动产城融合、产旅融合发展,以打造文化旅游名牌为目标,把海洋文化旅游产业与城市规划、建设融合发展。

(二)实现不同种类资源和产品的整合

　　以海洋文化遗产旅游为例,如将立足海洋文化遗产的旅游产业和以传统海洋艺术为题材的演艺业结合起来,不断整合,逐步涉及商务旅游、会议旅游、购物旅游、工业旅游、农业旅游、科技旅游、康体旅游、探险旅游、生态旅游、体育旅游、文化旅游以及红色旅游等方方面面。

(三)实现不同主题的整合

　　围绕观光、休闲、体验的需求,整合不同主题的海洋文化遗产旅游,如海洋传统生产生活与岛屿开发的整合,海洋传统餐饮与康体养生的结合,海洋美景与节庆会展的结合等。

（四）实现与互联网和新媒体的融合

以互联网思维方式宣传营销海洋文化遗产旅游，打造宣传当地的公众微博、公众微信，加强与携程网、去哪儿网等平台的合作，通过技术手段将当地海洋文化遗产旅游项目安排在各大搜索引擎中引人注意的位置，从而提升人气、带来人流。

五、精品化发展策略

海洋文化遗产产业打造的过程中，必须以满足受众个性化需求为出发点，细分目标市场，把握好市场需求与主题定位的关系，选择一个最有潜力的产品精心打造，形成精品，加强与海洋文化遗产产业发达的地区的协作，形成与周边国家的互补、联线、双赢，要根据变动的市场需求不断创新，注重体现时代元素和流行元素，抓住重点项目，打造海洋文化遗产精品，从而保持其旺盛的生命力。

（一）抓特色，打造品牌

品牌就是知名度、吸引力和影响力，我国沿海各地自然条件不同，传统海洋文化独具特色，要抓住自身特色打造知名品牌，如广西东兴可经营长寿之乡美名，将传统海洋餐饮与康体养生休闲相结合，打造精品海洋传统餐饮服务项目，浙江舟山可大力弘扬具有地方特色的渔文化，从而形成知名品牌。

（二）选择有潜力的产品精心打造，形成精品

一方面，要深入挖掘海洋文化遗产的文化内涵，避免庸俗化、粗浅化，如当前沿海地区的珍珠制品工艺简单，主要是简单镶嵌，陷入售价低廉、无人问津的窘境，其原因就是缺乏文化内涵和精细做工。同时，海洋文化遗产产品要体现时代感和市场需求，以沿海地区常见的贝壳风铃为例，已经远远不能满足现在游客的多样化需求，因此，可开发如沙画、古船船模等群众喜爱、富有时代感的产品，并将其打造成精品。

（三）加强行业管理，规范市场秩序

要加强行业管理，规范市场秩序，为海洋文化遗产精品创作者和传播者创造一个良好的产业发展环境。文化精品的价值很大程度上体现在文化创意上，只有加强知识产权保护，维护创作者的合法权益，才能激发人们的创作热情，创

造出更多、更好的海洋文化遗产精品。

海洋文化遗产不仅是精神的、公益的，也可以是物质的、经济的，值得我们大力推进产业化发展、开发海洋文化产品，提升产品影响力和经济效益。海洋文化遗产产业的发展过程中，要注重进一步深入挖掘各种资源，坚持走创新驱动、内涵式发展道路，提升运作水平和发展层次，注重品牌打造和人才培育，争取成为朝阳产业和新的经济增长点。

第三节　海洋文化遗产产业的开发要求

海洋文化遗产资源以自身独特的文化保存着，其开发利用过程中必须坚持文化自信，保持其原有特色，将海洋文化遗产资源开发过程作为理解传统、继承传统和超越传统的过程，坚持创新、避免异化，控制开发、突出特色，从而实现海洋文化遗产产业的可持续发展。

一、遵循海洋文化遗产产业资源开发和利用规律

考虑到海洋文化遗产资源具有相对脆弱性的特点，尤其是沿海地区的非物质海洋文化遗产，很容易受外界冲击而使原有的属性"变味"，从而影响其资源价值与开发潜力。如沿海景区提供的海洋传统民俗艺术表演等，为了迎合市场需求和时尚潮流，额外增加了一些不符合原有气质和风格的文化元素，短期看迎合了观众的口味、增加了收益，但从长期看却削弱了海洋文化遗产资源的历史文化内涵，不利于海洋文化遗产资源的保护和产业化开发。但同时，作为文化资源的一种，海洋文化遗产资源是沿海民族、地区、国家长期积累和沉淀的宝贵成果，不是一成不变、不可再生的，而是可以进行加工和再创造的，其合理使用的次数越多，传播手段越多样化，其品牌价值愈加凸显，如众多的海洋神话传说为主题的影视作品、海洋民俗节庆的盛行，不仅丰富了海洋文化遗产资源的内涵，也提升了其文化价值和开发潜力。

海洋文化遗产资源具有较强的精神文化属性，因此对其开发利用具有异地开发性，不完全受行政区域和自然地理的制约。固然，许多海洋文化遗产资源的产业化发展受到地理环境条件限制，相对集中在沿海区域，但是众多海洋精神文化资源可以冲破地理限制。尤其是非物质形态的海洋文化遗产资源，随着历史变迁和时代发展，其占有主体越来越被淡化和模糊，即使某一区域的海洋

文化遗产,如果缺乏积极态度和创新能力,未能以行之有效的措施加以开发整理利用,也会被别人无偿使用。因此,海洋文化遗产资源尤其是非物质形态资源的开发,既要考虑当地海洋文化遗产资源,传承本民族、本地域的海洋文化和风土人情,同时也要树立创新意识和开放思维,处理好海洋文化遗产引进和推出的关系,处理好外来海洋文化遗产和本土海洋文化遗产的关系,避免形成恶性竞争,从而促进海洋文化遗产产业的整体发展。

海洋文化遗产资源是先民智慧的凝结,是历史发展过程中延续至今的精神宝藏,具有较强的传承性和延续性,如精卫填海、八仙过海等神话故事是大多数人耳熟能详的,伴随着一代代中国人的成长,深深烙印在记忆深处。人们从小就从父母的口中、书本上听到看到这些故事,这些上古的神话故事通过口头流传、文字的记载而存在了几千年,到了现代,人们采用新的技术手段又将它整合,如拍摄影片、电视剧,创作动漫等,虽然传承手段和表现形式不断创新,传播载体不断升级,但是其蕴含的历史文化内涵和精神思想特质是有延续性的,是对古代海洋文化遗产资源的传承。

二、重视海洋文化遗产资源的内涵发掘

随着沿海地区社会经济的不断发展,海洋文化资源在开发过程中遭到破坏的事件屡见不鲜,其中海洋文化遗产资源也在铺天盖地的开发利用中受到破坏,许多紧闭了千百年的海洋景观、历史文化遗址被打开、曝光,许多海洋文化遗产资源在浅薄化、功利化中遭到破坏甚至消亡。因此,在海洋文化遗产的产业化发展过程中,一是要注重保持其完整性,这主要是针对海洋物质文化遗产资源,即海洋文化遗产资源本身的完整性及其与周边环境的契合。二是要注重保持其真实性,这主要是针对海洋非物质文化遗产资源,避免过度市场化经营、单纯为了商业目的而博人眼球。因此,在开发利用海洋文化遗产资源的过程中,要充分尊重和保护其自身内在的历史文化价值,引导人们去感受、体验蕴含其中的历史文化内涵,在真实的海洋文化情境中了解中华民族海洋文明和沿海社会人文历史的发展,让人们更加充分感受到中华海洋文明的无穷魅力。

三、以积极稳妥的态度统筹海洋文化产业资源的开发利用

文化之所以要产业化是因为它可以尽最大的力量开发整合优势文化资源,

有助于更好地树立品牌形象,这对于文化资源的归属地是极其有利的。

文化资源具有极高的历史文化价值,对于任何一个国家、民族来说都有重要意义。它不仅是精神资源也是经济资源,在商品经济时代的大背景下,开发文化资源的商业目的是不可避免的,但是同时更应该重视它的精神价值,同时对于如何开发利用文化资源,使之发挥其最大的价值也是我们该思考的重点问题。但我们要认识到海洋文化遗产资源的珍贵性,一旦遭受破坏就难以再生,因此要在保护好的前提下进行开发,以积极稳妥的态度来统筹其开发利用。

保护文化资源的真实就是要引导人们去体验真实的文化内涵,在真实的文化环境中去了解历史和社会。同时在开发文化资源中要重视可持续发展原则,"既满足当代人的需求,又不对后代人满足其需求的能力构成危害的发展"。只有坚持这一原则,才能在保护中开发,取得社会利益和经济利益的共赢。

第四节　海洋文化遗产产业的发展方向

海洋文化遗产资源相对脆弱,必须遵循文化资源开发的市场规律和海洋文化遗产自身特点,设置科学的开发利用模式,使海洋文化遗产资源得到科学、有效、合理的利用,使海洋文化遗产产业始终沿着正确方向前进,从而实现可持续发展。

一、海洋文化遗产宣教文化产品(宣传产业)

海洋文化遗产宣传产品的研发和生产,是海洋文化遗产产业发展和资源保护的良好结合,不仅有利于丰富海洋文化遗产产品,也有利于推广海洋文化的传播和普及,进而促进海洋文化遗产的保护。海洋文化遗产宣传产品的创作,要注重把握正确的舆论导向性,开发符合社会主流价值和大众审美的宣传精品,要在展现文化内涵和传承民族特色的同时,创新内容和形式,凸显创意性和时代特色,同时,要注重紧密结合时代特征,开发促进传统媒体与新兴媒体相互融合的宣传精品,从而为海洋文化遗产产业发展提供舆论支持、精神动力和良好氛围。

(一)打造互联网和新媒体宣传产品

中共十八届三中全会提出,要整合新闻媒体资源,推动传统媒体和新兴媒体融合发展。推动传统媒体和新兴媒体融合发展,是党中央着眼巩固宣传思想文化阵地、壮大主流思想舆论而作出的重大战略部署。2014年8月18日,习近平主持召开中央全面深化改革领导小组第四次会议,通过了《关于推动传统媒体和新兴媒体融合发展的指导意见》。海洋文化遗产宣传产品的开发、创作要满足时代需求,创作出更多可以融入新媒体的宣传精品,切实推动海洋文化领域传统媒体和新兴媒体的融合发展。同时,当前的社会是信息和科技技术高速发展的网络社会,互联网已渗透到社会生活的各个方面,好的网络宣传产品可以短时间内被成千上万的网友点击观看或转发传播,这种传播速度已经超越了原来的通过电视、广播、报纸等途径传播的速度。尽管网络具有较强的虚拟性,但它信息鲜活、内容广泛、发布及时的优势是不容置疑的,抢占网络实体窗口如QQ、博客、论坛、播客、圈子、专栏等网络平台,有利于展示海洋文化遗产宣传品的优越性能和卖点,赢得良好声誉,抢占市场先机,迅速提高销量与知名度。

1. 打造海洋文化数字博物馆

数字博物馆,就是将整个博物馆环境制成3D模型,参观者能随意游览观看馆内各种藏品仿真展示,查看相关信息资料。数字博物馆在应用上基本分为两大类:一是没有实体的展馆,即虚拟博物馆;二是依托已建成的博物馆,结合互联网实现线上科普宣传。

中国数字博物馆建设起步于20世纪90年代,逐步进入快速发展阶段,取得了可喜的成绩。当前,"北京中医药数字博物馆""北京数字博物馆平台""中国数字科技馆"等数字博物馆已经开通运行,一批数字博物馆已经成为公众打破时空限制、快捷享受公益性信息资源服务的重要平台。与此同时,随着"文物调查及数据库管理系统建设项目""数字故宫"等文博信息化项目的开展,数字博物馆的应用得到很大发展:国家文物局颁布了博物馆藏品信息指标体系规范;山西、辽宁、河南、甘肃四省300多家文博单位完成了38万多件珍贵藏品的数据采集,故宫、上博等单位也完成了10万件以上文物的数据采集;全国有近200家博物馆建立了互联网站;几十家博物馆建立了内部局域网并使用了各种版本的藏品信息管理软件、图书资料管理软件和办公自动化系统;故宫、首博、上博、南博、金沙、敦煌等单位充分利用信息技术在馆内进行辅助展示,并开展了三维数据采集和利用;一批深入解读遗产价值的数字文化产品(如《故宫》《圆明园》)广泛传播,并取得良好效益。

当前,我国海洋博物馆已经初具规模。2014年10月28日,国家海洋博物馆在天津滨海新区正式开建,预计 2016 年年底完成基本建设,2017 年 5 月开馆试运行,总建筑面积 8 万平方米。国家海洋博物馆是我国首家以海洋为主题的国家级、综合性、公益性博物馆。该博物馆建成后将展示海洋自然历史和人文历史,成为集保护收藏、展示教育、科学研究、交流传播、旅游观光等功能于一体的海洋科技交流平台和标志性文化建筑。我国沿海各地和内陆部分地区也纷纷建成海洋博物馆,各海洋高校也根据自身特色,建成海洋特色鲜明、主题各异的展览馆。因此,可在现有基础上,打造中国特色海洋数字博物馆。

我国打造海洋文化遗产数字博物馆具有较强的基础和优势,具体表现为:

我国海洋文化遗产资源丰富,具有较高历史、科研和展示方面的价值,具有打造海洋数字博物馆的丰富素材和宝贵资源。同时,多年来我国高度重视文化遗产的调查统计工作,在此过程中也掌握了大量海洋文化遗产信息、资料和数据,尤其是沿海地方在开展文化资源调查或文化遗产调查过程中,都积极将海洋文化遗产内容纳入其中,因此积攒了较多的展示素材和资料储备。

我国实体博物馆等文化场馆众多,其中不乏海洋文化元素、特点丰富的场馆。以岱山县海洋文化系列博物馆为例,2003 年岱山县在全县境内建起了海洋渔业博物馆、台风博物馆、灯塔博物馆、岛礁博物馆、海防博物馆、盐业博物馆六座海洋文化系列博物馆,全面、真实地展现了具有较强地方特色的传统海洋文化。此外,我国许多博物馆也高度重视立足自身条件和优势,打造配套的数字博物馆,如山东省已建成了山东大学考古数字博物馆、山东数字博物馆等数字博物馆,在筹备建立、展陈内容策划、管理维护等方面有丰富的经验。

我国海洋题材数字博物馆已经逐步发展。如"海洋生物虚拟博物馆"以亚洲馆藏量最大的中国科学院海洋生物标本馆为依托,系统介绍海洋生物的起源、演化以及生物多样性和持续利用等知识,突出系统性、科学性,向公众全面展示海洋生物学研究进展和创新成果,其下设海洋生物物种名录、中国海洋生物多样性、海洋贝类三维模型、海洋小巨人——奇异的有孔虫、虚拟典型海洋三维全景仿真、海洋生物标本网上远程鉴定系统、海洋生物标本的制作和保存等板块;当前,"中国数字科技馆"二级子项目"数字海洋生物博物馆"建设任务正在建设中,通过鲜明的主题设计、准确的受众定位、合理的栏目构架、系统的知识集成、翔实的科学内容,搭建起新的适合网络传播的海洋生物学知识平台。

根据上述基础和优势,海洋数字(虚拟)博物馆的具体建设思路如下。

打造海洋文化遗产专题的数字(虚拟)博物馆。建立依托互联网而存在的、以数字资源为唯一资源的虚拟博物馆,可以打造全面展现中华民族海洋文化发展和文明传承的综合数字(虚拟)博物馆,也可按照地域划分,打造具有地方特色的海洋文化遗产数字(虚拟)博物馆,也可按照海洋文化门类,打造海洋文化遗址、渔文化遗产、海盐文化遗产等专题数字(虚拟)博物馆。

在实体博物馆数字化建设过程中开辟海洋文化遗产专栏。目前我国博物馆正处于升级换代时期,要积极推动实体博物馆的数字化。可以在国家海洋博物馆和沿海省市博物馆等实体馆的数字化建设过程中,纳入海洋文化遗产内容,开辟专栏进行展示,重点推进以海上丝绸之路、郑和下西洋、妈祖民俗信仰等典型海洋文化主题的海洋文化遗产数字博物馆。

立足已有或在建的(海洋)数字博物馆,注重体现海洋文化遗产内容。如在当前正在建设的中国海洋数字博物馆中纳入海洋文化遗产有关内容,开辟各地的海洋文化遗产专栏;以山东为例,可以在已建成的山东大学考古数字博物馆、山东数字博物馆中,对山东海洋文化遗产的内容进行补充、梳理和完善,争取形成专题。

海洋数字(虚拟)博物馆的内容设计有海洋遗迹遗产的现场发掘图片、传统渔村古迹的数字图像、海洋文物及背景知识、重大海洋历史事件、人物和背景、海洋非物质文化遗产资源及相关内容,包括背景资料、研究资料、遗产信息介绍和其他相关资料等,以满足人们参观和学习的需要。

2. 打造海洋文化遗产数据库

数据库(Database)是按照数据结构来组织、存储和管理数据的仓库,简单说来就是电子化的文件柜,用户对文件数据进行新增、截取、更新、删除等操作。随着信息技术和市场的发展,数据库的功能越来越完善、类型越来越多,在各个方面得到了广泛的应用。海洋文化遗产数据库是传统海洋文化和现代数字化技术的良好结合,在推动海洋文化遗产资源的保护传承和产业化开发利用过程中起到积极作用。当前,国家和沿海地方越来越重视海洋文化遗产保护和传承,逐渐开始运用网络技术和数字化技术推动海洋文化遗产的保护、传承和推广,并采集了大量的数据信息,在此基础上,可以建立海洋文化遗产数据库,广泛收集海洋文化遗迹、文物和海洋非物质文化遗产的数据信息,加以整理、修正,按照内容全面、分类准确、条理清晰的要求,以海洋文化遗产为核心,以各项数据资料为支撑,以信息化技术为手段,打造海洋文化遗产数据库。

海洋文化遗产数据库的建设,有利于实现海洋文化遗产资源管理、保护、开发单位的数据资料共享。海洋文化遗产具有区域分散性,通过数据库,可以联系不同地区、不同领域的用户,所有用户可同时存取、使用数据库中的数据,从而实现数据共享;供给方也可根据用户个性化要求,及时更新、升级数据库服务,提供更加周全的数据服务。

海洋文化遗产数据库的建设,将有效减少海洋文化遗产数据的冗余度。与原有割裂的电子数据存储不同,由于数据库实现了数据共享,避免了用户各自储存文件,许多共性文件资料如文化遗产保护政策法规、学术著作、专家解读等,均可存储在数据库中,用户仅需存储所辖海洋文化遗产资源的资料数据等个性化资料,同时,用户可参照公共数据存储模式对自由数据进行调整,从而维护了数据存储的专业性和一致性。

海洋文化遗产数据库的建设,有利于实现海洋文化遗产数据集中控制。文件管理方式中海洋文化遗产数据处于一种分散的状态,不同的用户或同一用户在不同处理方式中,其文件之间毫无关系,利用数据库可对数据进行集中控制和管理,并通过数据模型表示各种数据的组织以及数据间的联系。

海洋文化遗产数据库的建设,有利于实现故障恢复,降低资料丢失可能性。因专业不同,海洋文化遗产资源管理者和保护者往往不具备电子信息专业知识,尽管可以满足简单的数据存储、处理的需要,但是在机器故障等情况下有可能造成数据流失。而打造海洋文化遗产数据库,由专业人员进行管理和维护,既可以尽早发现故障、排除故障,也可以在出现故障时及时维修、事后修复。

此外,立足我国丰富的海洋文化遗产资源,打造海洋文化数据库,不仅有利于为广大用户提供电子信息服务、创造经济价值,也有利于促进海洋文化遗产资源的保护和传承。尤其是海洋非物质文化遗产,在全球化、信息化、商业化经济社会环境下,一些依靠口传心授、潜移默化方式传承的海洋非物质文化遗产资源不断消失,许多传统海洋生产技艺和生活民俗濒临消亡,大量具有宝贵历史文化价值的实物资料遭到破坏和流失,运用科学手段保护保存中华五千多年留下的灿烂辉煌、丰富多彩的海洋文化遗产,对于承续优秀的人类海洋文化传统,对于人类社会的可持续发展,都具有重要的意义。

要建设好海洋文化数据库,首先要立足当前海洋文化遗产数据资源,打造海洋文化遗产专题数据库;在国家和沿海地区的海洋、文化等特色数据库建设的过程中,争取纳入海洋文化遗产相关内容,打造形成专栏。

其次,在海洋文化数据库建设过程中,要高度重视海洋文化遗产数据资源的根本作用。在海洋文化遗产尤其是海洋非物质文化遗产的调查、管理和保护过程中,相关管理者和工作人员记录大量海洋文化遗址文物影响图像资料和调查数据、海洋民俗文化事项、海洋非物质文化遗产的真实面貌,这对于政府制定政策规划、专家开展学术研究、群众贴近海洋文化具有重要价值。因此,要注重专题调查和日常积累相结合,对于海洋非物质文化遗产,要采用笔录、摄影、录音、音像等方式真实地记录海洋文化遗产考察成果,注重搜集民间传抄传承的渔民号子、海洋生产生活技艺、海洋民间艺术品和民俗实物、沿海群众传唱的文艺作品、图画册页等手抄本;对于海洋物质文化遗产,除了妥善保存原物原件,还要登记建档,保留数据资料和影音资料(包括实物名称、内容简介、类别、背景材料等)。只有数据资料达到广而深,才能才能保障数据库资源的完整性,建立具有海洋特色和地方特色的海洋文化遗产资源数据,从而为广大用户提供更好更多的服务,并在此过程中创造更高的经济价值。

同时要构建完整而科学的海洋文化遗产资源数据库体系。海洋文化遗产数据库的内容和形式并非一成不变,而是随着国家政策的变化、海洋文化遗产开发保护工作的推进而不断充实和更新。要实现这一目标,海洋文化遗产数据库运营方不仅要积极对接广大海洋文化遗产工作队伍,更要打造完整而科学的数据库体系。可按照根据联合国教科文组织《保护非物质文化遗产公约》的定义和我国《国家非物质文化遗产名录》中规定的文化遗产分类方式,结合海洋文化遗产自身特色,搭建海洋文化遗产数据体系;可按照地域进行划分,按照"国家—省—市—县—镇"的体系构建海洋文化遗产数据库;也可按照数据保存方式来分,分别有电子文档、图片、音像、影像等,各方式又分为许多子方式等。

海洋文化数据库内容可包括:国家和地方在海洋、文化、文物等领域中的政策法规、专家解读、行业信息、社会舆情;关于海洋文化发展、文化资源开发利用、文化产业发展、文物资源保护的学术著作和论文;海洋文化遗产资源管理者、所有者、传承者信息;海洋文化遗产资源电子档案;海洋文化遗产保护机构、主要专家、重大科研项目成果的相关信息。总之,通过建立海洋文化遗产数据库,打造海洋文化遗产产业政策研究、项目开发、数据搜集、决策咨询、人才培养的重要平台。

3.打造海洋文化遗产网页专栏

随着信息化技术的不断发展,网站因具有信息量大、更新速度快、传播快捷、影响面大等特点,被广泛应用于文化领域。当前我国文化主题网站较多,其中具有较高知名度的有中国文明网、中国文化网、国家数字文化网、我国海洋文化创意网站等。加强文化遗产保护是发展社会主义文化的重要内容,当前,我国已有中国文化遗产网、中国非物质文化遗产网、中国华夏文化遗产网等内容丰富、知名度较高的网站,同时,我国各地和各研究机构也纷纷立足自身文化遗产资源禀赋,建立文化遗产专题网页,这为建立海洋文化遗产专题网页奠定了坚实的基础。

我国海洋文化遗产的专题网页较少,但随着国家和沿海地方对海洋文化遗产开发保护的愈加重视,在相关网站上的海洋文化遗产内容越来越多,相关网站和专题网页也开始出现。2014年9月,全国首个海洋非物质文化遗产产品网络交易平台——淘古网上线,该网站旨在促进海洋文化遗产与互联网产业相结合,推进文化与科技、与互联网新业态的融合,发展以文化创意与海洋非物质文化遗产为内容的信息咨询、服务、交易的互联网经济。

海洋文化遗产网页专栏发展思路如下。

打造海洋文化遗产专题网页。既可以打造内容全面的综合性海洋文化遗产专题网站,也可以面向不同人群打造专题网站,如面向海洋文化遗产产品的开发经营人员打造以产品推介、研发为主题网站,面向青少年群体打造内容丰富、展示手段活泼的知识普及网站,面向专业技术研究人员打造学术研讨性论坛网站。

在相关网站上开办海洋文化遗产专栏。海洋文化遗产是沿海地区文化遗产的重要组成部分,可在各文化遗产网站上开办海洋文化遗产专栏。如沿海地区的博物馆网页中开办海洋文化遗产专栏,在文化管理部门和社会团体网站上开办海洋文化遗产专栏。

配合国家相关节庆、纪念日活动,在各大门户网站上打造海洋文化遗产专栏。如在中国(象山)开渔节期间,在新浪、网易等门户网站上加挂链接,设置传统渔文化网页链接,介绍传统海洋文化。在中国文化遗产日和各地重要的文化遗产主题活动期间,在相关门户网站上打造专题网页,介绍具有地方特色的海洋文化遗产、相关知识及新闻动态。

在相关机构网站上打造海洋文化遗产专栏。可在有条件的海洋部门、文化文物部门、旅游部门官网上开辟专栏;可在高校、研究机构网站上开辟专栏,在开设文化遗产保护方向专业的海洋类高校、学院以及文化遗产研究团体、机构的官网上开辟海洋文化遗产专栏,及时公布相关研究信息、科研成果;在沿海地区文联等部门页面中,增加海洋文化遗产、传统海洋文艺的相关内容。

需要注意的是,不论是专题网页还是专栏,都应该注重内容和表现形式的策划,更好地汇聚和展示网站内容,满足用户需求。海洋文化遗产专题网页板块需要注意以下几个方面:

要建立明确的具有吸引力的入口。在门户网站醒目位置设置网站入口,点击一个按钮就可进入网站首页或者专栏。要通过标题、入口吸引网民,再通过内容和表现形式留住网民,最有吸引力的网站入口往往是以图片链接为入口,好的专题图片设计是最佳的专题入口。

要科学设置导航,使内容框架一目了然。海洋文化遗产内容众多,而网民往往有其个性化需求,如何让用户在浩瀚信息中准确、快速地查询到目标信息是专题网站和专栏的重要思考。因此在内容设置过程中,要明确板块设计和内容分类,清晰、直观地了解海洋文化遗产的内容体系,同时也要设计导航、检索功能,让用户更为方便地找到入口,引导其操作。

注重与用户的互动提醒。打造与用户的互动窗口,建立用户反映问题、提出诉求的畅通渠道。及时响应用户声音,及时增加、更新网站内容,解决网站在内容和服务方面的问题,始终以用户需求为导向,更好地推动网站的建设和维护。

注重视觉设计。海洋文化遗产专题网站具有较强的专业性,许多业内人士在浏览网页时,往往抱有查询、学习等目的,对页面设计需求度较低,但对于新用户或外界人士,页面设计是吸引他们、留住他们的重要因素。因此,海洋文化遗产网站在重视内容打造的同时,也要注重页面设计、字体布局和视频图片的视觉冲击。

4. 设计开发海洋文化遗产为主题的移动数字媒体

移动数字媒体是指以移动数字终端为载体,通过无线数字技术与移动数字处理技术可以运行各种平台软件及相关应用,以文字、图片、视频等方式展示信息和提供信息处理功能的媒介。当前移动数字媒体的主要载体以智能手机及平板电脑为主,但是随着信息技术的发展和通信网络融合,电子阅读器、移动影院、MP3/4、数码摄录像机、导航仪、记录仪等都逐渐成为移动数字媒体的运用平台。移动数字媒体顺应移动互联网蓬勃发展的趋势,具有覆盖面广、使用便捷、不受时间和地点的限制、可个性化定制、受众范围广等特点,近年来获得了快速的发展,受到了社会各界的广泛关注。随着手机等即时通讯设备越来越普及,移动客户端平台日益成为推广信息、展示产品的重要平台,因此,在海洋文化遗产开发保护数字化平台建设过程中,万万不能忽视移动客户端平台的建设,要将海洋文化遗产内容与移动数字媒体技术紧密结合,既可以推动海洋文化遗产资源的管理、开发和保护,又可以打造海洋文化遗产产业的重要内容。

可以设置公共微博、公共博客和微信订阅号,及时发布最近信息,传授相关知识,回应读者诉求。打造手机电子报,设专人对国家和地方海洋文化遗产方面的新闻、信息进行整理,定期向订阅者发布。

(二)海洋文化遗产主题的电影电视作品

1. 努力创作海洋文化遗产主题的影视作品

传统海洋文化遗产凝聚着人类对海洋的感情和记忆,是优秀的影视创作题材。以西方海盗文化为例,海盗文化是西方传统文化的重要组成部分,也是许多影视作品的创作题材,1910年,法国导演维克多兰·雅塞拍摄了《海盗莫尔根》,其后阿尔伯特·帕克拍摄的《黑海盗》则是第一部全面使用两色彩色染印法工艺的剧情片,20世纪40～50年代,柯克·道格拉斯凭借影片《海盗》获得当年圣塞巴斯蒂安国际电影节影帝,1991年,斯皮尔伯格也拍摄了《虎克船长》,而有关历史上的传奇海盗,如红胡子巴巴罗萨、红发女海盗卡特琳娜、摩根船长、海盗王子黑萨姆、黑胡子海盗爱德华·蒂奇等等,都有相关的影视作品,在本世纪,随着电影《加勒比海盗》系列和日本动漫《海贼王》的热播,传统海盗文化也受到更多人的关注,创造了惊人的经济效益。

2. 大力开办海洋文化及海洋文化遗产主题节目

当前社会上关于文物收藏和文化民俗的节目越来越多,其中最具代表性的就是央视的《鉴宝》栏目。央视二套《鉴宝》是在《艺术品投资》栏目的基础上打造而成,以百姓大众化的收藏品为对象,采用演播室现场鉴定的形式,内容有藏品展示欣赏、收藏趣闻轶事、专家鉴定评述、观众竞猜藏品价格等,节目通过宝物(文物遗产)这个载体,发掘历史文化内涵,使收藏鉴定内容自然有机地融为一体。因此,可参照该形式,打造海洋文化遗产专栏,以海洋文化文物为对象,组织专家进行研究解读,重点介绍其背后蕴含的海洋文明历程和海洋历史知识,以宝贵文物吸引群众目光,在群众欣赏美轮美奂的海洋文物的同时,接受海洋历史文化教育。

(三)报纸、期刊等宣传教育产品

随着媒体集团的不断建立和日趋激烈的传媒发展环境,我国报刊、杂志、期刊等宣传教育产品发展迅速,数量、种类、质量不断提升,但是也面临着严峻的考验。我国报刊等纸媒不断"优胜劣汰""推陈出新",呈现出以下几个特点:一是停刊、修刊、终刊现象愈加普遍。市场上有赢家也有输家,输家多、赢家少,纸媒的竞争已趋向白热化,业内人士对"只有滞销的期刊,没有萎缩的市场"的感受愈加明显。以杂志刊物为例,2001年1月,30余种新期刊面世,全国期刊订货会也盛况空前,但2002年11~12月,上海、天津、北京等地均有杂志在报纸或期刊上宣布了自己"停、休、终",十多年过去了,这一矛盾的现象愈加明显。二是愈加主体化、专门化,面对越来越激烈的竞争,广大纸媒纷纷走专业化发展路径,针对不同人群推出不同产品,以便拥有较为稳定的读者群,为基本发行量打基础,但是读者群受到限制,难有更大的拓展空间。三是,"文学类"难以聚众,许多"文化味"太重的纸媒生存艰难,纷纷想方设法更新面目,穿上"流行时装"。相反,健康、家庭、故事类等纸媒因为和人们的生活息息相关,所以人们给予了极大的关注。

尽管我国刊物市场竞争激烈,但是加强海洋文化遗产与新闻出版产业的结合依旧很有必要。创办海洋文化遗产刊物,是承载传统海洋文化遗产的载体,可展示国家和地方丰富的海洋文化资源。我国传统海洋文化在演进过程中,不能仅仅停留在口头传播的形式上,它必须以文字的形式"固化",才能持续并广泛传播,这也是提升中华民族传统海洋文化竞争力的需要,我国海洋文化要想得到发展,就要展示其文化魅力和底蕴,从而塑造品牌形成永久的竞争力。因此,建议创办海洋文化遗产的专门刊物,打造专门报道海洋文化遗产的文化窗口。具体实践中,一方面可以新开办海洋文化遗产主题的报纸,打造海洋文化遗产领域的权威纸媒,定期发布政策法规、专家观点、行业动态、最新消息和重大事件等;同时,在有条件的高校或研究单位创办报纸,可在一定程度上向社会发布,各单位可根据特长发挥优势,创办出具有自己风格的海洋文化遗产专题的报纸刊物;另外可以选择现有的发展较好的文物杂志报纸,打造海洋文化遗产专题专栏,如在《文物》《考古与文物》《文物天地》等知名杂志上开辟海洋文化遗产板块,一方面立足高端刊物推广海洋文化遗产,另一方面在各杂志报纸中打造海洋文化经典板块,作为其重要补充和特色内容。

为发挥其功能作用,海洋文化遗产报纸杂志的创办要注意以下几个方面问题:理念上,加强海洋文化遗产保护、开发和交流,打造业内主流的报纸杂志;内容上,应包含政策解读、专家观点、新发现、重要遗址遗迹和文物荟萃、专题研究、著名工作者和重大贡献等;对象上,主要包括来自海洋、文化、遗产领域的政府、社团、企业、高校、媒体等人员,也包括广大海洋文化遗产的爱好者和保护者;风格上,版面设计简洁大方,注重精品图片运用,各版独具特色,统一中凸显个性,配以文字营造清新氛围,兼具传统内涵和时尚特色。因此,海洋文化遗产报纸杂志的创办要符合以下方针。

1. 刊物要服务于海洋文化遗产的资源保护和产业发展工作

海洋文化遗产为报刊提供生命源泉,反过来刊物要服务于海洋文化遗产资源保护,只有形成良性互动,才能使刊物是有生命的、鲜活的、生动的,才能实现海洋文化产业健康发展。

2. 在刊物可读性上下功夫

可读性的强弱直接昭示着刊物创办的成功与否,影响着海洋文化遗产产业宣导的思想、理念、经验被读者领悟的程度,要让内行人看得上、外行人看得懂,通过令人过目不忘的标题、玩味不已的插图、简练而流畅生动的文字、栏目的参与性等,提升刊物的可读性,进而提高其生命力。

3. 实现主要内容和补充内容的相互结合

海洋文化遗产刊物未必全是行业内容,也有副刊版面,其内容定性直接影响着报刊的分量与风格,因此,尽管很多副刊都是小说、故事、随笔、诗歌、书画摄影等体裁形式,但是也要注意多发一些与海洋文化遗产相联系的作品,多一些励志性、积极的作品,要注重贴近真实生活,更具亲切感。

4. 狠抓细节,避免"小"失误

态度决定一切,细节决定成功,海洋文化遗产刊物创办时,要注意与读者交流的细心和版面图文的细致,对于读者关心的问题积极予以探讨、虚心接受,要细心加精心,避免各种谬误与读者见面,要认真听取读者意见,及时尽力改进,虚心接受善意的批评,不浮躁,不意气用事,多借鉴、多学习,使自身的相关技能、水平以及综合素质不断完善提高。

5.坚持原则,兼容并包

刊物的成功创办离不开尊重读者,但也不能一味迎合读者的趣味,要按照行业特点和企业风格,打造充满个性的海洋文化遗产刊物。要坦然面对专家、读者提出的意见建议,吸收各种新的、有益的思想理念,大胆实践于刊物,读者提出的有关内容、版式、风格等方面的意见或建议,无论正确、可行性与否,均给予完全尊重,妥善对待;适时举行编者、作者、读者座谈会,仔细倾听来自各方面的、各层次的读者发音,探讨并收集好的意见,尽快实施运作,使刊物尽快成熟起来,形成自己的特有风格,逐渐为更多的读者所接受、喜爱。

(四)海洋文化遗产丛书

丛书,是指由很多书汇编成集的一套书,按一定的规则,在一个总名之下,将各种著作汇编于一体的一种集群式图书,形式有综合型、专门型两类,具有内容丰富、影响广泛等特点,是塑造理想信念、提高科学文化素质的重要工具。当前,我国海洋题材的丛书众多,其中不乏精品佳作,如《中国现代海洋科学丛书》《走向海洋丛书》《当代海洋知识丛书》等,这些都是提升全民海洋意识、发展海洋文化的优秀作品,这些书中不乏海洋文化遗产专题或相关知识,对于传播传统海洋文化、推动海洋文化遗产传承与保护也作出了重要贡献。我国海洋文化遗产产业发展刚刚起步,资源保护工作形势严峻,要充分发挥丛书这一工具重要的宣教作用,编制海洋文化遗产的专题丛书,广泛传播海洋文化遗产的科学理念和知识,提高人们保护海洋文化遗产的能力和认识,营造海洋文化遗产产业健康发展的良好氛围。

1.海洋文化遗产丛书的主题设置

海洋文化遗产丛书要以海洋文化遗产的传承保护与合理利用为主题,以普及海洋历史文化知识、弘扬中华民族传统海洋文化为宗旨,向人们详细介绍各种海洋文化遗产资源及其背后知识,提高人们的海洋文化知识水平,提升人们保护海洋文化遗产的意识和能力。海洋文化遗产资源丰富、门类众多,因此为丛书编制提供了大量素材。丛书依据海洋、文化及遗产等领域的基本知识和前沿问题，分成数章，每章的题目根据该学科的逻辑体系和主要内容编排，主要内容既要传播海洋文化、文化遗产保护的最新理论成果，介绍人类海洋人文社会发展的新认识、新知识，又要介绍国内外发展海洋文化、保护海洋文化遗产的具体经验，还要分享广大群众传承、弘扬中华民族传统海洋文化的鲜活案例和故事，要求将生涩的海洋文化遗产知识化为与现实生活紧密联系的问题，以日常生活中的案例、故事以及轶闻趣谈所反映的主题以问题的方式呈现，要求有相当的学术功底，有较高的认识价值，语言表达力求深入浅出，雅俗共赏，融会贯通，集通俗性、艺术性、生动性于一体。

2. 海洋文化遗产丛书的编写要注重科学性、可读性和教育性

此类丛书编写要注重几个特点：一是具有可读性，不推崇以复杂的深奥的理论来阐释社会科学，不是针对专家学者而编写，不属于学术专著，而是面向广大人民群众，特别是广大青少年，针对他们感兴趣、有疑惑的海洋文化遗产领域的新形势、新任务、新矛盾、新问题，着眼于他们的工作领域、生活领域、学习领域来编写，力求学得懂、用得上，让他们在趣味性、故事性中学习到有用的海洋文化遗产知识。二是注重科学性，以传播和普及海洋文化遗产知识为主线，立足学术界认可的观点，结合案例和故事，做到理论与实践相结合、发展与创新相结合、分析与实证相结合、历史与逻辑相结合，既有理论深度又通俗易懂，并对实践具有很好的指导作用，可以采用寓教于乐的方法，但要得当，恰如其分，不能违反科学，不能出现谬误、误导。三是要有系统性，海洋文化遗产内容包括罗万象，要形成理论体系，系统全面地介绍最基本、最一般的原理和知识，保证广大读者获得系统的知识和规律性认识，要体现学科知识的完整性，从整体和系统的角度来编排每个学科的内容。四是要有艺术性，深入浅出地介绍各种知识，文字浅显易懂，切合读者对象的实际文化水准，又要贴近读者心态。可以融知识性、哲理性、趣味性、游戏性、故事性等于一体。结合生活中的实例，追求通俗化和完美的艺术形式，构思巧妙，读之引人入胜，富有启迪性、可读性、和谐性。

二、海洋文化遗产的社会教育产业

广义的社会教育指一切社会生活影响于个人身心发展的教育；狭义的则指学校教育以外的一切文化教育机构对青少年、儿童和成人进行的各种教育活动。

社会教育虽然是整个教育体系的辅助和补偿,但仍具有不可替代的重要作用,随着我国教育事业的不断发展,社会教育不断进步,显示出其强大的生命力。

社会教育具有较强的深刻性、丰富性、独立性,手段和内容也较灵活,其好坏依赖于国家法律法规的建设程度和整个社会教育大气候的形成。现代的社会教育具有其他教育形态不可比拟的特殊作用,主要表现在:可同时面向社会劳动者和青少年,弥补学校教育的不足,满足成年人继续学习的要求,促进人的社会化,同时有效促进经济发展;社会教育形式灵活多样,具有更广阔的活动余地和影响面,能很好地体现教育的民主性。

表 4-1　社会教育的类型

社会举办型	由社会机构(即学校以外机构)举办的社会教育	青少年教育机构	如少年宫、少年之家、儿童公园、儿童影院、儿童阅览室、儿童图书馆等
		成人教育机构	如文化补习学校、扫盲班、技术培训班、各种讲座、报告会等
学校举办型	由学校负责举办的社会教育		如函授、刊授、扫盲、各种职业训练班、科学报告和讲座等

当前,海洋文化在学校教育中的比重较低,海洋文化遗产内容更是凤毛麟角,不利于广大学子海洋意识的提升,进而也影响全社会对海洋文化遗产的重视和保护程度,因此,要积极发展海洋文化遗产的社会教育产业,充分发挥社会教育影响广泛、终身教育的优势,广泛传播海洋文化遗产相关知识,切实提升全民海洋意识,在高度重视社会效益的同时创造良好的经济效益。

(一)海洋文化遗产的社会教育的特点

社会教育是学校教育的重要补充,其教授内容和形式与学校教育一脉相承,但又有明显差异,作用是巩固学校知识教育成果的同时,促进学生的全面发展。海洋文化遗产社会教育也具有以下特点。

1.终身性

终身性是社会教育的普遍特点,不仅包括广大学子学习海洋文化遗产知识和海洋历史文化知识,也包括广大海洋文化遗产从业人员学习管理知识和业务技能,还包括社会群众在有意无意间接受海洋文化遗产方面的教育。尤其对于海洋文化遗产从业人员来说,这种社会教育要伴随其一生,是促进个人更好发展的重要渠道。

2．广阔性

社会教育的门槛低、形式灵活，其影响面较广。海洋文化遗产社会教育涉及海洋文化遗产方方面面，凡是有人的地方就可以延伸至此，可依托于沿海地区的图书馆、博物馆、文化馆等公共设施，面向不同群体开展独具特色的社会教育，从而产生广泛的影响力。

3．相互性

不同于施教者和教育者壁垒分明的正规教育，海洋文化遗产的社会教育过程中，这个壁垒并不明显，受教育者在一定程度上也是施教者，在学习活动、实践过程中也影响周围的人，如海洋文化遗产从业者在学习技能的同时，也可以介绍自身工作实践中的案例、经验、教训、感受，从而对其他学院乃至授课者产生启发教育，从相互学习中做到教学相长。

（二）海洋文化遗产社会教育的发展方向

1．注重加强政府统领性

政府及其部门和机关是社会教育的主体，对整个社会教育质量的作用和影响是无可替代的，要保证海洋文化遗产社会教育的正面性，提升其教育效果。国家有关部门要体现国家政策和价值导向，注重体现中国海洋历史文明发展成就，增强民族自豪感和自信心，倡导海洋生态文明理念，呼吁加强海洋文化遗产保护和利用相互促进，强调海洋文化遗产对建设海洋强国具有积极的支撑作用；同时，各地政府也要加强引导和统领，将海洋文化遗产社会教育与地方文化发展政策、文化遗产保护政策相结合，与地方海洋历史文化发展相结合，与地方海洋文化遗产管理、保护和利用工作相结合，将海洋文化遗产社会教育打造为支撑地方海洋文化遗产产业发展的重要内容。

2．注重内容、形式的多样性

海洋文化遗产社会教育具有多样性，地域不同、行业不同、受众不同都会导致海洋文化遗产社会教育形式和内容的差异，面向海洋文化遗产从业人员，侧重于管理技能和业务知识教育，面向专家学者，侧重于专业学术知识，面向社会大众，侧重于海洋历史文化知识和人文知识，面向青少年及儿童，侧重于基础知识和衍生知识，同时不同地区海洋文化遗产社会教育的内容也不尽相同。总之，人的复杂性决定了海洋文化遗产社会教育的复杂性，回避这一问题就难以做好相关工作。

3. 倡导以德为纲

不论何种形式的教育,德育为首是不可置疑的,要将德育放在海洋文化遗产社会教育的首位,在发展海洋文化遗产产业、开发利用海洋文化遗产资源过程中,避免功利化,避免过度激进。

(三)海洋文化遗产社会教育的内容

面向成人和青少年不同群体,海洋文化遗产社会教育的内容也不尽相同,面向成人主要是海洋文化遗产专业技能,兼顾兴趣爱好;面向青少年,主要是满足其对传统海洋文化的热爱、好奇和向往。海洋文化遗产社会教育内容包括以下几方面内容。

1. 建设文化馆(中心、站)、图书馆、博物馆

文化馆(中心、站)是市、县乃至下一级的群众文化事业单位,其主要作用是开展群众文化活动,并为群众提供文娱活动场所。随着社会经济发展和人们精神文化水平的提高,我国文化中心(站)的数量不断增长,覆盖率不断提高,已经成为党和政府向人民群众宣传党和政府的大政方针、政策、法律、法规的宣传站,为我国地方文化建设作出巨大的贡献。海洋文化遗产是海洋文化的重要组成内容,因此,要将文化馆(中心、站)打造成为向人民群众普及海洋文化遗产知识的辅导站,打造成为组织、指导开展群众传统海洋文化活动的中心,打造成为展示海洋文化遗产的前沿阵地。

2. 组织开展传统海洋文化活动

沿海地区海洋文化馆站可以借助"6•8世界海洋日暨全国海洋宣传日"、舟山群岛•中国海洋文化节、中国(象山)开渔节、中国航海日、文化遗产日等重大海洋节庆时机,举办具有地方特色的传统海洋文化活动,如举办海洋摄影、鱼拓画展演、渔民祭祀等活动,注重挖掘传统文化内涵,注重举办内容的传统性和宣传方式的现代性相结合,吸引广大群众积极参与、密切关注。

3. 举办海洋文化遗产专题展览、讲座、培训

通过举办各类普及传统海洋文化知识的展览、讲座、培训等活动,广泛开展社会教育,可邀请海洋、文化等领域的专家授课,传授海洋文化遗产资源的管理、开发与保护方面的知识,讲授海洋历史文化课程。也可邀请海洋非物质文化遗产传承人,公开表演展示传统海洋生产生活技艺和海洋文艺作品,从而推

进海洋文化遗产的普查、展示和宣传。

4.组织开展丰富多彩、群众喜闻乐见、传统特色鲜明的海洋文化活动

海洋文化馆(中心、站)具有开展流动文化服务的职能,要积极组织开展海洋文化艺术知识与技能比赛,如渔民文化活动、庆祝大型节日的海洋文艺汇演、传统海洋文化下乡、传统海洋歌舞比赛等活动,同时要组织并指导群众海洋文艺创作,指导群众业余文艺团队建设,积极培育文艺骨干,鼓励其创作传统海洋题材文艺作品,积极推进民间传统海洋文化交流活动。

5.创办少年宫、乡村学校少年宫

少年宫是少年儿童在校外进行集体活动的场所,我国的少年宫主要借鉴了前苏联时期校外教育的做法。在我国,少年宫已经走过了60多年的发展历程,已经成为配合学校帮助青少年和儿童巩固课堂知识,丰富文化生活,发展多方面兴趣和才能的重要基地。可将海洋文化遗产宣传教育与少年宫建设发展相结合,将其作为海洋意识"三进"的重要补充,更好地在青少年和儿童群体中普及海洋文化遗产知识和海洋历史文化知识,从而切实提升全民海洋意识。

6.组织开展各类活动

开展海洋文化遗产知识普及活动,组织传统海洋文艺活动,开展传统海洋体育运动,组织生产生活技艺的学习体验活动。

三、海洋文化遗产的主题旅游产业

海洋旅游业是海洋经济的重要组成部分。近年来,海洋旅游业继续保持良好发展态势,产业规模持续增大,已成为海洋经济发展的支柱产业,而且我国海洋文化助力海洋旅游产业发展,沿海地方海洋文化节庆、活动和文化宣传活动都升温了滨海旅游市场。同时,我国海洋文化历史悠久,海洋文化遗产精彩而厚重,旅游价值极高,通过可持续的旅游开发,可以有效地促进海洋文化遗产的传承保护。在对海洋文化遗产进行旅游开发时,应坚持"保护第一,以开发促保护"的原则,努力实现资源保护与旅游开发的和谐发展。

(一)海洋文化遗产资源的旅游开发及其特点

海洋文化遗产是沿海各地人民世代相承、与群众生活密切相关的优秀传统文化,在现代旅游业发展中具有极高的发开价值。包括海洋非物质文化遗产在内的海洋旅游产业依托其自身资源优势,具有自身的特点。

1. 参与性强，体验空间大

海洋文化是具有浓郁地方特色和民族特色的民间文化，是由沿海民众在长期生产生活实践过程中创造、使用、传承的，是沿海居民生产生活的真实反映。海洋文化内容源自日常生产生活实践，呈现出通俗性、日常化等特点，具有较强的互动性、表演性和自娱性，可以有效吸引其他地区尤其是内陆地区的游客关注。广大群众在参与相关项目、节目的时候，极易受到感染，进而在这种差异性、非常态的文化情境中获得包括身体、心灵、情感以及智力的独特体验。当前文化旅游越来越注重游客的感受、参与和体验，海洋文化资源所具有的体验特质为发展海洋文化遗产旅游提供了巨大的发展空间。

2. 娱乐性强，休闲功能完备

海洋文化遗产是沿海群众在推动生产、调剂生活、舒缓身心时的重要手段，因此具有强烈的娱乐性和休闲性。如浙东锣鼓、天妃诞辰戏等为代表的海洋非物质文化资源观赏性极强，鱼拓画、渔民剪纸等具有极强的艺术价值，因此其休闲娱乐特质十分显著，利于开发休闲类旅游产品。当游客参与海洋文化遗产旅游项目时候，可以获得美妙的感官享受、愉悦的心理满足，从而促进海洋文化遗产旅游产业的健康发展。

3. 地域特色鲜明，文化价值极高

地方性是文化遗产的典型特征，是一个地域民间生产、生活的艺术化的方式。海洋文化遗产与内陆产生的文化遗产具有较大差异，同时，不同地区的海洋文化遗产在内容、内涵、表现形式上也有所不同。海洋文化遗产旅游的发展，不仅能使游客体会到海洋文化雅俗共赏的风格，又能体验沿海各族人民生活方式、审美情趣、民间技艺及独特的民族信仰，具有极高的文化价值和艺术价值。

（二）海洋文化遗产是促进海洋文化旅游发展的重要资源

文化遗产作为人类创造性的印记，具有文化参考价值和文化再生价值，其自身不仅可以作为人类历史文化和情感的凝结，具有很高的观赏、艺术价值，还可以与现代情感认知和表现手段相结合，创造出崭新的艺术样式和艺术风格，从而塑造"新经典"，实现社会效益和经济效益双赢和互动。以青花瓷为例，其自身不仅是具有浓郁中华民族传统文化特色的艺术品，还可以为歌曲、服饰等创作带来灵感，如周杰伦演唱的《青花瓷》、青花瓷元素系列服装，都唤起了现代人对于传统文化艺术品的热情和记忆。同时，旅游让人们结识世界，接触不

同地区、不同类型的文化,文化遗产旅游作为一种旅游形式类型,具有超出其他旅游产品的魅力,成为游客提高文化、增长知识、满足好奇的重要一环。

我国沿海地区是中华民族海洋文明的发祥地,海洋文化遗产极其丰富。实现海洋文化遗产保护与海洋文化旅游的相互促进、融合发展,既能保证海洋文化遗产的可持续利用,又能发挥遗产的公益性服务功能,对于推动我国沿海地区经济社会转型跨越的发展具有重要意义。海洋文化遗产是文化遗产的重要组成部分,已经越来越成为海洋文化旅游的重要内容和广大游客资源自觉追逐的目标,可以预见,海洋文化遗产资源在未来相当长的时间里对海洋文化旅游都有较强的促进作用。同时,海洋文化遗产旅游产业的发展,也解决了海洋文化遗产资源管理和保护经费不足、推广宣传力度不足的问题。

如何协调好海洋文化遗产的科学保护和海洋文化旅游健康发展的关系?以下要点值得我们注意。

1. 把握海洋文化遗产保护与旅游开发的正确方向

要树立永续利用的文化遗产价值观,按照经济效益、社会效益、文化效益和环境效益和谐统一的原则,实现海洋文化遗产与海洋文化旅游的相互融合与可持续发展。

2. 将海洋文化遗产打造成为地方海洋文化旅游的品牌

高品级的文化遗产具有区域的品牌内涵和价值,是区域旅游发展的"增长极"。海洋文化遗产旅游产业发展要坚持以海洋文化遗产为中心,深入研究其品牌特色和价值,科学定位主题,树立国际化和大旅游的视野,整合其他多元资源,进行有效保护和整合开发,从而形成推动区域旅游可持续发展的比较优势。

3. 注重突出海洋文化遗产所蕴含的历史人文价值和民族文化情感

海洋文化遗产旅游的吸引力源于广大游客对其有价值认同的消费体验,要将海洋文化遗产作为游客回归历史文化、体验沿海人民生产生活实践的重要手段,让人民切实感受到海洋文化遗产所包含的人文、历史、情感、环境特色,为游客提供高质量的情感体验,同时促进游客对海洋文化遗产的认知和了解,从而更好、更主动地参与海洋文化遗产保护、宣传。

4. 处理好海洋文化遗产保护和旅游开发的关系

海洋文化遗产资源旅游开发中突出的问题,是旅游需求者追求的原生态海洋文化遗产与开发者大规模建设之间的矛盾。因此要严格甄别海洋文化遗产旅游开发建设项目是否符合真实的历史信息,凡是影响原真性、破坏周边环境统一性、与整体环境氛围不和谐的各类工程、项目都应取缔,让不协调因素淡出海洋文化遗产地视野,尽可能完整地恢复其原有风貌。同时也要做好旅游地的环境整治、基础设施系统改善、遗产展示和旅游服务设施的合理配置等。

5. 重点做好海洋非物质文化遗产旅游资源文章,让静态文化活起来

当前我国海洋非物质文化遗产传承保护主要是经调查整理、记录下来的录音、录像及文字资料或收集的实物,多为静态的"遗产化石",应通过将这些资源纳入海洋文化遗产发展整体架构中,盘活这些资源,促进其合理传承、保护与开发。要对当地海洋特色表演艺术、社会风俗等进行挖掘、整理、传承、保护、展示、创新,使之与时代精神相融合,与沿海地方转型跨越发展相融合,与老百姓的文化需求相融合,走海洋非物质文化"活化"传承和海洋文化旅游业持续发展的共赢之路。

(三)以独具特色的海洋文化遗产资源打造蓝色文化旅游目的地

近年来,我国海洋文化越来越受到全社会的认识和关注,海洋文化遗产也在沿海地区文化遗产底蕴中扮演了举足轻重的角色,许多海洋文化遗产内容如京族文化、妈祖信仰、南岛语族等,都在国内外都具有广泛知名度和影响力。因此,要充分发挥各地独具魅力的海洋文化遗产资源的作用,深入挖掘其文化内涵,树立大旅游的理念,按照"总体规划、合理布局、重点突破、分步实施"的原则,开展旅游基础设施建设,与各地旅游企业加强合作,提升旅游接待能力和水平,扩大海洋文化遗产旅游景区的市场规模,通过高标准的规划建设,延伸和完善海洋文化遗产旅游目的地的产业链条,以海洋文化遗产资源为主要内容,整合其他门类的文化资源,创建一流的自然、人文、休闲度假风景区,实现从观景、欣赏到体验、参与、学习的转变,实现单一依靠"门票经济"向多功能、复合型旅游目的地的转变。

1. 挖掘海洋文化遗产活态传承的文化内涵,整合打造蓝色文化旅游目的地

海洋文化遗产源于沿海人民群众生产、生活实践,具有相对分散性,要打造蓝色文化旅游目的地。以丰富海洋文化遗产旅游资源为依托,整合自然景观、特色海洋文化、休闲渔业等资源,设计如欣赏传统渔歌舞蹈、体验传统民俗祭祀仪式、品尝传统渔家美食等参与性强的旅游项目,开发多元化的海洋文化旅游业态,使海洋文化旅游目的地变成海洋文化活态博物馆和非物质文化遗产传承保护示范基地。我国各地海洋文化遗产独具特色，每一个海洋文化旅游目的地，不论自然环境、民俗风情还是民间艺术，都是一个活态博物馆，为人们呈现当地传统海洋文化特色。因此，可以设置海洋文化遗产旅游线路，打造展演海洋文艺、体验传统渔村生产生活、学习传统渔业生产技艺、参观传统渔民节庆祭祀、展示海洋文物遗址的重要平台，设置体验式、参与性的旅游项目，真正将旅游娱乐、科教宣传、文化遗产传承保护结合起来。此外，各海洋文化遗产旅游目的地要立足实际，充分挖掘整合适合度假、休闲业态的旅游资源，拓展旅游项目，为旅游业不断注入新的发展活力。

2. 坚持群众参与，凝聚群众合力，共同打造精品旅游地

好的旅游目的地离不开当地大旅游环境的优化和完善，更离不开当地群众的积极参与和大力支持，只有坚持群众参与、群众受益，才能凝聚群众力量，更好地推动地区海洋文化遗产旅游产业的发展和精品旅游地的打造。同时，海洋文化遗产旅游业的发展也有助于开阔当地群众，尤其是从事渔业及相关产业的群众的视野，拓宽当地群众的致富路径。同时，依据当地需求，他们纷纷在村内、庭院、渔船上办起"渔家乐"，设置传统海洋文化体验项目，自觉按照传统风貌装修、改造房屋和周边环境，同时大搞海洋工艺品、旅游纪念品、传统食品开发等相关服务业(如开发鱼拓画、砂画、渔船船模、鱼酱虾酱等)，在致富的同时也丰富了海洋文化遗产旅游目的地的活动内容，提升了其整体水平和服务功能。旅游地的扩张意味着旅游人流的提升，为当地渔民、传统手工艺者、民俗文艺团体带来了重要机遇，伴随旅游业涌来的信息流、资金流、人流、物流，极大地增强了群众的科技、文化和发展意识，使当地的乡风民俗发生了很大转变。各地独具风格的海洋文化工艺品与现代市场融合，创造出了更多的效应，以其海洋特色、地域特色、民俗文化吸引着更多的游客，不但推动了海洋文化旅游业的发展，也让当地群众有了更好、更快的增收途径。

3. 促进旅游景区建设，延伸海洋文化产业链条，使"门票经济"向"产业经济"转变

在海洋文化遗产旅游区中，旅行者在尽情观赏自然风光的同时，对海洋民俗文化有了进一步的了解。旅游景区建设过程中，要树立科学发展理念，推进旅游与海洋文化遗产深度融合，创新旅游发展模式，将海洋文化遗产资源打造为吸引眼球、留住游客的重要内容，不断打造精品线路，实现从"过境游"向

"过夜游"的转变;延伸产业链条,实现从"门票经济"向"产业经济"的转变,完善旅游配套服务,实现从"各自为营"向"综合配套"的转变。

通过盘活海洋文化遗产资源打造重点旅游景区,设置配套精品路线及重点旅游品牌,打通"吃、住、行、游、购、娱"需求链条的所有环节,为游客提供"一卡通"式的便捷服务。同时,要将景区打造成塑造城市形象的重要品牌,通过视频广告、网络推广、张贴海报等手段,大力拓展旅游宣传。

(四)充分利用现代化资源打造海洋文化遗产旅游品牌

我国是海洋大国,沿海蕴含有储量丰富、种类繁多、适合旅游化开发的海洋文化遗产资源,为打造高端海洋文化旅游品牌奠定了良好的基础。沿海各地要充分发挥其自身历史优势,深入挖掘海洋文化遗产资源,构建有地方特色的文化旅游品牌,完善配套服务,策划落地产品,扩大品牌影响力,吸引更多的游客。

以宁波市为例,宁波是全国历史文化名城,传统文化根脉发达,资源丰厚,作为重要地域特色的宁波海洋文化种类丰富、传播兴盛,是宁波优秀传统文化的典型代表和宁波城市文化的基本元素。宁波海洋文化产生历史悠久,源远流长,最早可以上溯到河姆渡文化时期。就其类型来说,宁波海洋文化大致可以分为海洋民间文化、海洋生物文化、海洋渔业文化、海洋名人文化、海洋水利文化、海防文化、航海文化、港口文化等,其中最重要的分别是海洋民间文化、海防文化、海洋水利文化和海洋名人文化(详见下表)。富集的海洋文化遗产资源,为宁波发展文化旅游赋予了强劲的动力,为构建文化旅游品牌奠定了坚实的基础。

表 4-2　宁波部分传统海洋文化一览表

		祭龙求雨的习俗	迎龙王、烤龙王等风俗
海洋民间文化	龙文化	与"龙"图腾密切相关的地名	云龙、龙观、龙山、龙泉山、跃龙山、五龙潭、九龙湖、九龙墟、龙王堂等
		民间文学	《龙王分刺》《龙女嫁鱼郎》《龙角山与虎头岭》《老龙王和百丈街》《书生与龙王》等
		民间文体	龙舟竞渡。至今专家公认的中国最早的"龙舟竞渡"的图形,发现于鄞州区云龙镇甲村
		民间艺术	龙舞民间艺术。如余姚的民间舞蹈"犴舞",源自对龙的原始崇拜。其中奉化布龙是国家级非物质文化遗产项目,至少有800多年历史

	龙文化	民间舞蹈	近年创新发展如《镇海龙鼓》《九龙柱》等民间舞蹈
海洋民间文化	妈祖文化	妈祖庙	宁波历史上的有40余处，其中象山现存有14处。比较闻名的是宁波江东庆安会馆的"甬东天后宫"，是我国"八大天后宫"之一，也是浙江省现存规模最大的天后宫
		地　名	妈祖文化以"顺济"为中心，祈保渔民和航海平安、吉祥、风顺，这与地名中"宁波""定海（镇海前名）""宁海"等宁波民众信仰相一致
		祭妈祖	渔民出海、开船都要祭妈祖，至今象山等地仍有很频繁的妈祖文化活动
	渔文化	东海鱼类的传说	如《马鲛鱼当大王》《青鲇鱼迁居》《黄鱼、带鱼与鳄鱼》和《乌贼、望潮与石斑鱼》等
		海洋民间工艺	如多姿多彩的鱼灯、贝雕、贝类工艺品、家具镶嵌工艺中贝嵌等
		海洋民间艺术	如渔家船鼓、鱼灯舞、三月三踏沙滩、七月十六放船灯等
		民间信仰风俗	如祭海、请船福、开船祭、开网祭、放水灯等
		海鲜饮食文化	如宁波名菜中雪菜黄鱼、目鱼大烤、酒糟鲳鱼、苔菜小方、泥螺、蟹酱等
海防文化	明代戚继光抗倭	戚继光在宁波抗倭足迹10多处	如北仑戚家山营垒、慈溪龙山苦战岭、余姚临山戚家桥、奉化金岭等
		戚继光传说故事	《戚家军巧摆空城计》《神马找水惊倭寇》等20余个
	抗洋、抗日斗争	以近代镇海口等地抗击洋人入侵故事为主	《林则徐海滩销鸦片》《葛云飞怒斥卖国贼》《朱贵喋血大宝山》《黑水党传说》《范汝增大战江厦街》《计杀华尔》
		抗日斗争为主的革命故事	四明山、三北抗日斗争为主的革命故事
		其他抗击外来入侵斗争	如宋代的抗金、明代的抗清等，如《高桥大战》《张苍水抗清》《钱肃乐起义》等
海洋水利文化	以宁波人民兴修沿海水利防患海潮和台风为内容		如东晋梁山伯治三江，殉职姚江九龙墟，唐代王元暐"阻咸蓄淡"建造它山堰，是中国四大古水利工程之一
			宋代王安石组织十万民工整修七堰九塘，"限湖水之出，捍潮水之入"
			清代杨懿挖河筑塘，建六座大碶闸，抵御咸潮入侵，蓄淡泄洪，保障农田和海产丰收
			当代建设大规模的标准海塘等，达到百年防抗灾能力

	秦代的徐福东渡	留下了慈溪达蓬山遗迹。鉴真东渡,修住天童寺,曾多次东渡失败,最终在宁波东渡日本成功,这也是我国早期的航海文化
海洋名人文化	我国现代海洋科学的先驱	童第周

（五）加强海洋文化遗产资源与海洋高端旅游业态的紧密结合

近年来我国海洋旅游消费热点不断变化,以海洋休闲度假、游艇观光等高端旅游业态不断发展,海洋旅游消费热点不断变化,旅游的方式也更趋多元化,邮轮游艇、滨海度假、美食休闲、民俗文化、禅修体验等进一步受到游客追捧。要打造海洋高端旅游业态发展新热点,就要充分发挥海洋文化遗产的旅游经济价值,加强两者间的紧密结合,进一步推动海洋文化旅游健康发展,以满足高端消费群体的需求。

海洋文化遗产与海洋高端旅游业态的紧密结合,有利于实现两者相互促进、共同发展。以我国高端海洋旅游业态——海滨养老和邮轮旅游为例。当前,海滨养老逐步兴起,"老年"经济对推动经济发展的重要作用逐渐发挥,在人口老龄化和海洋旅游发展的双重推动下,休闲度假与养生康体结合在一起的海洋深度游正吸引着越来越多老年群体的目光,海滨养老目的地正在兴起。据报道,2012 年在海南三亚过冬的"候鸟式"老年人达到 40 万,海滨城市成了一些老年人过冬或养老的首选地;老年人追求享受新颖,但也缅怀历史,可打造传统风情的旅游项目和设施,为其加入传统海洋文化内涵,吸引老年人探寻历史根源。另一方面,邮轮旅游业快速成长。尽管我国邮轮旅游算不上发达,但绝对潜力惊人。当前,我国邮轮产业已进入快速成长阶段,邮轮度假、邮轮旅游正日益成为中国游客接受的新兴出游方式。在国家海洋局公布的开发利用无居民海岛名录中,旅游娱乐用岛备受瞩目,未来无居民海岛旅游可以与邮轮游艇旅游相结合,将条件较好的海岛建成挂靠港,进行深度旅游项目的开发,而各个旅游目的地和航道要充分纳入当地海洋历史文化,使单纯的观光游变为文化体验游,提升旅游层次。

要实现海洋文化遗产与海洋高端旅游业态的紧密结合,各地必须打好"内功",夯实基础。要加强沿海地区之间的合作、实现差异化发展。海洋旅游资源与其他旅游资源相比,具有更强的同质性、可替代性,易导致重复建设,因此国家必须对海洋旅游目的地进行总体规划,使其在形成错位竞争的同时,达到资源共享和优势互补,而打造各地特色的重点就在于弘扬各地传统海洋文化,挖掘各自内涵,打造具有当地历史文化特色的产品和项目,这是各地弘扬特色的重要方向。要在丰富旅游产品、营造旅游环境、做好品牌营销上下功夫,海洋文化遗产资源可起到良好的推动作用。以舟山市为例,舟山市以具有传统特色的"中国海洋文化节"为依托,打造地方海洋文化旅游知名品牌,同时让全国各大媒体聚焦舟山,推动当地相关单位、企业签署了一系列的旅游协议。要打造具有传统海洋文化内涵的旅游目的地,开发高端海洋旅游产品。以广西北部湾为例,广西壮族自治区印发的《北部湾国际旅游度假区建设规划》中将民族历史文化作为旅游特色,打造国际化、复合型、世界一流的环北部湾国际滨海度假地和海上运动休闲胜地,指出旅游产品要突出产品体系和王牌产品的开发以休闲度假为主攻方向,以民俗风情、历史文化以及专项特色产品为补充,独具广西北部湾地域特色、体系完善的旅游产品体系,充分体现了沿海地方已经逐渐认识到海洋文化遗产对推动高端海洋旅游产业发展的重要作用。本书提出一些初步的设想,为实现海洋文化遗产与海洋高端旅游业态的紧密结合探索路径。

一是创办海洋牧场观光区,实现传统海洋渔业生产和观光旅游相结合。海洋牧场观光区由水面网箱、观光平台、垂钓平台、贝藻类养殖、海上渔家乐、人工鱼礁等几部分组成,让游客充分了解海洋牧场的耕耘,海鲜、藻类的生长过程以及各种海鲜营养价值和食用方法,在浏览海上大自然的美好风光的同时,游客可尽情参与体验、垂钓等活动,品尝自己收获的劳动成果。二是开发岩石海草屋休闲。我国部分海岛居民仍留有岩石海草屋,这种特色建筑对于旅游群体来说具有很强吸引力,因此可以围绕海中巨大岩石周边修建栈桥、海草休闲木屋,设置旅游地标,可供游客观看海上日出和海上明月等自然景观,体验海中九曲回廊美景,登岩石赶海听涛的乐趣。三是在发展游艇观光的同时提供人工摇橹舢板,以传统对科技,以悠闲对速度,在对比中满足游客体验新奇的需求。四是发展传统沙滩体育运动,以多样化传统文体项目吸引游客,尤其是青少年群体积极参与。五是建设渔家民俗村,体现渔民的渔家风情,展现渔民世代的淳朴渔家文化底蕴,同时介绍当地海洋生物的种类、习性等。

(六)推动海洋文化遗产产业发展的路径

海洋文化遗产在创新利用、开发过程中,不仅要提高经济效益,更应该提高包括经济效益、文化效益、社会效益在内的综合效益。沿海城市应积极推动海洋文化遗产保护和海洋文化旅游规划、开发相结合,本着积极布局、合理开发的原则,走市场保护和商业开发之路,提升滨海城市的旅游功能,打造海洋文化遗产旅游名片,做好沿海地方经济结构转型、服务业发展的大文章。欲实现这个目标,可从以下几个方面入手。

1. 加大宣传力度,塑造海洋文化遗产旅游城市名片

我国海洋文化遗产旅游产业刚刚起步,许多沿海城市虽然历史悠久、历史底蕴深厚、文化遗产丰富,但在全国知名度仍然较低,许多人对于这些城市灿烂的历史魅力和美丽的自然景观仍然相当陌生,可谓"养在深闺人未识"。为推动沿海城市海洋文化遗产旅游产业发展,必须摒弃"酒好不怕巷子深"的传统思想,加大滨海城市的宣传力度,充分利用电视、报纸、杂志、网络等媒介,向全国乃至全世界人民推介自身的历史文化风情和海洋文化资源,从而提高城市知名度,增加城市的美誉度。同时要建设好整个城市的硬件和软件环境,发挥游客的作用,由游客带动游客,进行口碑营销。

2. 做好海洋文化旅游项目的"推陈出新"

当前我国海洋文化旅游在旅游产品内容较为单调,涉及海洋文化遗产的也以观光旅游为主,"白天看景晚上睡觉"的模式仍相当普遍,不少地方的旅游产品功能雷同,缺乏特色。如在广西涠洲岛,千篇一律的火山石手镯、传统草帽,缺乏特色,难以创造经济价值,而且休闲类、娱乐、公务、商务类和专题类的旅游类产品明显不足。因此,必须盘点、盘活当地海洋文化遗产旅游资源,对景点、项目、产品进行创新性的开发,凸显地方特色和民族特色,避免同质化,真正做到"推陈出新",给游客留下深刻的印象。但是,也要杜绝为了迎合游客无限制地建造没有历史背景和文化内涵的海洋历史人文景观,要保持本土海洋文化的原生态,真实展现海洋人文历史发展和沿海社会发展。

3. 坚持走内涵式发展道路

旅游业具有打造成为地区支柱性产业的潜力,符合整体经济的经济结构调整和提高现代服务业比重、水平的要求,我国旅游业整体发展还比较单一和落后,很多景区和地方单纯依赖门票收入,门票经济问题突出,不利于旅游业的良性发展。2009 年,国务院发布了《国务院关于加快发展旅游业的意见》,其中明确提到,要努力推动中国旅游业实现转型升级和走内涵式的发展道路,旅游业发展,文化是灵魂,没有文化的旅游,只能有形无神,只有文化的旅游,才能神形兼备,相得益彰。当前我国海洋文化遗产旅游刚刚起步,必须坚持走内涵式发展道路,要深入挖掘历史文化内涵,弘扬海洋文化遗产所蕴含的人文情感和历史记忆,注重体现沿海群众社会经济文化的发展,注重深入开发海洋文化遗产旅游资源,开发多样化的产品,注重感官体验和精神享受,让游客有不虚此行的感觉。

4. 政府因势利导,鼓励和引导社会各方积极参与

当前社会正日益变成一个多元的社会,在此背景下,海洋文化遗产旅游的发展不能只依赖政府或国有大型旅游企业来主导,要充分发挥社会力量和广大群众的积极作用,主动适应市场需求和市场变化,充分发挥市场配置资源的基础性作用,让民间资本参与到海洋文化遗产旅游市场的开拓,促进其做大、做强、做活。

海洋文化遗产旅游产业的健康发展离不开政府在公共政策层面的正确导向,要加强政府引导和监管,通过整合社会各方力量,实现整个产业的健康有序发展,同时政府在监管过程中也要遵循海洋文化遗产旅游市场规律、立足当地海洋文化遗产旅游产业发展现状,紧密把握政策、形势的发展,因势利导,提高工作效能。

四、海洋文化遗产的创意产业

(一)政策依据

2009 年,我国首部《文化产业振兴规划》出台,第一次将文化产业发展提到了国家战略高度,并在其中重点任务部分将文化创意产业作为重点文化产业。2014 年 3 月,国务院发布《关于推进文化创意和设计服务与相关产业融合发展的若干意见》,也充分表明促进文化创意产业优化发展对推进经济发展方式转变并形成创新驱动模式具有重要意义。海洋文化遗产是重要的创作题材,具有打造文化创意产品的巨大潜力,因此,要突出文化创意中的蓝色经济特色和海洋文化元素,大力开发具有市场潜力的海洋文化创意产品,逐渐形成以沿海地区为主、辐射内陆的海洋文化创意产业集聚区,力争将海洋文化遗产创意产业打造成为拉动文化创意产业发展的有力引擎。

(二)海洋文化遗产创意产业发展趋势

当前,我国文化创意产业正进入"升级版"的转型与融合发展新阶段,一方

面,政府加快转变职能,从直接参与转变为引导,从多部门分业管理转向机构协同管理;另一方面,从单一产业业态发展转变为多产业业态融合发展。因此,海洋文化遗产创意产业作为文化创意产业的一部分,其发展必须顺应文化创意产业发展的大趋势,同时鉴于其处于刚刚起步的发展阶段,更应当注重体现它与相关产业融合发展的新趋势,具体表现为:

1. 促进文化产业发展的内源驱动

我国文化创意产业发展时间较短,原有的产业基础和市场基础比较薄弱,因此更大程度上依赖地方政府政策效应,必须通过土地、资金、人才等要素的直接投入加以扶持,特别是直接介入文化创意园区、街区等集聚区的建设与运营管理。海洋文化遗产创意产业发展过程中,要注重政府职能定位和政策导向,政府一方面要加强规划和导向,培育有利于其成长发展的市场体系和制度环境,激发市场主体选择新兴产业的内生动力,另一方面要避免政府过度干预市场而导致动力不可持续性、扩张发展盲目性和运行机制低效性等问题,总之,要充分发挥好政府和市场的关系,形成以内生动力为主的政府支持、法律规范、市场运作、行业自律、企业自主的协同驱动模式。

2. 注重与相关产业的融合发展

文化创意产业具有很强的融合特性,海洋文化创意产业发展过程中,要倡导创意经济时代融合发展理念,注重与科技融合,将传统文化内涵与现代化手段结合起来,要注重与传统产业融合,增加其新生活力和产业价值,要注重与各新型产业融合,促进其业态的多样化和现代化。总之,要进一步促进海洋文化遗产创意产业与旅游休闲、时尚服务、建筑装潢、工业制造、农业生产等特色经济领域的融合发展,由此带动产业升级和价值增值。

3. 统筹协调,齐抓共管

文化创意产业实质是融合性的产业经济形态,文化、创意、科技等因素紧密融合,各相关产业也都融入"创意"元素。在沿海地区文化创意产业发展过程中,当地宣传、文化、传媒、出版等部门、单位都是重要的推动力量并作出了重要成绩,但是,随着文化创意产业不断发展,许多地方已经意识到传统文化产业管理体制难以适应文化创意产业融合发展的需要。因此,沿海地区发展海洋文化遗产创意产业的过程中,要实现各有关部门"齐抓共管",可以成立由地方党政主要领导负责、相关职能管理部门负责人参加的领导协调小组,并下设办公室或类似机构负责承担日常统一管理协调工作,从而消除制约海洋文化遗产创意产业发展的行政壁垒。

(三)打造海洋文化遗产创意产业基地和产业带

文化创意产业的发展规模和水平已成为一个国家或地区综合竞争能力的重要标志。实践经验证明,文化创意产业不是单个企业的成长,而是在一定的环境和空间的聚集,呈集群化发展的态势。其聚集形式主要有两种,一是市场机制下,各产业单位或相关单位自发聚集形成产业群落;二是在政府政策引导下,各产业单位或相关单位集聚发展,我国各地推进文化创意产业集聚发展的主要模式市地方政府建设文化创意类产业园区,吸引各市场主体进驻。发展海洋文化遗产创意产业,是沿海地区突破资源约束、促进结构升级、推进可持续发展的重要举措。

案例一:三亚海螺姑娘创意文化园

海螺姑娘的传说已被评为海南省非物质文化遗产,并成为三亚创意文化园的重要文化产业资源。"三亚海螺姑娘创意文化园"位于三亚市田独高新技术产业园区,总占地53亩地,总规划建筑面积5.3万平方米,分两期投入建设。总投资3.2亿元,按国家3A级景区标准建设,是目前我国规模最大、品种最齐全的活体螺贝室内驯养、繁育、研究、观赏基地,目前已被列入《海南省文化产业重点项目》和《三亚市十二五文化产业重点项目》。

"三亚海螺姑娘创意文化园"简称"海宝城",由"海洋文化馆(一号馆)""螺贝科技馆(二号馆)""砗磲博物馆(三号馆)"和"科技研究所"所组成。该景区将民间非物质文化遗产海螺姑娘民间传说和海洋科普融入到旅游文化的参观游览、科普教育、艺术品创作、观光与体验为一体的海洋旅游文化特色展览馆中,是我国规模最大、品种最齐全的海洋螺贝文化主题旅游景点。景区内展出包括国家 I 级濒危生物——鹦鹉螺等四大名螺在内的200多种珍稀活体螺贝、300多种贝类标本和2 000多种贝壳精品,已成为国内最专业的活体贝类驯养与繁育实验科研机构、三亚市濒危水生野生动物救护基地。

一期项目占地18亩,由两个展馆所组成,包括"海南省螺贝展览馆(一号馆)"和"海螺姑娘螺贝科技研究所(二号馆)",是国内首个濒危保护动物、室内驯养与研究基地,设有螺贝馆、淘贝馆、螺贝宴餐厅和海螺姑娘雕塑广场四个功能区域。

二期项目为"海螺姑娘国际艺术家公社"。占地 35 亩,建筑面积约 80 000 平方米,设有艺术家会馆、艺术家创作室、艺术画廊和海洋艺术酒店四个功能区域,是首个集文化艺术作品创作、交流、展示、交易、观光休闲为一体的螺贝文化国际原创艺术家交流平台。整体项目计划在 2014 年底全部完工。

"三亚海螺姑娘创意文化园"一直以来得到了国家文化部、省(市)政府及文体等相关部门的高度重视和支持。2010 年,三亚海螺姑娘创意文化园被《海南国际旅游岛规划纲要》列为"国际旅游岛建设重点文化产业项目",被中华全国妇联授予"女大学生创业实践基地",同时,被海南省科技厅及省妇联分别授予"海南省螺贝科技馆"和"女性创业爱心基地"称号,并已列入三亚市《十二五文化产业发展规划纲要》。2014 年 1 月,三亚海螺姑娘创意文化园被中国科协授予"全国水产科普教育示范基地"称号。

案例二:青岛中艺 1688 文化创意园

青岛中艺 1688 文化创意园是国内首家海洋文化产品设计创意产业园,作为 2014 年青岛世界园艺博览会配套服务设施,成为集中展示山东半岛蓝色经济区建设成果的文化平台。该园区总规划面积 8.33 公顷,建筑面积超过 10 万平方米,总投资 6.2 亿元,主要以设计、交流、传播等"三个中心"为核心,围绕产业集聚、品牌创新、创业孵化、文化旅游、商贸办公、配套服务"六大职能定位",重点打造产学研一体化总部办公区、研发和设计产业集聚区、商务旅游服务区、公开展示平台、创意孵化区、商务配套区"六大功能区"。

园区还将城市海洋文化产业的理念输出、产品输出、品牌输出、技术输出、人才输出、资本输出等环节融于一体,并通过创意设计、商务、信息、文化、展示、交易等功能带动现代高端服务业发展力争把园区建设成为面向日韩及欧美的国内一流国际型海洋文化交流平台、省内规模最大的蓝色经济软实力创意园区和青岛最集中的海洋文化产品产业链的展示名片。

五、发展海洋特色餐饮业

(一)海洋特色餐饮业

海洋特色餐饮业是以海洋餐饮文化为基础而发展起来的产业,而后者是传统海洋文化遗产资源的组成部分,许多烹饪技艺都是凭借记忆传承下来。据

《国民经济行业分类注释》的定义,餐饮业是指在一定场所,对食物进行现场烹饪、调制,并出售给顾客主要供现场消费的服务活动。作为服务业的重要组成部分,餐饮业以其市场大、增长快、影响广、吸纳就业能力强的特点而广受重视,也是发达国家输出资本、品牌和文化的重要载体。经历 30 余年的发展与市场竞争,我国餐饮业发展已经进入了投资主体多元化、经营业态多样化、经营模式连锁化和行业发展产业化的新阶段,行业的发展势头强劲。近年来,国际知名餐饮企业的不断涌进,对我国餐饮业的经营理念、服务质量标准、文化氛围、饮食结构、从业人员素质要求等产生了深刻影响。可以预见,未来我国餐饮行业竞争局面激烈仍将维持。

旅游餐饮是指餐饮业中为旅游者提供餐饮产品与服务的部分,旅游六大要素之中,餐饮是保证游客旅游行程能够持续进行的基础性支撑要素,许多游客旅游的目的就是为了品尝当地独特的饮食文化,游客途中或在旅游目的地的饮食状况直接影响其对该次旅游行程满意度的评价。饮食所具有的强烈的地域性、民族性、民俗性等人文特性,是展示当地传统生活的重要内容。饮食成为旅游的重要吸引物,并在旅游营销中扮演重要角色,成为吸引游客的重要消费点。旅游餐饮主要包括地方口味食品、土特产食品、花卉食品、药膳食品、饮料系列等,旅游餐饮是旅游路线设计的基础环节,可以丰富旅游路线的内容,提升旅游路线的知名度。

美食主题旅游活动具有很强的营销作用,利用美食元素进行旅游目的地的民俗文化营销是一种有效的方式,如韩国电视连续剧《大长今》对赴韩旅游的促销作用已经成为旅游营销的经典案例。我国旅游餐饮的营销,目前尚处于初级阶段,更多的是从菜系特色差异入手,但是,将美食作为营销重要元素的意识已经在逐步形成。迄今为止,我国最为典型也是最大的一次营销是"2003 年中国'烹饪王国游'主题旅游年"活动。各省市纷纷推出美食主题的旅游产品线路,如四川省推出"游'三国'线,品'三国'宴""川南悠闲游,大饱竹荪宴""游世界遗产、品藏羌风味";珠海市举行"2003 中国烹饪王国游(珠海)开年暨广深珠万人美食游";福建 2003 年推出"福建传统闽菜品尝线""福建风味小吃品尝线"等 8 条富有地方特色的旅游线路。另一方面,近些年各地依托节庆、地方美食推出各类美食节活动。2003 年 3 ~ 11 月期间,单是由国家旅游局登记在册的全国性旅游美食节就多达 30 个。

我国海岸线漫长,自然环境的差异导致人们生产生活的方式不同,在漫长的历史进程中,各地形成了自己独特的海洋饮食品牌,如海南海口的琼州椰子蟹、山东荣成的"海洋蔬菜"——深海小海带、广西京族三岛特产"鱼露"等,都具有很高的经济价值。海洋特色餐饮具有浓郁的地域特点和丰富的海洋文化内涵,是沿海地方的重要名片,也是游客乐此不疲的追逐体验,关系到旅游的体验质量,对旅游业的发展有着直接的影响。

(二)我国海洋特色餐饮业主要问题

近年来,中国海洋特色餐饮经历了快速发展期,行业发展前景乐观,具体表现在产业规模明显壮大、知名品牌不断增加、产品形态日渐丰富、资本化运作水平越来越高,但同时,区域发展不平衡、经营者良莠不齐、市场结构不完善、观念理念不先进等新老问题依然十分突出,导致我国沿海地区丰富的传统小吃和特色餐饮资源优势没有得到很好的挖掘,其天然、新鲜、奇特、丰富的饮食特点在迎合旅客追求健康、猎奇、多样需求所形成的潜在消费力并没有真正释放,尚未很好地发挥经济带动作用,主要表现在如下几个方面。

1. 卖场分散且难成规模

我国沿海地区小吃很多分布在城市巷弄里,多以家庭、小摊档等方式自由分散经营为主,且品种单一,分布零散,"脏、乱、差"现象严重,经营方式相对落后,没有形成规模效益,同时也缺少有效的消费引导,拉动旅游消费作用不明显,难以真正形成海洋文化旅游的重要消费点。

2. 缺乏先进的经营理念和严格的行业自律

有些地方管理疏忽,服务意识淡薄,环境脏乱,使得海洋餐饮缺乏吸引力和影响力,此外,缺乏行业准入标准和统一规划,各类资金涌入市场,良莠不齐,有些经营粗放、产品雷同,缺乏有序竞争,甚至出现海洋特色餐饮领域的"劣币淘汰良币"。

3. 市场结构失调供需不均衡

我国沿海地区并不乏海洋特色餐饮主体,但多是两极分化,要么是价格高昂的高档酒店,更多的是低端的餐饮企业,许多传统小吃与特色餐饮仍以单店经营为主,而本应迎合大众、发展壮大的中档餐饮却悄然缺失,这种结构日益不能适应正在由"金字塔形"向"橄榄形"转变的社会结构中增长的中端消费需求,从而使得大众餐饮需求与市场供给逐渐脱节。

4. 历史文化特色退化

一种餐饮文化是一个活广告,挖掘其中的历史典故就有可能创造出一个不胫而走的品牌。例如,"过桥米线""状元及第粥""阿二靓汤"等都是因为一个故事或传说蜚声中外。我国海洋特色饮食特色鲜明,但是疏于对历史和文化的深度挖掘。

5. 缺乏品牌意识和创新研发

品牌意识不强,宣传意识不强,市场开拓意识不强,已然成为了制约我国海洋特色餐饮对外发展的一个重要瓶颈,许多餐饮仍停留在传统经营模式,海洋特色餐饮的高附加值在于深加工带来的效益,但是目前高端衍生市场尚未形成,时间和空间造成的束缚巨大。

(三)探索海洋特色餐饮业创新发展的思路

1. 打造好海洋餐饮品牌

当前我国海洋特色餐饮业品牌现状不佳,缺乏优秀品牌和竞争力,在品牌营销时代,企业需要品牌,行业也需要品牌,随着消费水平的提高,消费者对品牌的需求越来越高,他们不只满足于产品的物质层面,更对产品的文化层面、精神层面有需求,企业自己也需要建立品牌。企业运作就像战争,产品战、价格战、资源战、人才战等等都已经打过,而品牌战是下一个热点,谁先行动,先抢占制高点,将获得有利时机。

2. 发展好海洋休闲食品

休闲化是做强海洋食品的大势所趋,这要求对传统海鲜文化的传承的同时又在现代工艺技术的基础上做革新,让海鲜珍品走向休闲化,从而让更多的消费者品尝到海鲜珍品,从而推广和做强海洋食品。

3. 实现海洋特色餐饮特产化

要加强海洋餐饮业的形式创新、产品创新和价值创新,实现其价值层次的立体化、多样化,满足多样化群众的需求,在需求创新时,一定要站在消费者的角度来考虑,不能单纯站在企业的立场,使得海洋特色餐饮业创新保持较强的原动力。

4. 重点打造海洋文化遗产主题餐厅

以海盐、渔民、渔船等为主题打造餐厅,满足客户体验感,注重提高菜品质量,凸显海洋特色和传统风格。要提升菜品质量和多样性,符合不同层次、不同风格的消费群体的要求;要提高菜品的附加值,就是增加趣味性和体验性;更需要注意的是突出主题文化,当下有海洋文化餐厅、海洋婚礼餐厅、轮船客舱餐厅等,要找准海洋文化主题,培养食客的文化认知度和屡次消费。与此同时,注重打造体验式项目,让吃客体会文化互动,如近几年比较受追捧的《舌尖上的中国》为什么这么火,其是在表述吃文化背后所蕴含的故事。吃客都喜欢了解每道菜的原料采集、菜加工制作、菜背后的文化,因此海洋特色餐饮要注重挖掘、传达历史文化内涵,精彩展示、演绎海洋美食。

5. 注重混合经营的流行趋势

以星巴克为例,餐厅在提供咖啡的同时经营各种杯子、季节性产品和游戏、音乐、厨房用品等,这些零售商品成为其重要的利润来源,因此,海洋文化特色餐饮应与其他门类的产品项目相结合,打造全新体验,如海洋特色餐饮与时尚用品结合,与旅游产品结合,与健康休闲结合等,都是很好的发展思路。

六、发展海洋文化特色工艺品加工业

文化创意产业是指依靠创意人的智慧、技能和天赋,借助于高科技对文化资源进行创造与提升,通过知识产权的开发和运用,产生出高附加值产品,具有创造财富和就业潜力的产业,包含文化产品、文化服务与智能产权三项内容,具有高知识性、高附加值、强融合性等特征。借鉴世界各国文化创意产业分类,根据我国的行业划分标准,可以将我国文化创意产业分为五大类,即:文化艺术,包括表演艺术、视觉艺术、音乐创作等;创意设计,包括服装设计、广告设计、建筑设计等;传媒产业,包括出版、电影及录像带、电视与广播等;软件及计算机服务;文化创意产业相关的教育培训与科研。我国海洋文化遗产资源丰富,在这些资源强力支撑下也创造了很多具有鲜明海洋特色、高艺术价值和厚重历史文化内涵的工艺品,如木质渔船模型、贝雕、船模、沙画、坭兴陶等工艺品和海洋植物画、海洋动物画等美术产品。

以我国传统木船中的经典"岑氏木船"为例。传统木船制造技艺是极富海岛地域特色的手工技艺,需要大力保护与传承。岑氏木船作坊创建于1900年,主要打造小型木帆渔船,其创作的各类大、中型船模,受到海内外有关人士的关注和好评,2008年,享誉海外的传统木船制造技艺被入选国家级非物质文化遗产名录。"岑氏木船"作坊的成功,在于企业坚持传统与创新并举,开展传统技艺培训教学，传承优秀技艺，同时与市场经济紧密结合，打响属于自己的品牌，积极开拓国内外市场，做到"在生产中保护，在保护中生产"，实现文化传承与经济效益双赢，在保护传承传统造船技艺的同时，岑氏木船作坊还通过开发各类船模旅游产品、参加国内外展会等多种途径将中式古帆船推广到海外市场。"岑氏木船"不仅是历史文化的重要传承，其承造的中国传统木帆船"绿眉毛·朱家尖"号、"遣隋使"号大型仿古帆船、郑和（二千料）宝船船模等具有很高的历史人文价值，同时也创造了大量经济价值，据了解岑氏木船作坊的中华古帆船研究制作中心荣获 2011～2012 年度国家文化出口重点项目，成为实现经济价值的重要项目。

我国海洋文化遗产资源众多，为打造精品创意产品奠定了基础。以享誉全球的北海市南珠为例，广西有南珠这张璀璨的品牌，以南珠为亮点，带动相关海洋工艺产业发展，是广西要重点推行的项目。但是现在的海洋工艺产品，科技含量不够，没有高附加值的产品，缺乏融入产品设计和创意，是广西海洋工艺没有成为重点发展产业的重要原因。纵观广西工艺品市场，大部分产品缺乏创意，没有地域特色，同质化现象十分严重，产业附加值极低。因此要进一步发挥其价值，一方面，主打创意牌，融入一流设计。手工艺品除了本身的材质外就是设计独特，体现当地的艺术特色，为体现海洋手工艺品的产品的独特魅力，需将设计放在核心位置，生产高品质、高品位、高附加值的一流手工艺产品。现在广西的海洋手工艺产业还处在产业的初级阶段，但也给今后的发展提供了基础，同时其也具备发展潜力。可吸引设计工作室、以创意设计为主的企业入驻广西，同时培育具有设计、生产、营销全产业链的骨干企业，培育手工艺市场主体，带动整个产业的发展。另一方面，转变海洋工艺产业的发展方式。转变发展方式意味着转变产业发展方向，曾经走"量"的经济，如今要紧跟时代步伐走"质"的经济，与旅游业相结合，适当提高产业品质，走高端路线打响品牌，成为广西一大特色产业，提高经济收入，创建城市品牌。与此同时，加强与其他产业的融合发展，拓宽营销途径。现阶段的海洋手工艺品还主要是靠旅游业的带动，以直营的方式销售，考虑工艺产业与其他会展业、健康饮食业、影视传媒产业、滨海旅游业的融合发展，相互带动，拓宽营销渠道，重视新媒体平台，拓宽宣传途径，加强宣传力度深挖创意内涵，将品牌宣传提升为文化概念的创立，增强影响力。

总之,想发展海洋文化特色工艺产业,就必须主打创意牌,走差异化发展路线,将丰富的海洋文化资源与工艺美术品巧妙结合,赋予工艺品更多的文化内涵,增加其产业附加值。如以沿海自然风光、名胜古迹、历史人物和典故为题材,设计一些具有代表意义和文化内涵的工艺美术品,如景点的微缩模型、坭兴陶、贝雕等特色民俗工艺品。

第五节　海洋文化遗产产业存在的问题

我国海洋文化遗产产业发展已经有了一定基础,而且人们也已经意识到海洋文化遗产产业对经济发展、社会稳定、人文培养具有重要作用,沿海各地政府积极促进海洋文化产业发展,并在一定程度上带动了当地,尤其是沿海城市社会经济的发展。但是当前我国海洋文化遗产产业化发展依旧存在一定的问题。

一、缺乏足够的重视

当前制定的经济发展规划,很少有专门涉及海洋文化的内容,对海洋文化遗产保护开发的关注更是不足,导致海洋文化遗产的具体统计数据缺乏,无法制定有效的保护开发措施。很多地方缺乏促进海洋文化遗产产业化发展的政策导向和制度支持,财政投入相对不足,海洋文化遗产产业增加值相对较低,未建成较有影响力的产业基地。部分专家学者简单地把海洋文化遗产等同于传统海洋文化保护,忽视了现代高科技对海洋文化遗产产业化的重要作用,政府有关部门对于海洋文化遗产仅仅停留在保护和简单开发的层面,未能正确认识海洋文化遗产产业化的重要性。

二、缺乏社会基础和氛围

尽管我国拥有中国海洋大学、中国科学院海洋研究所、国家海洋局三大海洋研究所等多家海洋科研与教育机构和部委级重点实验室,但是这些机构的研究较少涉及海洋文化领域,尤其是在海洋文化遗产保护方面,更谈不上对海洋文化遗产的产业化研究和推广。再加上海洋文化遗产本身具有一定专业性,部分地区为保护遗产资源,将研究人数控制在承载范围之内,另一方面海洋文化遗产本身具有一定专业性,因此群众对海洋文化遗产产业建设了解不深、热情不高。

三、缺乏产品竞争力和影响力

一方面,有特色、高品位的拳头产品尚未形成,目前基本上都以小规模投资、粗放型管理为主,主要是围绕海洋文化遗产进行景观展示或粗制工艺品纪念品贩售,没有挖掘文化内涵和附加价值,没有创新性和特点,难以形成吸引力。另一方面,产品缺乏科技含量和传统内涵,好的海洋文化遗产产品应兼具传统人文内涵和现代表现形式。以山东海洋文化遗产展示为例,依然以静态的参观为主,缺少让游客主动参与的气氛、声电光等高科技表现手段,没有很好地传递海洋文化遗产中蕴含的厚重历史。

四、缺乏传承和推广网络

传承和建设海洋文化遗产有利于我们借鉴人类开发利用海洋的同时又受制于海洋的历史,从而更好地开发海洋,利用海洋,促进海洋经济大力发展,建设海洋强国。古今中外的历史发展证明,文化传承会直接影响国家和地区经济的发展,良好的海洋文化遗产传承、推广网络可以传播更多、更好的产品和服务,使更多人了解海洋历史,但是当前缺乏海洋文化遗产产业传承推广网络,使得蓝色瑰宝没能更好地面向公众。以山东省青岛市为例,缺乏传承推广海洋文化遗产的平台,缺乏结构合理、功能齐全的海洋文化遗产信息服务体系,影响了蓝色文化的传播和传承。

五、缺乏统筹规划

海洋文化遗产产业化开发未纳入海洋工作整体考虑,缺乏专门的机构和管理人员,在设施建设中存在着重复建设现象,有的单位甚至打着海洋文化遗产保护旗号另行其事。同时,缺乏统筹规划导致资源开发利用过程中缺乏整体联动的观念,难以形成合理的产品组合,各地海洋文化遗产资源零散分布,一方面不同地区、不同产业类型之间缺乏联动,各自为战,要么缺乏整合,没有形成引导和刺激需求市场的力量,要么同质化严重,影响各自发展;另一方面海洋文化遗产产业和其他产业缺乏联动,而且各地市场认知水平也比较低下,没有很好地将海洋文化遗产产业纳入整个海洋文化产业范畴,没有形成各产业相互拉动、相互支撑的格局。

第六节　海洋文化遗产产业的保障措施

海洋文化遗产资源开发和产业发展离不开科学引导、合理规范和各方面的强力支持,既要实现跨越式发展,又要兼顾发展的全面、健康、可持续性。要实现这一目标,需要社会各方提供保障。

一、加强政府的组织领导和投入

海洋文化遗产产业的发展和壮大离不开政府的大力引导、推动和支持,只有政府各有关部门高度重视、通力合作,不断加大对海洋文化遗产产业的倾斜性投入,才能实现其跨越式发展,真正打造拉动海洋经济和文化产业发展的新引擎。

(一)坚持加强组织领导

在沿海省、区、市成立海洋文化遗产资源利用和产业化发展协调小组,统筹海洋系统、宣传系统、文化系统、旅游系统、新闻出版广电系统、教育系统等部门,统一部署、宏观调控、全面指导、统筹协调;将海洋文化遗产产业化作为服务海洋经济、加强文化遗产保护的重要工作,各部门要认真履行职责,主动加强沟通协调,建立相应工作机制;将海洋文化遗产产业化工作纳入创建文化先进县(市)、文化先进乡镇和创建文明村镇等相关评价体系中。

(二)不断加大政策和资金上的支持力度

政府财政应加大对海洋文化遗产产业化的投入,涉海部门和地方政府应支持海洋文化遗产产业重大项目和科研项目;组织海洋文化遗产产业化项目申报文化产业专项资金、农村文化发展专项资金等,沿海省市的文化产业发展专项资金应适当予以倾斜;通过政府采购、项目补贴等鼓励文化企业参与海洋文化遗产资源开发;对于重要的海洋文化遗产设施建设和产业项目,在立项、选址、征地、投入等方面给予支持。

(三)做好资源调查评价

做好海洋文化遗产资源调查评价工作是推动海洋文化遗产产业健康发展的重要前提,当前国家和地方积极推动海洋资源调查和文化资源调查,可将海洋文化遗产资源作为重要部分纳入其中,作为其中一个重要专项。建立国家和地方海洋文化遗产资源名录和数据库,明确各类资源的形态、总量和分布等情况,将需要重点保护、开发的海洋文化遗产资源和项目登记入库。要建立海洋文化遗产调查评价指标体系,在调查过程中评价海洋文化遗产资源的价值、效用、产业化发展预期、资源传承能力,为海洋文化遗产产业健康发展提供坚实的支撑。

(四)加强产业规划

规划先行是处理好资源保护与产业发展的重要举措,有利于实现海洋文化遗产产业健康发展。首先要加强对沿海城镇和传统渔村的规划,塑造沿海地方鲜明的海洋文化特色,构建完善的海洋历史文化城镇村的规划体系,在城镇建设、改造和新农村建设过程中,重视保护海洋历史街巷的风貌与空间尺度特色,不仅保护传统渔镇(村)本身,也要重视周边环境的营造和改善;其次要加强海洋文化遗产产业项目的规划,使得产业项目的建设、布局与海洋文化遗产资源分布相协调,与地方国民社会经济发展相协调,切实提升海洋文化遗产产品和服务的供给水平;再次要加强海洋文化遗产产业园区和基地规划建设,要充分发挥国家和地方级各(海洋)文化产业示范园区的引领作用,推进海洋文化遗产与创意、科技的结合,实现特色化、差异化发展。

二、落实并建立健全相关政策法规

海洋文化遗产产业化发展涉及面广、难度大,要制定一系列政策,建立健全法律保障体系。

(一)推进相关规划的落实和编制工作

需要落实国家有关文化类和海洋类的现有规划,以及即将发布的《全国海洋文化发展规划纲要》中海洋文化产业保护和发展的相关内容;要坚持在发展海洋文化遗产产业进程中落实中宣部关于提升全民海洋意识的工作方案;在编制沿海省市文化、海洋、旅游规划时,要纳入海洋文化遗产产业的相关内容。

(二)建立扶持、推广和激励机制

要在投资、财税、金融、土地等方面制定政策,支持社会力量通过兴办企业、资助项目、赞助活动、提供设施等形式,开办海洋文化遗产产业项目;鼓励沿海地方政府、海洋部门、海洋研究机构、社会团体、海洋文化遗产保护单位进行交流合作,共同实施海洋文化遗产产业项目。

(三)加强法制建设和法制观念

要坚决落实《文物法》《水下文物保护管理条例》等法律法规,沿海省、区、市在制定具体条例和实施办法时,应考虑到海洋文化遗产产业内容;海洋文化遗产的产业化发展过程中将不可避免地涉及知识产权问题,要加强知识产权保护工作,打击侵权和盗版行为,净化文化市场;总结自身实践,积极建言献策,在制定、完善相关法律的过程中更好地发挥作用。

三、做好海洋文化遗产产业的服务工作

根据建设服务型政府的要求,加强面向海洋文化遗产产业的公共服务建设,推动海洋文化遗产产业化发展。

(一)推进海洋文化遗产资源普查和评价

国家海洋、文物等部门,可通过工作简报等形式向国务院上报海洋文化遗产调查工作成果,并争取国家的指导和支持;沿海各省文物保护单位和海洋文化遗产单位可联系成立工作班子,拉网普查,登记造册,制作名录;在普查基础上开展系统研究,对资源现状、分布、开发潜力进行评价,为政府部门推动海洋文化遗产产业化发展的决策提供依据。

(二)建设海洋文化遗产信息化平台和宣传平台

可建设信息化系统,集中收集和统一管理海洋文化遗产资源信息、产品信息和产业信息;可建立信息发布制度,定期向社会公布海洋文化传统节庆、重大发展事项、海洋文化遗产产业相关政策及重要产品的信息;可形成新闻发布制度,规范网上新闻信息源的转载和非新闻单位网站的信息发布,建立市场化供稿机制,形成有利于海洋文化遗产保护和产业发展的新闻发布机制;鼓励文化企业建设自己的海洋文化遗产信息发布平台,开展产品的推广。

(三)开展海洋文化遗产产业培训教育

开展海洋文化遗产产业培训教育制度。可通过干部教育,提高广大干部加强海洋文化遗产资源开发和保护的意识和能力;通过专家授课,使广大文化企业管理者掌握发展海洋文化遗产产业、创作海洋文化遗产产业精品的路径和方向;通过技能培训,使广大非物质文化遗产传承人、艺术团体、技术人员提高推

动海洋文化遗产产业发展和产品创作的技能；同时，可以面向社会大众展开培训，为山东海洋文化遗产产业发展奠定群众基础。

（四）推动海洋文化服务设施建设

在建设海洋文化重点工程和文化设施时，可注重纳入海洋文化遗产和产业相关内容；推动重要海洋科研单位、承担重要发行任务的涉海出版单位的建设，鼓励其开展涉及海洋文化遗产的科研和出版任务；完善沿海地区公益性海洋文化设施，其中纳入海洋文化遗产内容，建设具有海洋文化特色、体现海洋文化遗产特点的标志建筑；在图书馆、文化馆、图书屋等设施中配送海洋文化遗产知识读本和宣传册。

四、加强产业引导和扶持

（一）积极培育海洋文化遗产消费市场

通过各种海洋文化活动进一步加大对海洋文化遗产产业的宣传力度，提升影响力和知名度；有计划、有针对性地开辟消费需求领域，引导海洋文化遗产产品的创作和生产，提升消费品位；根据消费结构的变化和需求，及时对海洋文化遗产产品进行优化升级。

（二）打造龙头企业，发挥其示范带动效应

策划并启动一批国家级和省级海洋文化遗产产业项目，打造龙头企业，发挥示范带动效应；将海洋文化遗产与滨海旅游、节庆会展等深入结合，设计、推出海洋文化遗产精品，如传统休闲渔业体验、传统海洋体育竞技、古渔村康乐度假旅游、海洋文化遗产精品展览等，拉动其他产业门类迅速发展。

（三）推进产业融资的多元化

加强与国外其他海洋城市、海港城市的合作，搭建平台，加强在海洋文化遗产产业方面的合作；鼓励和支持民资、外资的进入，解决好海洋文化遗产产业建设的融资问题；通过产业博览会、网上推广平台、成立专项开发小组等形式，积极寻求民资、外资合作者。

（四）推动与国内外的交流与合作

以海洋文化遗产为纽带，将周边沿海省份的优势产业对接起来，加强政府、民间组织和企业间的交流与合作，形成海洋文化遗产产业体系，增强整体竞

实力；举办以"海洋文化遗产产业合作"为主题的高层论坛、专家研讨会、博览会等，吸引国内外企业参加；建立交流促进会等组织，推动与国外在海洋文化遗产产业方面的交流与合作。

五、促进海洋文化遗产产业人才队伍建设

海洋文化遗产产业的发展和突破离不开实力雄厚、结构合理的人才队伍的支撑，因此，要加强人才管理和培育，组建实力雄厚、结构合理的人才队伍。

（一）建立人才培养、引进和管理机制

对本地海洋文化遗产方面的人才进行培养，引进外地、其他领域的优秀文化产业专家，建立了解当地文化产业、海洋产业和遗产保护的人才队伍；制定奖励机制，设置荣誉称号或奖项，扶持和奖励做出重大创新和突出贡献的人才；建立人才管理机制和办法，探索建立专家数据库，纳入文化遗产保护、海洋文化、经济产业、旅游产业等领域专家，加强人才储备。

（二）加强海洋文化遗产产业化专项教育

高等院校、社会科学研究机构等要组建高水平的海洋文化遗产产业师资力量，形成稳定的、梯次搭配合理的教育队伍，编制相关培训教材和读本；开设面向在职人员的培训，定期进行海洋文化遗产产业专项培训；鼓励涉海部门和沿海地区与高校合作，开办高级研修班、培训班和讲座，提高管理人员和从业人员能力。

（三）培育高素质的综合性创新人才和科研人才

支持沿海地区以海洋文化遗产示范基地和保护区的形式集聚人才；完善有利于海洋文化遗产产业化创意团队发展的市场环境和政策环境，鼓励他们提出好创意；吸引创意人才、管理人才、经营人才进入海洋文化遗产产业，打造海洋文化创新主体。培养科研人才，教育部门要积极设置海洋文化遗产方面的研究课题和青年项目，吸引高校和研究机构中有实力、有热情、有潜力的专家承担，推动年轻专家队伍的建设。

第五章
海洋文化遗址资源的产业化发展定位

文化遗产,从概念上可以分为有形文化遗产和无形文化遗产。有形文化遗产包括历史文物、历史建筑、人类文化遗址。这些遗产种类存在于一定地理环境中,其地理位置无法或难以变动,具体包括:在建筑式样、分布均匀或与环境景色结合方面具有突出普遍价值的历史文化名城(街区、村镇);古遗址、古墓葬、古建筑、石窟寺、石刻、壁画、近现代重要史迹及代表性建筑等不可移动文物。该标准在海洋文化遗产中的体现,主要包括海岸带文化景观遗产、海洋遗址遗迹、海洋历史场所、水下考古遗址、海洋聚落景观等。

第一节　打造海洋文化遗址遗迹旅游项目

作为体验不同时代人文特征的海洋文化遗产旅游,是遗产保护、利用和海洋文化传播的重要方式。实现遗产旅游,最重要的方式就是旅游体验。在新世纪的今天,"遗产旅游"作为一种世界现象已经成为人类求取与外部世界高度和谐的有效形式之一,成为高质量回归自然、回归历史的必须性的社会生活组成部分。我国传统渔村等传统生活聚集区,古炮台、古栈道等反映海洋文化的遗址零散分布,它们是宝贵的海洋文化资源,反映沿海群众的生产生活方式,展现海洋历史事件,具有很高的旅游价值,可以立足这些资源打造旅游区,推行"遗产旅游"方式,吸引更多游客前往,从而实现经济价值。

一、实施基础

（一）理论基础

传统渔村村落，承载着历史的基因，海洋文化遗迹是历史的重要见证。眼下，传统村落和文化遗迹等已成为热议的话题，国家相关部门已发起调查和保护行动。当前对于传统渔村等遗址的保护思路，大多停留在依赖文化部门、海洋部门拨款保护，村民在生产生活的压力下缺乏海洋文化遗产保护的动力。其实，保护传统渔村等历史遗址，与促进生产、提高群众生活质量并不矛盾。划定以海洋文化遗产在地资源为主要对象的旅游区，以历史文化为视角对旅游景区进行开发，不仅有利于促进海洋文化遗产旅游业的发展，更有利于维持海洋文化遗产在地资源赖以存在的生态环境。以传统渔村为例，尚留有比较好的历史建筑，选址和格局都有自己的特色，村落里还有不少有价值的非物质文化遗产，保护与开发相结合，就让传统村落活起来。

（二）实践模式

在保护渔村等人文遗址的实践中，国外的一些实践经验值得我们重视和借鉴。法国、意大利很多古建筑、老城里面的设施都很先进，厨房、卫生间等都很现代化，一方面保存了传统整体风貌，一方面又提升了旅游服务质量和群众生活水平。国外在通过开发旅游业来保护和开发海洋文化遗址遗迹方面已经具有丰富的实践经验，聚落与旅游的内在联系日益明显，传统聚落旅游不仅在国内有很大的影响，也是国外旅游发展的一种重要现象，以传统渔村为例，主要形成了以下三种开发模式。

1. 保护驱动（Conservation-Driven）模式

这种模式的产生是因为传统村落所在地自然环境脆弱，通过资源环境保护区的建立，引入生态旅游者，从而使保护区内的传统村落旅游得到发展。Grande Riviere 是加勒比地区特立尼达岛的一个传统村落，是保护驱动旅游发展模式的典型案例。1992 年设立的旨在保护革龟的 Grande Riviere 环境意识希望（Environmental Awareness Trust）最初并不是为了发展旅游业，但受保护区驱动因素的影响，该传统村落产业结构由可可生产地转化为革龟保护区，最后成为著名的旅游地。

2. 国家发展战略驱动模式

国家为了平衡区域发展,往往制定区域整合发展的战略,通过国家发展战略带动传统村落旅游。斯洛文尼亚于1991年制定了关于农村的国家发展战略,意在整合农村地区的发展和促使村落革新,使传统村落旅游在经历了政治动荡之后得到大的提高。英国为了促进乡村小规模社区在国家范围内的旅游营销,政府旅游管理部门构建了"CVWB概念",并在符合条件的地区推广,由此带来的传统村落旅游发展形式在20世纪90年代获得成功。

3. 乡村旅游(Rural Tourism)驱动模式

"二战"后,在德国和法国的海滨地区为休闲和娱乐而产生的农场旅馆诱发了流行于欧美发达国家的乡村旅游,这种完全受市场导向的旅游形式促进了传统村落旅游的发展。日本由于多年追随欧美国家的生活,导致国家身份认同受到威胁。在日本,乡村则是历史文化宝库,被视为生活之源,国内乡村旅游被看作都市人生活"逆转的仪式",在乡村旅游背景下的日本传统村落旅游更多的是由国家身份认同驱动。此外,还有依托名胜发展的传统村落旅游,如印尼的巴厘岛传统村落。(参见下表)

表5-1　全球著名的五大渔村

渔 村	介 绍
意大利五渔村	在意大利享有"世界文化遗产"桂冠的五渔村(CinqueTerre)位于地中海的利古里亚海边,五个"与世隔绝"的小村庄——里奥马乔列(Riomaggiore)、马纳罗拉(Manarola)、克里日亚(Corniglia)、韦尔纳扎(Vernazza)、蒙特罗索(Monterosso)被勤劳勇敢的渔村人民用悬崖上架起的小路连接起来,其中最著名的当属适合情侣漫步的"爱之路"
中国香港大澳村	有"香港威尼斯"之称,大澳是香港最著名的渔村,位于香港新界大屿山西部,纵横的水道和水上棚屋形成了这里独有的水乡情怀。由于大澳远离喧嚣的市区,较少受到都市化的影响,所以仍旧保留早期香港的渔村风貌。棚屋无疑是大澳最具特色的建筑之一,大都从以往的竹枝、树皮、葵叶和铁皮改为木材及麻石建造,架在水道中林立的木桩之上,狭小的露台还没忘开出艳丽的九重葛
卡塔尔的多哈	多哈,卡塔尔的首都,因承办2022年世界杯足球赛而一举成名,这个受世界杯眷顾的城市如今俨然以国际大都市的面孔出现在世人面前,但多年前它仅仅是一个以采珠和捕鱼为主的渔村。如果现在还想要了解渔村多哈,最好的地方无疑是当地的鱼市,市场里产品的种类之丰富,让人大开眼界,各种知名的不知名的鱼儿,被整整齐齐地码在一起,而且价格便宜得令人咋舌,因此,也有不少球迷慕名来这里吃海鲜

渔　村	介　绍
越南小渔村美奈	美奈很小，一条环海公路就将它围裹其中，在十年前还是一个默默无闻的小渔村，而如今却因为有世界上绝无仅有的风大浪高而名声大噪，凭此得天独守的气候条件，小小的美奈成了世界最棒的风筝冲浪中心之一。此外，与世界上众多海滩相比，美奈称得上是"小资的慵懒天堂"，它有马尔代夫蔚蓝的海水和私密的个人空间，却没有马尔代夫那高昂的价格；它有海南蜈支洲岛椰影银滩的海景，却不像蜈支洲岛珊瑚海沙磅脚，这里的海沙细如粉末
荷兰北海渔村	宁静而美丽的荷兰北海渔村（Volendam，即沃伦丹）是艾瑟湖边一个传统的小渔村，这里以传统服装、水上运动、音乐还有鱼而著称，处处建造着红砖小屋，穿梭着身着传统服装的农夫，保有着传统的荷兰渔村风貌。大西洋的北海 Volendam，每天都有当日打捞上来的新鲜海货送到岸边的餐馆里，最有名的一道菜就是烤鲱鱼。鲱鱼烤得外焦里嫩，再把鲜柠檬挤出的汁洒在上面，吃起来别有滋味；还有一道佐菜就是大名鼎鼎的荷兰小土豆，这里不是炸成薯条吃，而是煮熟后就沾着番茄酱吃，有一股非常特殊的香甜味道，连吃好几个都觉得不解馋

在我国，实践方面也有所探索，海洋文化遗产旅游景区得到了发展。随着国家越来越重视传统村落、文化遗迹等文化遗产资源的保护，许多传统渔村、海洋文化遗迹被改造为文化旅游区，不仅创造了很高的经济价值，打造出地方海洋文化名片，也弘扬了当地海洋历史文化遗产，还反哺了海洋文化遗产保存保护工作。如青岛崂山风景名胜区就是一项成功的实践案例。崂山是中国大陆海岸线上唯一海拔超千米的高山，其风景特色是山海相连，山光海色，具有浓郁的海洋自然特色和历史文化底蕴，其山海结合部，岬角、岩礁、滩湾交错分布，形成瑰丽的山海奇观。崂山文化底蕴深厚，是我国著名道教、佛教名山，两千多年前的史书《齐记》中亦有"泰山虽云高，不如东海崂"的记载。此外，神话传说中的东海即指崂山海域，民间有"寿比南山，福如东海"之说。据说当年秦始皇为寻找长生不老药，派徐福带领五百童男童女东渡，就是从崂山始发前往日本的。青岛崂山风景名胜区的成功打造，使之成为国务院首批审定公布的国家重点风景名胜区之一，也成为我国重要的海岸山岳风景胜地。

天津大沽口炮台区也是一处重要的历史遗址，它位于塘沽区海河入海口，素有"津门海防要隘之誉"，也是北京的海防门户。清咸丰八年（1858年），为加强海防，确保京畿安全，在天津建炮台六座，分别以"威""震""海""门""高"五字为名号，另一座建在北岸石壁上。第二次鸦片战争中，大沽口与虎门同时成为我国南北两座重要的海防屏障，提督史荣椿率部坚守炮台，打沉联军军舰四艘，史称第一次大沽口保卫战。战后，清廷重新修建大沽口炮台，防务比以前更为加固，但仍然不敌八国联军的军舰炮火，1900 年再次被占领。1901 年《辛丑条约》签订后，大沽口炮台被拆除，现仅存南岸"海"字炮台。目前这里已被国务院确定为全国重点文物保护单位，又因"海门古塞"之誉被评为"津门十景"之一，并走出了一条和爱国主义教育基地相结合的模式。

二、开发原则

（一）充分发掘海洋文化遗产优势

海洋文化遗产景区要想在众多景区中脱颖而出，就必须选择载入一种最具代表性、说服力和感染力的传统海洋文化，并加以弘扬，设置具有独特性、最容易产生影响力的海洋文化遗产品牌，如广西钦州三娘湾的白海豚文化元素、浙江舟山的普陀山文化元素、广东的岭南海洋文化元素等。只有各景区形成了具有标志性的文化优势，才能对游客产生巨大的吸引力，更好地发展海洋文化旅游项目。

（二）注重海洋文化遗产的传播推广

海洋文化遗产景区在某种程度上是一个地域文化的缩影，选择优秀传统海洋文化加以宣传和传播，关系到景区可持续发展的前景。优秀传统海洋文化不仅能让人感觉到沿海人民在生产、生活中形成的感情和思想，感受到沿海地区厚重的历史文化内涵，还能带给人们精神享受和熏陶。景区文化建设的最终目的还在于传播优秀传统海洋文化，让更多的人感知海洋历史，因此要设置具有影响力和感染力的项目，推出具有观赏性、人们喜爱保存、可相互赠送的产品，从而达到广泛传播的目标

（三）注重协调性

海洋文化遗产景区建设的协调性首先体现在景区的传统海洋文化需要与景区所处的社会环境、社区环境协调一致，真实反映当地区域特色、民族特色、海洋特色和历史特色，与其他文化门类、旅游项目相映生辉、彼此促进。例如在传统渔村打造海鲜农家乐餐饮、提供捕鱼体验服务等，都比较适合当地的文化特质，同时，也要与生态文明建设相结合。如钦州三娘湾的当地村民为吸引游客，驾驶快艇追逐白海豚的现象，对白海豚的生存造成了不良影响，这种旅游项目必须予以监管和制止。

（四）打造特色

海洋文化遗产景区的开发建设要突出所处地区的自然特色、民族民俗特色和历史特色，以自身独有的风格吸引游客。各景区要分别结合各自优势发展，有了自身独特的发展点，景区管理部门也就能与之对应地做好各项规划，打造文化特色。

（五）注重市场化运作

海洋文化遗产景区建设之前，市场调查和预测是必要的准备，倾听专家论证意见，了解市场，准确把握市场需求和变化规律，才能为未来发展选好道路，然后再结合景区的特色，确定文化建设的主题和层次。要通过游客的反馈和调研，对旅游市场进行精确的预估和把握。

三、建设传统渔村旅游区

当前我国沿海渔村旅游开发和传统保存程度较低，因此要选择具有优越条件和良好潜力的传统渔村进行开发和建设，并在开发中注重文化遗产保护和资源可持续利用。

（一）古镇古村的发展阶段

梳理全球古镇古村的旅游开发与发展历程，总共经历了三代发展阶段，对应我国体现为三种不同的旅游开发模式。

1. 第一阶段：文化观光型旅游开发模式

代表：中国最早开发旅游的江南六大古镇周庄、同里、甪直、西塘、乌镇（东栅）、南浔以及黄山西递-宏村、贵州黔东南郎德上寨等。形成了两个特征：一是强调文化本身的价值而非文化的可消费性；二是旅游发展定位为地方民俗文化大看台，以其原始建筑景观和人文风貌为核心吸引物，建筑景观、博物馆、名人故居以及遗址组成主要产品，向游客展示最传统的民俗文化元素。此期的开发存在一定的不足，如过度强调文化价值，文化转化形式单一，古镇古村静态呆板"曲高和寡"，仅仅能够满足游客最基础的观光需求；古镇古村多以景区形式出现，"门票经济"现象突出，收入模式单一而游客的旅游消费单一，停留时间短，基本不过夜。

2. 第二阶段：休闲度假型旅游开发模式

在我国，以 2000 年后异军突起的乌镇西栅、丽江大研古镇、四川洛带古镇、黄龙溪古镇、贵州西江千户苗寨、厦门山重村等为代表，形成了古镇古村文化与商业主动结合的特点，古镇引入休闲商业属性的餐饮、住宿、娱乐等业态，结合古镇古村环境的"壳"，营销独特的文化休闲消费氛围，既满足游客现代物质消费的需求，同时兼顾对环境氛围的精神消费需求。这类开发模式下的古镇古村受到当前游客的欢迎和追捧，往往成为区域重要的休闲度假目的地。但一些地方文化商业创意滞后，业态类同且缺乏个性，导致古镇古村同质化问题突出；古村古镇高度商业化使得大量异地商品、文化、趋利生意人侵略式进入，驱逐本土原住民搬离，造成本地文化空心化和虚假化，古镇古村原真文化的魅力逐渐消失，进而影响古镇古村的可持续化发展。

3. 第三阶段：生活体验型旅游开发模式

此模式在国内外都出现了一些典型代表，如匈牙利的霍洛克民俗村、奥地利的哈尔斯塔特小镇、日本越后妻有、印尼巴厘岛的乌布、我国安徽的碧山村，等等。此期的特点是关注文化与旅游的有机融合、协调发展，既重视文化旅游的发展，以此作为古镇古村可持续发展的重要产业载体，同时对引入古镇古村的新业态、新要素、新产品和新人口进行筛选，控制在古镇古村的空间承载力和精神承受力范围之内，同时能够促进当地文化传承与发展。

以上不同阶段的实践经验给我们以重要的启示：一是要重视当地传统文化的传承，同时有选择性引入外来文化、创意或艺术，增加文化传承发展的生命力；二是要注入现代生活要素和时尚旅游元素，既满足现代人的物质和精神消费需求，同时不破坏当地的人文脉络和生活习惯；三是强调人与自然的和谐共生，保留传统生活方式和自然居住形态。古镇古村的旅游开发和发展，不是为迎合外来游客而改变自身气质，而是凭借与发挥自身独特气质和传统生活方式，吸引文化型企业、文艺工作者进驻和参与开发，吸引文化旅游者和文艺爱好者到访甚至长期居住，共同参与古镇古村的保护与发展。

（二）渔村旅游区功能设置

当前，国家支持传统村落的旅游开发，传统渔村旅游区的建设不仅将带来经济效益，也有利于展示沿海自然风光和人文气息，供游客欣赏、体验渔业生产生活方式,从而提升全民海洋意识和加强海洋文化遗产保护工作。中国传统渔村数量多、分布广,包含着传统民居与建造、文物古迹等物质文化遗产以及各种传统民间文化和非物质文化遗产,具有极其独特的价值,常被称为自然与人类共同的作品,人类的精神家园,传统文化的寄居地,中国人的血脉空间,中国文化的"细胞",历史的"活化石","民俗艺术的博物馆"等,具有极大的影响和重要功能。其功能区的设置有如下几个方面。

1. 历史文化功能

传统渔村体现着沿海各地的传统文化、建筑艺术和村镇空间格局,反映着村落与周边自然环境的和谐关系,是人海和谐相处的文化精髓和空间记忆,是传统海洋文化的寄居地、记载海洋历史的"活化石",具有独特的历史文化价值。

2. 科学艺术功能

传统观渔村对于科学研究的价值是多领域的,当前重点研究的学科有建筑学、设计规划、人文地理、景观生态、旅游管理等,另外在经济、历史、民俗、风土、人情、文学、艺术、哲学、人类学及社会学等领域也逐渐显现出重要的科学研究价值,而且这些不同方面的研究通常是相互穿插、彼此关联着进行的。

3. 经济社会功能

这方面的价值大多是将传统渔村看作一种文化资源、旅游资源。以上海金山嘴渔村为例,这是上海市沿海陆地最早的渔村,近年来以传统渔村为基础成立了金山嘴渔村海洋文化创意创业园,打造形成集海洋文化产品、旅游产品研发、设计、制造、交易于一体的综合性服务平台,不仅促进了当地就业,也创造了客观的经济价值,转变了地方经济发展方式。

(三)建设内容

1. 保留传统建筑、用具、风俗和技艺

村内建筑的建设、重建、翻修应尽量保留原有特色,与周边环境相协调,体现渔文化特色;保留传统渔具和生活用品,采用传统方式加工渔产品;重视保留传统节庆、祭祀、祭海等民俗活动,注重渔歌、民俗故事传说的保存和传播。

2. 可以设置渔文化体验式旅游项目

文化遗产的适当旅游开发有利于文化遗产的保护,可以设置体验式旅游项目,让游客参与捕鱼、工具制作维修等生产活动,参与祭祀、节庆等传统活动,体验渔村的衣食住行;可以设置渔歌、舞蹈等表演项目,请游客互动;可以开发贝壳鱼骨饰品、传统服饰工具、以传说为主题的工艺品等,为游客提供服务。

3.打造传统渔文化教育基地和影视基地

传统渔村对于熟悉现代化生活的人很陌生、很具吸引力,可打造教育基地,接受旅游团、夏令营、学生团体等参观学习体验,在普及海洋文化的同时创造经济收益;同时,可以建设影视基地,承接电影取景、场地建设等业务。

(四)注意问题

1.要注意避免出现渔村建设性破坏问题

基础设施建设对渔村整体风貌会造成重要的影响。传统渔村旅游开发后,除自身居民外,还需要接待大量游客,这要求当地加大对道路、餐饮住宿、服务中心、娱乐场所等基础设施建设,以满足海洋文化旅游发展需要。这些基础设施在材料选用、风格设计、位置选择等方面都会对原有景观和格局造成影响。因此,必须在满足游客旅游基本需求服务的前提下保持渔村原真性,避免基础建设带来的负面影响和破坏。

新建项目对整体景观格局也会造成程度不同的破坏。传统渔村是地方海洋文化旅游的招牌,会吸引投资商前来建设新的旅游项目,因此务必要保证布局、设计的科学合理,以新建项目增加传统渔村的整体吸引力和旅游吸引力,避免破坏传统渔村的整体美。此外,出于经营和旅游接待的需要,当地居民也会对自由建筑进行改造,但如果缺乏引导和约束,这种改造不仅会造成景观的破坏,也会影响建筑物的寿命。

开发建设对其他文化遗存也有可能造成影响和破坏。传统渔村的文化遗存,除了古民居等建筑物外,还有很多其他的文化遗存,如街道、桥梁、古树、寺庙、碑刻等,如果缺乏必要的配套保障措施和制度,将会对这些文化财产造成严重破坏。

2.要将客流量控制在环境承载能力之内

随着传统渔村的旅游开发,游客数量会不断增加。游客的频繁出入,破坏、干扰和冲击着传统渔村固有的生态与人文环境,一旦超过其承载能力,就会激发旅游与生态环境、人文环境之间的矛盾和冲突。同时,旅游产生的大量污染物的就近排放会使传统渔村的环境承载能力下降,并最终对传统渔村的生态环境产生越来越大的负面影响,如果这种影响不能控制在一定的范围之内,对整个传统渔村的保护和旅游发展都是极为不利的。

3. 要深挖传统海洋文化内涵,避免"变质"

传统渔村的生态环境及原生态文化环境都相对脆弱,在外来文化以及市场经济的冲击下常常处于弱势地位,因此要避免不合理的开发利用,以免加剧文化失衡的状况,从而造成诸多消极影响。

4. 自觉抵制传统海洋文化的庸俗化倾向

为满足游客"求新、求异、求奇"的心理需求,许多地方对传统海洋文化进行了适当的包装、改造,这是值得肯定的,但也有某些旅游开发商以现代艺术形式对传统海洋文化进行不恰当的包装和改造,使之失去了原有内涵。如把一些陈规陋俗、低级趣味的东西搬上舞台,有的开发商不懂当地海洋文化内涵和意义,生搬硬套,不伦不类,这些做法,都会导致传统海洋文化的庸俗化。

5. 保护传统海洋文化的独特性和原真性

外来游客带来了外来文化,改变了当地经济社会和自然原生环境,这不可避免地会影响传统海洋文化的真实性与地域特色。而传统海洋文化在旅游开发过程中的舞台化、艺术化、程序化,也很容易造成其原真性的丧失。同时渔村旅游开发很容易导致一些传统价值观的改变,如热情好客、忠诚朴实、重义轻利是传统价值观的主流,而当地居民可能会因旅游开发而变得唯利是图。

6. 努力保证传统海洋文化的传承

传统海洋文化的传承性是通过模仿和学习实现的,传统渔村的旅游开发有可能会扭曲或断绝传统文化的传承过程,甚至使传承断代。旅游者经济上的强势性使其带来的外来文化也具有强势性,这种强势性促使年轻一代对外来文化产生一种盲目崇拜,并由此降低对地方海洋文化的认知、认同、接受和传承。同时周边环境的变化也会影响年轻一代对传统海洋文化的看法,不利于传统海洋文化的传承。

7. 要大力保护传统海洋文化赖以生存的原生环境

在传统渔村旅游开发的过程中,为了迎合游客的需要,难免会造成较大规模的建设或者搬迁。本来,文化的变迁是正常的,我们可以通过旅游引导民族传统文化进行良性的变迁,但事物的发展往往不以人的意志为转移。现在许多地区的旅游开发,往往会对传统文化赖以存在和发展的原生环境进行改变和破坏,这加速了一些传统文化的消亡。

（五）开发模式

按照参与主体不同,传统渔村旅游景区建设可采取政府主导、政企合作、承包租赁、股份合作、社区自治等几种模式,各有内涵和特点。

1.政府主导模式

传统渔村旅游资源的公共性、旅游产业的广泛牵涉性、旅游经营管理的复杂性以及传统渔村旅游开发对当地居民的公益性,决定了政府应当在传统渔村旅游开发中发挥重要的作用。因此,政府主导成为传统渔村旅游开发中最为重要的模式之一,尤其是对具有重要价值的传统渔村和传统渔村旅游开发的初期,政府主导模式更有其特殊的作用。传统渔村旅游开发的政府主导,主要体现为观念主导、政策主导、管理主导、资金主导。

2.政企合作模式

在这种模式下,政府在旅游开发经营方面的作用降低,企业的作用进一步增强,政企合作就是在坚持政府主导的前提下,充分发挥企业的优势。政企合作有两种模式:一个是政府主导模式下的政企分开,一个是引入新的企业参与政府主导下的旅游开发经营。政企合作的一个前提是旅游区开发具有一定的基础,政企合作的一个重要驱动因素是景区发展出现瓶颈,需要大量新的资金注入。因此,政企合作是市场经济下旅游发展政府主导模式的新探索。政企合作的一个显著特点是大资本运作。因此,政企合作一般要求传统渔村的旅游资源价值较高,旅游发展空间较大。当然,这样做的一个后果就是对社区居民的利益难免有所忽视。

3.承包租赁模式

承包租赁模式是指企业以一定的代价取得景区完整的开发经营权,在遵循"政府引导、市场化运作、社会参与"等基本前提的条件下,自主开发经营。承包租赁模式能够更好地发挥市场在旅游发展上的作用,给予企业、社会和社区更多参与旅游发展的机会,调动各方面发展旅游的积极性。不过,承包租赁模式也存在明显的不足,那就是资本对利润的追求会造成对资源的过度开发,对文化遗产保护产生不利影响,对社区居民的利益也会产生一定的影响。

4.股份合作模式

股份合作模式是社区居民以资源和劳动力为资本,与投资企业按照股份制原则建立的新型企业组织形式。股份合作模式解决了传统渔村旅游开发资金不足和社区居民参与旅游开发之间的矛盾,使资源和人的劳动价值得到体现,是较小规模传统渔村旅游开发的一个有效形式。股份合作模式实行按资按劳分配,权益共享,风险共担,自负盈亏,独立核算。对于规模不是很大、社区居民参与旅游开发愿望较大的传统渔村,股份合作模式是一个好的选择。股份合作模式,既照顾到了社区居民的利益,又能够吸引投资。在股份合作模式的推行过程中,政府应当做好中间人的工作:物色投资企业、帮助社区居民与企业谈判、组织社区居民参与旅游开发、制定相关规章,开展技术和管理培训等。

5. 社区自治模式

旅游开发社区自治模式是指社区依托乡村自治组织,相互合作,独立自主地开展旅游经营活动。社区自治模式一般是在政府主导下,由村级政权负责执行,开发权集中在村委会与居民手中。旅游开发社区自治模式的特点是垂直管理和社区控制,旅游开发经营与村民的利益直接相关,极大调动了社区居民参与旅游开发经营的积极性。旅游开发的统一管理,有助于景区的建设和资源的统一调配,有利于旅游发展收益的合理分配;有利于旅游宣传和推广的统一策划和开展。开展社区旅游开发自治,能够确保旅游发展的小规模、全民参与和有控制的发展,防止大规模旅游开发带来的不利影响,确保了当地居民的利益,对于有一定经济基础的传统渔村是很有借鉴意义的。

(六)成功经验

1. 簕山古渔村

该渔村位于广西防城港市港口区企沙半岛中段东部沿海,地处钦州湾西岸,距离防城港市中心约25千米。村庄占地约400亩,村前为一片方圆数十平方千米的浅海沙滩;全村共73户290多人,村民过去的收入来源主要是养殖和捕捞沙虫、牡蛎、青蟹、文蛤、对虾等海产品。村庄树林清幽,礁石魔幻,岗楼威赫,是一个具有独特幽林、古堡、碧海以及渊远村史文化的自然村。簕山古渔村是广西现存较完整的古渔村之一,具有较深厚的历史文化底蕴,是北部湾沿海渔村历史发展变迁的一个缩影,对研究古渔村历史文化具有重要的参考价值,现为防城港市著名旅游景区。

簕山古村堡始建于明末清初,出于防范海盗、据险自保的需要,依八卦之玄理建筑成方形,一圈围墙,高丈许,东西南北四个大门,四个岗楼,据高扼守。现仅存东门岗楼,岗楼是一座占地约 30 平方米两层的小砖楼,岗楼青砖厚重。村内四条街巷,青砖古墙,曲折回旋,内有"生路"与"死路"之别,不熟悉的能进不能出。现在,围墙已毁,残壁养草,短砖狼藉,但围墙大概走向尚可辨认。村中的一座大古宅厅堂,瓦面崩摧,青砖古墙,苔迹斑斑,堂里有副对子,"柱史家声远,青莲世泽长",历代名人辈出,官员代代相传。明朝时出过状元李杏新(簕山村第四代人),历代五至八品官员数十名,国民政府时期,其后代李孚曾任参政员副院长、台湾边界总指挥等要职。如今只有大门两个凿有双金线图案的红沙石门墩,在默默地尽其职守,追忆当年的威赫与尊严。

除了上述海洋人文资源外,簕山古渔村内还保存着一片古树参天的滨海原生态森林。林中有上千年的银叶榕、古榕树、车辕树等品种繁多的奇树。银叶榕在全国目前仅存 51 棵,而如此珍贵稀有的物种在簕山村就有 5 棵,其中最老的已有 1 400 多年。村民特地建了防浪堤来保护这些古树。林内古榕奇异攀生,姿态各异。海边一棵曾被台风刮倒并连根拔起的古榕树,凭借顽强的生命力,在风桑巨变中发新根、抽新枝,形态别致,姿如蛟龙。林内保存良好的一大片车辕树气势磅礴,直耸云天。古树在台风来时不仅能抵御狂风巨浪,亦能沉积沙石,福泽世世代代的簕山村民。

滨海风景线也是海洋自然风光资源,这里的海岸礁石奇特,受海浪日久侵袭而姿态各异,形成簕山一道自然风景线,观赏价值高。海湾与钦州三娘湾隔海相望,因海湾无污染,亦有海豚出现。

海鲜是簕山古渔村的特色美食。这里盛产沙虫、牡蛎、青蟹、文蛤等海产品。最受人赞许的莫过于簕山沙虫,此地沙虫味美香甜,鲜嫩爽口,为北部湾一绝。

簕山古渔村因海而生,傍海而居,当地人因海而得福,所以对海洋抱以畏惧之心、感恩之心、企盼之心。正是这种纯朴的情绪,使人们面对海洋,产生了膜拜、祭祀的情感和行为,民间自发的祈求平安的祭海活动,使得海洋文化与宗教相结合,形成海洋宗教文化。改革开放后,古老的祭海活动注入了崭新的时代内涵,除祈求平安、丰收之外,更增添了保护海洋、人海共荣的主题。

簕山古渔村旅游资源特色鲜明,生态环境优美,该村充分利用了上述海洋文化遗产资源,积极转变村民传统的以耕海捕鱼为主的生产生活方式,以旅游为主、捕捞为辅;根据本地特色,卖土特产,卖生态资源、旅游资源,抓住当前的旅游旺季,完善景区配套服务,做好宣传、做好接待、做好经营、做好服务,吸引更多的游客,促进本村的经济发展,增加了村民的收入,同时带动了周边村屯的发展。要树立乡风文明,村民要加强学习,提高素质,热情待客,文明经营,保持村容村貌整洁,给外来游客提供一个干净整洁的旅游环境。

在渔村的打造过程中,村委会的作用极为重要。古渔村要发挥村委会的作用,创新管理模式,民主决策,学会与群众商量办事,共同解决问题,增强老百姓的凝聚力。村委会还要进一步做好古村的整体规划,统一房屋建设风格,利用每年的旅游淡季继续投入建设,通过两到三年的时间完善和提升,把籁山打造成最具滨海风情的古渔村。

2. 石浦中国渔村景区

石浦的中国渔村位于浙江宁波象山石浦,一期工程称为"阳光海岸景区",是中国东海岸最大的原生态海滨。该景区是以"渔文化民俗游"及"海滨海洋休闲度假"为主题而打造的大型休闲滨海旅游胜地,是一个集旅游、休闲、度假、人居为一体的海上新天地,有"国家 AAAA 级旅游景区""浙江省十大避暑休闲胜地""浙江省五十大优秀景区""宁波市十佳诚信旅游景区""国际滨海汽车露营基地"等荣誉称号。

中国渔村由主题公园、渔文化民俗街、宋皇城沙滩、旅居结合的欧美风情小镇以及石浦渔港、石浦古街、海上乐园、檀头山、渔山岛、渔人码头等组成。依据石浦海洋旅游资源和全国渔文化资源,充分吸收世界各著名海滨旅游区的成功经验,注入先进的环保意识和规划理念,打造系列旅游精品,力争全方位展示"渔文化民俗游"主题和"海滨海洋游"休闲旅游特色,为国内最具特色、规模最大的海洋文化休闲城。

中国渔村是国内最大的综合性海洋文化旅游项目,游客既可参观中国渔村主题公园的建筑、街景、自然风光、民俗活动等项目,亦可进入沙滩运动区和海上运动区,参加刺激、欢快的项目,过把瘾后到冲淋房梳洗,继而享受美味的晚餐。之后或去 KTV,或烧烤,或开 PATY,或在沙滩上情侣漫步。

（七）案例策划参考

策划对象之一:青岛市青山村

1. 策划基础

青山村厚重的海洋文化遗产资源、优美的海洋自然资源、已有的现代休闲农业以及成功的实践,构成了策划的基础。

（1）人文历史和海洋自然资源。青山村历史记载,其是于明万历年间大移民时形成的自然村落,具有600多年历史,民风朴实,传统景观和民俗传统保留较好;村庄现有人口2 560余人,共865户。下设16个居民小组,从业人员1 600余人,其中65%的人员从事与旅游有关的第三产业。现有耕地974亩,山林6 000余亩,茶叶300亩,村庄占地面积1 600余亩,海岸线长7.2千米;该村有试金湾、晒钱石、八仙墩等知名景观和出海祭祀的庙宇、祠堂、古迹遗址10余处;该村2012年被评为中国首批"国家级传统村落"。青山村村落依山傍海,环境优美,村民集中住在紧临垭口的东北部海滨山坡上,多为红瓦覆顶的二层传统石质建筑小楼,建筑选材因地制宜。"乡土"是居住景观的一大特征,突出表现在运用当地天然石材,形成了简洁素雅、朴素和谐的民居"乡土"气息。村落内有一个颇具规模的码头,长约200米,百余条渔船停靠在港湾内;东侧背依"黄山头",南临"三亩顶",两山之间形成一个天然港湾,面积约1平方千米,湾南修建的防浪坝已有百余年历史,方便了村落村民垂钓、捕捞、补网等渔家生活,形成了人与自然环境和谐统一的状况。蓝天碧海,青山相映成趣,青山、梯田、茶园、村落、渔港、海湾、海洋、海岛相互映衬,共同形成了一道层次分明、错落有致的优美渔村风景,构成了一副壮丽的山、海、天画卷。

（2）休闲农业产业特色——渔家乐。"吃渔家宴,住渔家院",体验渔村特色文化,感受渔村民俗风情。来到此村,可观东海日出、赏花、赏石、赏海洋岩石壁画、观东崂画卷;与茶农互动采茶、炒茶、品茶;还可与渔民一起体验海上捕捞、海上垂钓等休闲渔业,参与干、鲜海产品的收获和加工。

（3）发展思路和实践成果。推动青山特色渔村最有魅力休闲乡村的建设和发展的基本,是将优化旅游资源、促进地方经济、改善发展民生三者有机结合起来,提升"东海崂山"旅游观光文化及青山特色渔村民俗文化,推动旅游品牌出精品,提高服务质量,增加村庄村民的经济收入,使村庄和谐、有序、健康地发展。当前的实践已经取得了成效,该村依托独特的地理位置和自然资源,在保护风景名胜的前提下优化调整产业结构,大力发展蓝色经济,先后由区、街道两级投资2 000余万元,对村庄的旅游基础设施——石牌坊、旅游进村路、停车场、1 400平方米门头房、旅游码头、500余米的仿古"渔村特色一条街"等进行了投入建设。青山特色渔村在2012年度被评为中国首批"国家级传统村落"。

以上项目的建设和落实直接带动了村庄村民发展的积极性,目前已有百余户村民加入了"渔家宴""渔家客栈"的经营,形成了规模效益,带动了当地农业特色产品的生产和发展,对村内的集体闲置房屋加大招商力度,招商引资了1 800余万元进行了民俗文化风格装饰装修,解决了游客来渔村"吃、住、游、购、娱"的问题,为青山特色渔村成为环境优美、生态文明、传统民俗风味浓厚、充满活力的"中国最有魅力休闲乡村"奠定了基础。

2. 策划内容

通过如下的策划,旨在在对原有开发成果的基础上继续创新,打造古渔村的升级版。

(1)建设青山村酒店、餐厅和海滩餐饮休闲区。设计多家餐厅、酒店、饭店、大排档等,规模适中,以新鲜海产为主要特色,环境特点要与海滩环境、渔村风貌相契合;同时,沙滩游玩是渔村旅游中必不可少的项目,可以设立主题餐厅、休闲茶餐厅、咖啡吧、酒吧间等,提供西式茶点、饮料、啤酒等,供人游玩之余休憩座谈。

(2)建设青山村渔村风情酒店、旅馆。青山村旅游景点较多,可以设计丰富的旅游项目,因此必须建设主题酒店留住客源,可以建设青山村渔村风情酒店,按照渔村体验、夜赏海景等主题建设不同风格的房间;也可以发展家庭旅馆,保留渔家原汁原味的生活方式,更好地满足人们体验式的旅游需求。

(3)建设涉及青山岛渔民生产生活体验项目。吸引游客参与青山村渔民的生产生活,如随船捕鱼,学习海产品养殖和海产品加工,加工烹饪海鲜,既增加了趣味性和互动性,也带来经济收入。

(4)建设高端渔村养生中心。依靠渔村无污染、原生态的健康环境,设立高端养生保健中心,供游客旅游休闲之余修复机体,供应渔村特产的新鲜水果、鱼鲜等,放慢生活脚步,体验渔村养生之道。

(5)建设特色纪念品商贸区。集聚有山东海洋特色和青山岛渔村特色的创意产品,配合酒店区域与餐饮服务区域,设立创意产品的商贸区,供游客娱乐。也可以提供贝壳、卵石等原材料,让游客自己加工个性化纪念品。

(6)建设海洋传统文艺表演区。可以在渔村周边或沙滩等开阔地搭建木质、竹制舞台,风格以简单为主,邀请当地的文艺团体或非物质文化遗产传承人进行表演,一方面宣传了传统海洋文艺成果,给游客以享受,同时也提高了非物质文化遗产传承人和艺术家的经济收入,解决了他们后顾之忧,让他们以更大的热情投身于海洋文艺创作和海洋非物质文化遗产传承的工作中去。

策划对象之二:福建泉州石狮市祥芝镇古浮村

1. 策划基础

该村的海洋历史人文资源与海港绝佳的地理位置、美丽海景相结合,形成了自己的资源特色,并成为策划的重要基础。

(1)人文资源。古浮村历史悠久,具有深厚文化底蕴。据灵海庙碑铭记载,明朝洪武二十五年(1392年),海边漂浮有一根巨木,渔民拾回一看,巨木镶一暗盒,藏有一张书写"杨府大使"字样的黄纸。村民遂以该木雕神像建成"灵海庙"以奉祀。自此以后,该村人丁大旺,故称"古浮",即取"古之神木飘浮而至,庇佑一方"之意也。

(2)海港地理资源。古浮村村居聚落依东山坡,面西临海呈块状布列,北面海中有大山屿、顶屿、下屿等岛礁,西面是呈半环状的古浮港。这是一个天然避风良港,有"澳贯东南廿四垵"之称。每当台风来临之前,石狮沿海的船只都要来此避风,港内可停泊千吨以下船舶300余艘。

2. 策划内容

(1)建设古浮建设游艇码头。古浮港口调教良好,可定位游艇码头发展,进一步提升旅游形象,要加强公共游艇码头建设,促进旅游和游艇相关产业发展,统一规划布局游艇码头。同时,要保护和有效利用岸线资源,避免重复建设和资源浪费。要打造好综合服务基地和基础设施,为发展游艇旅游奠定坚实的基础。

(2)打造大山屿白鹭栖息地景区。大山屿是白鹭聚集区,紧邻古浮村周边,可以在大山屿建设观景廊、观鸟塔,配备望远镜、闭路电视及鸟类辨识指南等设施,可以让访客尽情欣赏鸟相百态。观鸟塔的建立可以吸引更多的游客和科研专家来此观鸟研究,观景廊也可以作为观赏海岛风光的最佳地。

(3)发展大坠岛旅游项目。大坠岛曾作为英国人运输鸦片的中转站,一度为废岛,大坠岛生态环境、自然景观、自然资源、地形、地貌未受大的破坏。植被茂密,绿色林区连绵成片,沿海观光道两侧的铁树、棕榈树、针葵,毗连一片天然的沙滩,长约300米,沙滩洁净、柔软,岛上到处可见奇石异岩。其中有一块"泪

"岩石"甚是怪异,在石头缝隙之间常年都有水流渗出,水质清澈甘甜,无任何污染。可以发展大坠岛旅游,提供帐篷灯露营物品,吸引游客前来露营,同时在岛上开设餐饮服务项目。

（4）建设"渔家乐"海鲜大排档:在靠近旅游区或游客住宿区的地方,划出专门区域,建设"渔家乐"海鲜大排档,各档口统一设计、统一规划,做好水电气引入、环境绿化、内部装修以及宣传招商工作,保持景观一致性,餐饮以当地海鲜、水产品为主,日常加强监管,配备环卫工人和保洁设施,保持环境整洁卫生。

四、建设海洋遗址遗迹旅游景区

中国是海洋文明古国,有着悠久的海洋历史文化,留下了大量海洋历史人文遗迹,无论在数量和等级上都为发展海洋文化遗产旅游提供了极好的资源条件,具有向国内外旅游者传递中国历史传统文化的巨大潜能。但同时,与真实历史相比,海洋遗迹的可感知性、可理解性和体验性不强,直接影响到中华民族海洋文化的传播,因此,可以通过探索建设海洋遗址遗迹旅游景区,如建设海洋遗址遗迹公园等,真实再现海洋历史文明,恢复海洋文化遗产的原真信息,传播海洋文化人文精神,促进海洋文化遗产保护和文化旅游的和谐共生,从而实现共赢。

（一）基本知识

海洋遗址遗迹是古代人类在海洋生产生活实践过程中遗留下的建筑废墟遗迹以及在改造海洋自然环境后遗留下来的痕迹。大多遗址的特点表现为不完整的残存物,局限在一定的区域范围,很多历史遗址甚至深埋在地表以下。埋藏地下的遗址的发现多与人类活动有关,如农业生产、建筑工地施工等,往往通过考古和探险才得以发现。古代城市、古代建筑遗址多为残垣断壁,各种生活用品表现为不残破和不完整,但可以通过考古和人类学研究寻找人类生活轨迹。很多遗址属于战争、灾难之后的遗存。遗迹在考古学、历史研究上扮演着重要的角色,为人们了解古代人类生活的部分面貌提供了帮助。根据文化遗址的基本概念和海洋文化遗址自身属性,海洋文化遗址可按照建筑类别分为渔村遗迹、宗教遗迹、交通遗迹、墓葬遗迹、海底遗迹、海战遗址等。

（二）处理好关系

海洋遗址遗迹属于海洋文化遗产,具有较高的历史人文价值。遗址遗迹的保护区可开发为旅游景区,将海洋遗迹的考古价值转化为鲜明的主题形象、特色的旅游产品,从而形成旅游核心吸引力,实现以旅游开发为主导的区域综合开发。海洋遗迹旅游景区是海洋文化遗产(遗址)保护和开发的新思路、新思想,是海洋历史人文遗址保护和旅游利用有机结合的新业态,只有科学处理好海洋文化遗产保护和旅游开发利用过程中的关系,才能产生积极的社会效益和经济效益。在建设景区过程中要处理好以下两组关系。

1. 处理好海洋文化遗产保护和旅游发展的关系

要正确处理保护、利用与发展的关系,多角度挖掘遗产地的旅游价值。对于那些保存完好的遗产资源,我们要绝对保护。但是对于资源赋存状况不理想的遗产资源,旅游开发也是一种理想的保护方式。遗产资源赋存状况的差异直接导致旅游开发程度的差异,遗产保存状况越差,旅游开发的自有度就越大。对于那些仅留遗址或仅有历史记载的,采取一种"借尸还魂"式的旅游开发,构建遗址主题公园,更是一种遗产保护的理想措施。

2. 处理好遗产原真性和体验原真性的关系

"原真性"概念经历了"客观主义—建构主义—后现代主义—存在主义"的发展过程。文化遗产原真性是一种本体意义上的原真性,强调客体的真实。体验原真性是从旅游者体验的角度,强调游客对原真性的感知,这是旅游活动的本质要求,可以满足游客"求知"和"求真"的需求。海洋遗址旅游景区的建设应以旅游者体验为核心,以独特的海洋文化遗产文化为线索,以海洋文化遗存为支撑,依托丰富的体验载体的展现,增强旅游活动的易感知性和可理解性,从而强化旅游者对遗产文化的体验,给旅游者一个跨越时间与空间对话遗产文化的原真体验。围绕原真性,努力做好遗产的保护、展示和解说工作,是实现遗产本体价值和社会价值统一的重要途径。

(三)设计要素

1. 提炼海洋主题,设置生动情境

海洋文化遗迹有很多种,如沿海民居、村落、寺庙、作坊等,不同海洋遗址遗迹反映了不同的人文历史背景,因此要设置符合地方历史、具有吸引力和感召力的主题,根据其历史背景、地方特色设置引人入胜的情境。好的主题源自对地方海洋历史文化的准确把握和综合分析,由此构造的情境规划主线,能够使得游客在旅游过程中获得难忘的体验。

2. 模拟历史情境，动态再现场景

大多数海洋遗址由于历史久远，地面建筑甚至已完全损毁或不存在，这需要在还原历史的基础上运用情境规划手法，紧密围绕旅游主题，还原和提升历史场景；同时，游客已经越来越不满足静态空间和情境，而应采用多种技术手段，模拟和创新动态场景，更好地弘扬地方特色的海洋历史文化。

3. 创新项目设计，注重商品的创意和销售

海洋遗址旅游景区在整体空间结构和历史场景上，需要更多体验性项目和标志性景观作为支撑，这些支撑或真实存在，或存在于史料中，应从增强体验性的角度出发，需要统一规划和设计。同时，要科学开发设计旅游商品，注重创意、特色和个性化，注重打造和形成产业链，使得场景体验和旅游商品相辅相成。

（四）功能和意义

1. 建设海洋遗址遗迹旅游景区有利于打造传统海洋文化传承的现实环境

海洋文化遗址遗迹蕴含丰富的历史文化特点，囊括着博大精深的中华海洋文明、伦理道德和顽强不屈的海洋人文精神和传统习惯，是中华先民海洋生产生活的延续，承载着中华民族面对海洋时特有的价值取向和基本认识标准。建设海洋遗址遗迹旅游景区有利于提供保护海洋群众的基本文化习性与民族精神的传承环境，推进海洋文化传承向健康方向发展，逐步改善海洋遗址遗迹保护的现实环境。

2. 建设海洋遗址遗迹旅游景区是落实科学发展观的具体表现

海洋文化遗址遗迹存在与开发利用的意义是十分明显的。在建立社会主义市场经济体制的条件与环境下，如何实现传统海洋文化保护与沿海地区国民经济社会发展相协调，是贯彻落实科学发展观的现实要求和重要组成部分。海洋文化遗址遗迹是文化建设的重要载体，要实现沿海地区经济与社会、自然与人类的和谐发展，就必须通过对海洋文化遗址遗迹的研究认识，不断推进其重要性和保护意义的宣传，增进共识，提高海洋文化遗址遗迹在国民经济发展过程中的影响作用，使人们从中汲取营养，在保护中学习、体会和感悟，激发人们热爱、保护、利用海洋文化遗址遗迹的积极性和主动性，进而促进沿海区域经济社会健康持续发展。

3. 建设海洋遗址遗迹旅游景区是发展海洋文化旅游产业的重要内容

我国海洋文化遗产资源丰富，具有得天独厚的资源优势，建设海洋遗址遗

迹旅游景区、发展海洋文化遗产旅游产业并不是梦想,而是具有操作性和可行性。海洋文化旅游产业发展与海洋文化遗址遗迹保护二者之间是相辅相成、相互促进、相互完善的统一体。发展旅游可以促进传统文化保护,也必须依赖于传统文化保护。探古求知是人们共同的心理需要,而海洋文化遗址遗迹的开发利用正好能够满足人们的这一需求。海洋文化遗址遗迹作为一项重要的旅游资源,是不可再生的,保护利用好它,使其尽量完好无损地展现在游客面前,以获取最大限度的经济效益,从而推动海洋文化旅游产业的发展。

4. 建设海洋遗址遗迹旅游景区是沿海城市文化遗产保护的财源储备

发展海洋文化遗产旅游可以解决遗址遗迹保护经费不足的问题。我国海洋文化古迹众多,而政府财力有限,由于缺乏经费许多海洋文化遗址遗迹因缺乏维修与保护而遭毁灭。因此,建设海洋遗址遗迹旅游景区、发展海洋文化遗产旅游业可以在一定程度上解决文物保护单位经费不足的问题。这无论对国家还是对集体和群众来说都是一件有益的事情。所以,只有坚持通过多种形式和多个层次的财力投入和努力保护,才可以更好地抢救和保护海洋文化遗址遗迹,进而实现适度开发,使之产生长远的经济效益。

5. 建设海洋遗址遗迹旅游景区有利于推进社会和谐的精神动力

保护海洋文化遗址遗迹,实施本体保护和周边环境的综合整治,最大限度地保护其原始风貌,以及通过技术水平与保护手段的结合,使海洋遗址遗迹本体与自然环境相适应,与周边群众的生产生活相适应,推进人文环境的改善,这与沿海地区各级政府与企业、群众以及文物保护单位利益相一致,真正做到把保护放在开发利用之前,把教育功能放在认识发展之中,使这些海洋遗址遗迹既能得到有效的保护,又能促进教育和科学研究以及精神文明建设和社会发展的作用。

(五)建设内容

1. 建设爱国主义教育基地

立足古炮台遗址,发掘历史,着眼未来,打造爱国主义宣传教育基地。在原址附近复制原件,在新旧对比下体会沧桑历史。建立展馆,重点以档案、资料、实物、图版展览为主要教育形式,展示海防战争相关的历史知识,内容以著名海战、重大事件、海战将领、船舰武器等为主,可以承接国防等专题展览项目,聘请专业人士,讲授海防、海战相关知识。在节假日等节点集中承接旅游团、夏令营等团体,组织开展讲座。可以邀请老将军、老战士等参加,更好地开展爱国主义教育,可以与周边学校合作开展征稿征文、专题历史讲座、知识竞赛等活动。广泛展开宣传,通过网上展览、史料编研、广播电视宣讲、展出活动等,积极开展多种形式的宣传教育活动,并取得较好的教育效果。还可以开发海战旅游纪念品等。

2.设置海防主题旅游航线

赋予单纯的赏景以海防、爱国等主题,实现学习爱国主义精神、接受革命传统教育和振奋精神、放松身心、增加阅历相结合,把爱国主义教育与促进旅游产业发展结合起来。要科学设置航线,兼顾优美风景和重要历史事件发生地,请专业人士介绍沿线发生的海战,讲解历史知识。海防主题旅游航线的打造要有学习性,以旅游为手段学习山东乃至中国海防历史,学习和旅游互为表里,应营造出自我启发的教育氛围,达到"游中学、学中游"、寓教于游、润心无声的境界;要注意故事性,以事说理,以人说史,讲述生动的历史典故,贴近游客,产生亲和力,从而起到更好的宣传教育效果。

(六)案例策划

策划对象:烟台东炮台海滨风景区。

1.策划基础

烟台东炮台海滨风景区位于滨海北路,因一座保存完好的清末炮台而得名,现为省级文物保护单位,是集滨海风光古迹遗址、生态旅游、国防教育为一体的大型综合性滨海旅游景区。东炮台为清末所建,正面拱门上方为清末著名新派人物马建忠的题额"表海风雄"。景区景观优美,被世界旅游组织誉为"可与地中海沿岸相媲美的海域"。景区内拥有良好的旅游资源,有面积多达600平方米的展室,展出栩栩如生的人物铜像、最近出土的文物、历史照片以及首次面向社会展出的珍贵文献。古炮台不但可供人们观赏,同时也是烟台的近代历史教育和爱国主义教育基地。景区拥有两艘长达21米的豪华观光游船,有月亮湾、"环太平洋"公园、栈道等景观。

2.策划内容

烟台东炮台海滨风景区具有发展爱国主义教育的良好基础,可以成为炮台景区建设的成功典范,建议从以下几个方面进一步完善,打造遗产保护区。

(1)立足现有展室设施和展陈基础开展相关活动。由被动接待转变为主动推介,加强与各单位、学校、团体的联系,提高面向社会团体单位和夏令营团队参观的接待能力,在国庆等重要节点或节假日等时间,开展专题讲座和集中教育活动;和周边媒体、学校合作,开展征稿征文、专题历史讲座、知识竞赛等活动。

（2）开展多种形式的对外宣传教育。通过网上展览、史料编研、广播电视宣讲、展出活动等,开展宣教活动,并取得较好的教育效果,这期间可以向企业拉赞助,支持活动举办。

（3）开发特色海战旅游纪念品。如炮台模型、读本、宣传册等。

（4）对观光游船航线进行包装设计。烟台东炮台海滨旅游区之所以吸引人,很大程度在于其背后蕴含的历史文化,因此航线设定不能仅局限于美景,同时要赋予其文化内涵,将美丽风光、历史事件、爱国情怀串联起来。

第二节　规划并创建海洋生态文化保护区

一、理论基础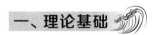

自然保护区是对有代表性的自然生态系统、珍稀濒危野生动植物物种和遗传资源的天然集中分布区、有特殊意义的自然遗迹等保护对象所在的陆地、陆地水体或者海域,依法划出一定面积的区域予以特殊保护和管理,并赋予其旅游观赏功能。文化生态保护区是指在一个特定的区域中,通过采取有效的保护措施,修复一个非物质文化遗产(口头传统和表述,包括作为非物质文化遗产媒介的语言,表演艺术,社会风俗、礼仪、节庆,有关自然界和宇宙的知识和实践,传统的手工艺技能等以及与上述传统文化表现形式相关的文化空间)和与之相关的物质文化遗产(不可移动文物、可移动文物、历史文化街区和村镇等)互相依存,与人们的生活生产紧密相关,并与自然环境、经济环境、社会环境和谐共处的生态环境。

当前,我国已建有15个国家级文化生态保护区,其中海洋渔文化(象山)生态保护实验区具有鲜明的海洋特色和海洋文化内涵。划定海洋文化生态保护区,就是将民族民间海洋文化遗产原状地保存在其所属的区域及环境中,使之成为"活文化",是保护文化生态的一种有效方式。按照这个思路,我们可以在海洋文化遗址(物质文化遗产所在地、重大历史事件发生地和纪念地、非物质文化遗产传承聚集地等)周边开辟一定面积的区域予以特殊保护和管理,对这个区域内资源的旅游开发进行严格监管,避免资源开发超出资源承载力。要做到这一点,就必须注重旅游区经营形式和资源开发利用方式,坚持走可持续发展道路。

二、创建基本思路与发展模式

改革开放 30 年多年来,我国取得了高速发展,"文化""生态""保护"逐渐成为最热门的词语。进入新世纪,我国非物质文化遗产保护工作大力开展并纵深发展,"文化生态保护"逐渐受到重视,被纳入国家"十一五"和"十二五"规划纲要中,国家规划中明确提出了"确定十个国家级文化生态保护区"的目标,对全国各地的文化建设和文化遗产保护单位产生了很大的影响。近年来,许多地区掀起了争建本省文化生态保护区和申报国家级文化生态保护区的热潮,形成了如下思路与模式。

(一)闽南文化生态保护实验区

该保护区所在的泉州、漳州、厦门三地,是闽台同胞的主要祖籍地,也是闽南文化的原生发祥地和固有保护地。闽台文化一脉相承、相互交融,你中有我、我中有你,福建省数百项非物质文化遗产项目中,有接近半数与我国台湾地区有着紧密关系,有许多至今仍在台湾地区广为传播。其中在闽南一带盛行的梨园戏与闽中地区的莆仙戏,素有"宋元古南戏遗响"的美称,弥足珍贵,在台湾地区也拥有大量的观众。歌仔戏既是福建的五大地方剧种之一,也是台湾地区的主要地方剧种,它发端于闽南,成形于台湾,返流入闽南,至今盛行两岸,成为闽台文化同根、同源的鲜活见证。闽南文化至今仍然展示着其多样而独特的风貌,方言中保留了古汉语的音韵词汇;艺术方面有唐宋音乐遗响南音、宋元戏曲活化石梨园戏、傀儡戏等;工艺建筑有造船、制瓷、制茶、手工艺以及闽南民居、寺庙等。

该保护试验区成立后,举办了一大批两岸文化交流活动,如闽台对渡文化节、海峡两岸保生慈济文化节、海峡两岸民间文化艺术节、海峡两岸三平祖师文化旅游节、漳台族谱对接和民俗展览等,既是对文化遗产的保护,也展示了闽南文化生态保护,对促进两岸同胞深层次的文化交流、文化认同,增强中华文化的凝聚力,维护祖国的和平和民族的共同利益,具有其他地域文化不可替代的意义和作用。

保护实验区内众多原生态的非物质文化遗产和一大批国家重点文物保护单位等物质文化遗产相互依存,与人们的生产生活融为一体,充分展示了闽南文化的多样性、完整性和独特性,使大量活态传承的遗产得以原形态地保存在其所属区域环境中,使之成为"活态文化",这标志着我国的文化遗产保护已经进入整体活态保护的新阶段。

(二)徽州文化生态保护实验区

这是我国第二个文化生态保护试验区,范围包括安徽黄山市现属的三区四县、宣城市的绩溪县、江西省上饶市婺源县。区内古代徽州的"一府六县"是徽商的祖籍地和徽州文化的发祥地。建设徽州文化生态保护区,有利于更好地保护徽州文化遗产和从地域文化中深入挖掘中华民族文化的精华,激活传统文化的生命力。徽州文化底蕴深厚,它的全面崛起始于北宋后期,明清两代达到鼎盛时期。作为一种极富特色的徽州区域文化,被学界确证在全国独领风骚约800年之久。

徽州文化内涵丰富,在各个层面、各个领域都形成了独特的流派和风格,包括新安理学、徽派朴学、新安医学、新安画派、徽派版画、徽派篆刻、徽剧、徽商、徽派建筑、徽菜、徽州茶道、徽州方言等。安徽省《徽州文化生态保护区规划纲要》通过了专家评审论证,标志着徽州文化遗产保护工作进入一个整体、动态保护的新阶段;通过采取有效的保护措施,将会建成一个物质文化遗产和非物质文化遗产相互依存,并与人们的生产生活密切相关,与自然环境、经济环境、社会环境和谐共处、协调发展的文化生态区域。

徽州文化历来被认为是我国地域特色鲜明的文化之一,无论在器物文化、制度文化还是精神文化层面,都有着深厚的底蕴和杰出的创造。但是,徽州地区的文化生态环境遭受过"文革"历史的劫难、受到近年经济高速发展和城镇化建设的影响,也遭到了不同程度的破坏。因此,徽州文化生态保护区的建设坚持以"保护为主、抢救第一、合理利用、加强管理、传承发展"为基本方针,特别要把文化遗产保护的社会效益放在第一位,强力实施文化遗产保护项目,物质与非物质文化遗产普查、认定,完善基础设施,全面挖掘整理并重现徽州特有的民俗文化活动和深入拓展海内外文化交流,使文化遗产在良好的环境中得到保护和传承。应牢牢掌握并尊重徽州文化独具的发展规律,保护非物质文化遗产的真实性、完整性和多样性,充分发挥文化遗产在传承弘扬中华民族精神,增强民族凝聚力方面的重要作用。

(三)热贡文化生态保护实验区

我国第三个国家级文化生态保护实验区——青海热贡文化生态保护实验区的正式设立,标志着由热贡艺术、同仁古城、热贡六月会、於菟以及藏戏等文化形态构成的热贡文化进入了整体性保护的轨道。青海省黄南藏族自治州同仁县的隆务河流域即热贡地区,走出了大批从事民间佛教绘塑艺术的艺人,足迹遍及青海、西藏、甘肃、内蒙古等地,从艺人员之多、技艺之精妙,都是其他地区少见的。

同仁地区在藏语中被称为"热贡",因此这些艺术也被统称为"热贡艺术",至今已有 500 年的历史。热贡艺术融合了汉、藏、土、回、蒙古、撒拉等民族的优秀传统文化,形成了独特的文化形态。其中,唐卡、雕塑、堆绣、剪纸、壁画、藏戏等项目具有悠久历史和文化艺术价值。热贡地区的土族於菟、黄南藏戏、热贡艺术、热贡六月会、泽库和日寺石刻技艺等项目入选国务院公布的国家级非物质文化遗产名录。这些热贡文化中具有代表性的文化表现形式,已与生于青海高原、长于黄河流域的热贡人民的农牧生活密不可分,从而形成了热贡地区独特的文化生态。

设立热贡文化生态保护实验区,对于弘扬民族优秀传统文化,增进民族团结,维护社会稳定,促进区域内的经济社会协调发展和推动社会主义和谐社会建设,具有重要意义,也是保持文化多样性、文化生态空间完整性、文化资源丰富性、抢救保护传承民族优秀文化的重要手段,青海省遵循"保护为主,抢救第一,合理利用,传承发展"的方针,积极探索传承有序、保障有力、可持续发展的文化生态保护机制,为地方民族经济和社会进步作贡献。

(四)羌族文化生态保护区

根据专家的论证和建议,羌族文化生态保护区包括羌族主要聚居区茂县、汶川、理县、北川羌族自治县,以及毗邻的松潘县、平武县、黑水县,陕西省宁强县、略阳县在内。保护区坚持以抢救、保护、重建、利用、发展为基本原则,同时将羌族文化代表性传承人、特有的人文环境、自然生态、建筑、民俗、服饰、文学、艺术、语言、传统工艺以及相关实物、文字、图片、音像资料等作为重要保护内容。保护区实施的保护特别突出羌族地区的重点和特点,如汶川的释比文化、羌绣、黄泥雕,北川的大禹文化,理县的石雕民居建筑、蒲溪羌族语言、服饰、生活习俗等。

《羌族文化生态保护区初步重建方案》中明确规定,保护区重建要打破行政区划界限和不同的地区习俗界限,整合羌区的羌文化和非物质文化遗产资源,保持羌族原有的建筑风貌、民风民俗、祭祀礼仪,体现羌族文化的原生态环境和地质结构特点。在灾后总体重建方案中,体现出对羌族的民族文化特质和象征符号的充分运用;把家园的恢复重建与羌族文化保护、传承、抢救和重建有机地结合起来,同时将方案向社会公布,择优选用。重建方案突出强调对羌文化原生态的保护。在建设过程中,注意利用现代数字化技术手段,抓好羌族文化资料的抢救和保存;做好羌族文化数据库建设以及羌族数字文化空间的建设;充分关注环境,大力营造浓郁的羌文化氛围。在保护的同时注重建立羌族地区文化旅游特色产业集群,形成灾区恢复重建新的增长点。

三、启示和借鉴

以上四个文化生态保护实验区建立的思路应该说各有特色,申报省区对这四个区域范围内"文化生态"的概念、定义及其历史与现状,有着比较清晰而全面的认识,并能作出准确的评估和定位,也因此初步确定了不同的文化保护区创建模式,为建设海洋文化生态保护区提供了重要经验借鉴。因此,海洋文化生态保护区创建过程中应当体现以下思路。

(一)充分认清"文化生态"的概念

文化生态大体上指的是多样性的以原真性活态传承为主的文化综合整体,是众多文化遗产为主的文化整体。那么,海洋文化生态保护区是指海洋文化(主要是活态文化)资源丰富,保存相对完整,具有鲜明的特色,经过科学规划和论证而划定的多样性文化环境的区域。海洋文化生态保护区不仅保护文化形态自身,也要保护其赖以存在发展的自然环境,那些自然生态遭到严重破坏、海洋文物遭到严重损毁、海洋非物质文化遗产资源消失殆尽的地区,是无法建设生态保护区的。

(二)处理好海洋文化遗产保护和旅游开发的关系

一方面,要避免以建立海洋文化生态保护区的名义单纯发展旅游;或者说把原来的旅游区直接拿来申报海洋文化生态保护区,这是以开发旅游、追逐经济利润为目的,忽视了海洋文化遗产保护的功能;另一方面,海洋文化生态保护区并不排斥创造经济效益,可在环境承载的前提下设置科学合理的海洋文化遗产项目,吸引游客前去参观,创造经济效益反哺海洋文化遗产保护,同时也向广大游客展示原生态的海洋文化,从而起到良好的宣传教育的效果。

(三)要以科学发展观指导海洋文化生态保护区建设

许多地区对于建立文化生态保护区的认识普遍存在很大的片面性,有明显的看重眼前功利目的的认识和偏见,海洋文化生态保护区的建设、运营过程,要重点提高到广大民众对海洋文化生态长远保护、继承和发展的全面需求和高度自觉上来,要对外来游客重点进行海洋历史文化教育和海洋思想传播,而不是一味追求经济效益,更不能为了吸引游客破坏性地开发资源。

四、创建建议

(一)调查摸清海洋文化生态现状,科学界定保护区域

根据要保护的海洋文化生态区域的群众居住、活动范围,划定具体的保护区域,要注意保持重点区域的海洋历史风貌和传统海洋文化生态,不得改变与其相互依存的自然景观和环境。要注重海洋非物质文化遗产的不同项目之间,海洋非物质文化遗产与物质文化遗产之间,海洋文化遗产与自然环境、人文环境之间的关联性。对保护区域内的文化项目进行分类、分级、分群体的差别性保护,保护重点要定位在原生文化整体性较好的项目上。根据实际情况对部分文化项目进行必要的创新。同时,尽可能地鼓励和协助当地举办各种丰富的海洋文化活动,通过这些活动促进区域内各种文化门类间的良性互动,增进其生命力的蓬勃发展。

(二)建立海洋文化保护与传承的专项基金

目前仅靠所在市政府拿出大量的资金承担海洋文化的保护和发展任务是不现实的,因而应当采取多种融资的方式,建立"海洋文化保护与传承专项基金"。所在地方政府每年应根据本级财政状况划拨相应的专项资金,用于扶持海洋文化的保护、传承与发展,并积极争取上级政府对发展海洋文化事业的专项资金的支持;另一方面,还要广泛吸纳社会力量——致力于海洋文化保护与发展的企业集团、社会团体及个人的资金,形成政府、企业和社会共办的格局,

逐步积累发展海洋文化保护与传承专项基金。

（三）加强理论和政策研究

文化生态保护区建设是一项全新的、具有较强学术性的工作,因此建议沿海相关地区设立研究中心,组织专家学者对海洋文化建设工作进行研究与论证,并在推进的过程中予以指导。在研究借鉴国内外文化生态保护区建设经验的基础上,围绕各地海洋文化生态保护区建设中遇到的新情况、新问题,进行深入研究,提供理论依据和决策参考。同时,要充分发挥社科研究机构和高等院校的作用,对海洋文化生态保护区内物质与非物质文化遗产的历史与现状、历史文化价值及其开发利用开展深入研究,并通过举办学术会议等方式,扩大海洋文化的知名度和影响力。

（四）整合海洋文化遗产资源,为旅游产业发展提供引擎

深入挖掘、整合特色海洋文化遗产资源,促进海洋文化遗产资源向海洋文化遗产产业的转化。要寻求海洋文化遗产与旅游开发相结合的途径,以发展旅游作为保护、传承海洋文化遗产的重要手段;同时,要通过海洋文化生态保护区的独特魅力来满足广大游客观赏、体验传统文化的需求,进而使其在了解认识历史文化的过程中,完成对海洋文化遗产的认知与传播。

五、创建基本要求

（一）弘扬当代海洋精神

海洋文化遗产是先民智慧的载体和象征,要从中凝练出符合社会主义核心价值、体现民风民俗的理念和观点,加强海洋文化历史教育,弘扬优秀传统,丰富海洋文化遗产的内涵,打造有利于海洋事业发展的优良风气。

（二）加强海洋文化宣传教育

海洋文化遗产是开展海洋文化教育的重要教材,可以打造推广海洋文化知识的课堂,吸引群众前来参观学习,使群众对海洋文化有更深入的了解;非物质海洋文化遗产蕴含各种技能,可以积极开展技艺展示、技能比赛活动,吸引群众前来学习、参与,提高海洋文化遗产的影响力。

（三）海洋文化品牌建设

应从理念、制度、行为、物质等方面入手,强化基地建设,切实提升基地服

务水平和质量,树立良好形象;弘扬先进海洋文化精神,打造国内知名文化示范基地并作为典型推广,切实塑造海洋文化知名品牌。

(四)提升海洋文化艺术水平

海洋文化遗产中包含许多艺术文化因素,可以打出文艺旗帜,吸纳具有一定的文化艺术专长的文化爱好者,培养一支海洋文艺骨干队伍;举办海洋文艺创作与欣赏等专题讲座,成立摄影、书画协会等组织,聚拢具有相同爱好的群众;举办优秀海洋文艺作品展,向社会展示海洋文化遗产。

(五)环境建设

海洋是蓝色摇篮,良好的海洋环境是海洋文化遗产长久保存的重要条件,可以通过加强海洋文化遗产保护和利用,传播爱护海洋、保护环境的理念;同时,通过抓好基地内各种建筑设施如文化设施、生活设施的建设和环境的绿化、美化和亮化工作,做好环境的布置与营造,让基地体现海洋文化的内涵,更好地展现海洋文化的魅力。

六、成功案例

文化生态系统是文化与自然环境、生产生活方式、经济形式、语言环境、社会组织、意识形态、价值观念等构成的相互作用的完整体系,具有动态性、开放性、整体性的特点。加强文化生态的保护,是文化遗产保护工作的重要组成部分。

根据《国家"十一五"时期文化发展规划纲要·民族文化保护》中提出的"确定 10 个国家级民族民间文化生态保护区"这一目标,国家文化部门开展国家级文化生态保护区建设工作。文化生态保护区是指在一个特定的区域中,通过采取有效的保护措施,修复非物质文化遗产(口头传统和表述,包括作为非物质文化遗产媒介的语言;表演艺术;社会风俗、礼仪、节庆;有关自然界和宇宙的知识和实践;传统的手工艺技能等以及与上述传统文化表现形式相关的文化空间)和与之相关的物质文化遗产(不可移动文物、可移动文物、历史文化街区和村镇等)互相依存,与人们的生活生产紧密相关,并与自然环境、经济环境、社会环境和谐共处的生态环境。

当前,我国划定的国家级文化生态保护区有 12 个(因处于起步阶段,故暂命名为文化生态保护实验区),其中海洋渔文化(象山)生态保护实验区具有浓郁的海洋文化特色,是唯一一个成功进入国家级保护区名录的海洋文化遗产项目(当然,"闽南文化生态保护实验区"也包含部分的海洋文化遗产内容)。

渔文化是指世代渔家人在其生存的海洋自然环境之中,生产与生活两大领域内的一切社会实践活动的成果。而浙江宁波象山县就是中国海洋渔文化的典型代表,渔具、渔船、渔场、渔港、渔汛、渔灯、渔歌、渔曲、渔鼓等原生渔文化俯拾即是。浙江省象山县位于东海之滨的象山半岛,境内有中国六大中心渔港之一的石浦港,海洋渔文化非常丰富。目前,象山有国家级非物质文化遗产项目6个,省级项目13个,宁波市级项目33个。2008年,象山被授予"中国渔文化之乡",而象山"中国开渔节"从1998年起已连续举办了18届。2010年6月,文化部正式批准设立海洋渔文化(象山)生态保护实验区,这是全国第7个、也是目前唯一以县级行政区域为单位的国家级文化生态保护实验区。

2012年11月2日,《海洋渔文化(象山)生态保护实验区总体规划》通过了专家论证。2013年2月,文化部办公厅下发《关于同意实施〈海洋渔文化(象山)生态保护实验区总体规划〉的批复》。《总体规划》中明确规划期限为2011年至2025年,分近、中、远三个阶段实施。在"十二五"期间,将重点实施和实现建设国家海洋文化保护区、建设全国重要的海洋渔文化实践和产业基地、创新与发展海洋文化保护模式三大目标。

表 5-2　国家级文化生态保护区列表

名　称	所在省份	成立时间
闽南文化生态保护实验区	福建省	2007 年 6 月
徽州文化生态保护实验区	安徽省 / 江西省	2008 年 1 月
热贡文化生态保护实验区	青海省	2008 年 8 月
羌族文化生态保护实验区	四川省 / 陕西省	2008 年 11 月
客家文化(梅州)生态保护实验区	广东省	2010 年 5 月
武陵山区(湘西)土家族苗族文化生态保护实验区	湖南省	2010 年 5 月
海洋渔文化(象山)生态保护实验区	浙江省	2010 年 6 月
晋中文化生态保护实验区	山西省	2010 年 6 月
潍水文化生态保护实验区	山东省	2010 年 11 月
迪庆文化生态保护实验区	云南省	2010 年 11 月
大理文化生态实验保护区	云南省	2011 年 1 月

名　　称	所在省份	成立时间
陕北文化生态实验保护区	陕西省	2012 年 5 月
黔东南民族文化生态保护实验区	贵州省	2013 年 1 月
客家文化(赣南)生态保护实验区	江西省	2013 年 1 月
铜鼓文化(河池)生态保护实验区	广西壮族自治区	2013 年 1 月

七、策划项目要点参考

(一)青岛即墨龙山龙王庙遗产保护区

青岛即墨龙山龙王庙相传始建于南宋初期,具有浓郁的海洋特色和历史底蕴,同时该寺有许多珍贵文物和动人传说,如老李托梦云游道人铸造铜牌传说、慈禧太后曾亲笔题写的"泽周壮武"匾额等,具有极高的历史人文价值,具备开发成为遗产保护区的良好条件。

1. 对即墨龙山龙王庙建筑和文物进行保护

应对周边环境进行保护,防止地质灾害、植被破坏、违法乱建造成的景观破坏;建筑加固、修复、改造时,要注重保持原貌和整体风格;对内部文物、典籍之类进行整理统计、登记造册,对相关传说、习俗进行记录和汇总。

2. 设置海洋信仰展厅

主要展示龙王信仰、妈祖信仰等与海洋有关的信仰的相关知识、碑文碑刻、民俗故事和传说,介绍全国分布的重要天后宫、龙王庙等文化遗产、重要文物、民俗活动。

3. 重新组织传统祭祀庙会活动

祭祀庙会是传播海洋文化的良好方式,龙山龙王庙有定期举行的"六月十三秃尾巴老李的生辰"和不定期举行的"取龙牌祷雨",是当地传统文化的重要内容。因此,建议在摒弃迷信风气和文化糟粕的前提下,重新组织相关活动,打造精品旅游项目,更好地弘扬传统海洋文化。

(二)烟台北庄遗址遗产保护区

北庄遗址位于山东省烟台市长岛县,是新石器时代晚期文化遗址,距今6 500 年至 5 500 年。该遗址发掘半地穴房屋 140 余处,墓葬 60 余座,出土了大量陶器、骨器、石器，是中国东部发现的历史最悠久、内容最完整的原始部落遗址，证明环渤海地区是中国东部沿海地区古人类文明发祥地。目前遗址上建成了北庄史前遗址博物馆，可立足现有博物馆建设烟台北庄遗址遗产保护区。

1. 将文物资料纳入现有博物馆展陈体系

对北庄遗址进行整理、登记，原件或复制品可在山东省级博物馆或沿海市县大型博物馆进行展览；可将北庄遗址有关内容纳入在建的中国海洋数字博物馆展陈内容；可在北庄史前遗址博物馆进行实地展示，或用建设远古先民生产生活还原模型等方式进行展示。

2. 围绕遗产资源开展科普教育

可承接夏令营、少年宫等团体参观，将具体文物、相关信息、国内外其他地区同年代遗址遗迹等通过实物、模型、展板等方式进行展示，从而起到普及海洋意识的作用。

3. 开发相关科普产品和纪念品

编制主要面向青少年的科普读物和画册；制作与史前海洋文明相关的纪念品，如鱼骨工具仿制品等。

（三）威海秦始皇东巡宫遗产保护区

秦始皇东巡宫位于烟台经济技术开发区东北部，濒临渤海和黄海，目前该馆采用了现代机械、声光、电子等表现手法，外部为仿秦汉建筑，内设统师东巡、琅琊祭天、巫师炼丹、遥望三岛、海市幻境、芝罘东渡、海上遇难、东瀛创业、桃樱共艳、始皇之梦、水族迎宾、九宫宴请等 20 个场景，再现了秦始皇统师东巡求仙的传奇故事。可在现有基础上建设威海秦始皇东巡宫遗产保护区，具体如下。

1. 展示秦文化内容

以始皇帝一统中国至秦朝灭亡为时间轴，展示秦朝跌宕起伏的历史，展示重要历史人物和重大历史事件。

2. 展示徐福东渡文化内容

设置展厅，展示徐福率童男童女东渡求仙的内容，包括视频资料、文献典籍、相关图片等。

3. 展示我国海上传说等内容

设置展厅，展示蓬莱仙阁、八仙过海等内容，包括视频资料、文献典籍、相关图片等。

第三节　建设海岛风情旅游娱乐集群区

一、理论基础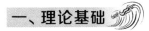

（一）关于海洋自然文化遗产资源的保护和利用

自然文化遗产是指分布在一个国家地区内的自然遗产、文化遗产和自然文化双重遗产。1972年11月16日在巴黎召开的联合国教科文组织第17届会议通过了《保护世界文化和自然遗产公约》，公约的独特性在于它强调了自然文化遗产具有"突出的普遍价值"，其第四条重申：自然文化遗产的确定、保护、保存、展出和遗传后代，主要是国家的责任。

根据《保护世界文化和自然遗产公约》的定义，以下各项为自然遗产：从审美或科学角度看具有突出的普遍价值的由物质和生物结构或这类结构群组成的自然面貌；从科学或保护角度看，具有突出的、普遍价值的地质和自然地理结构以及明确划为受威胁的动物和植物的生境区；从科学、保护或自然美角度看具有突出的普遍价值的天然名胜或明确划分的自然区域。

随着各地旅游事业的发展，我国由计划经济向市场经济转轨时期所暴露的法律制度缺陷和管理不完善问题日趋突出，缺乏约束的利益驱动、过度的商业化和市场化趋势，直接导致了包括自然文化遗产在内的公共资源受到大规模的破坏。近年来这一趋势非但没有得到有效遏制，反而呈进一步扩大之势，因此在1998年有关风景区上市问题在国内引起了一场争论。1998年10月，中国社会科学院环境与发展研中心撰写了一篇《国家风景名胜区不宜上市经营》的报告，受到中央领导同志的重视。1999年5月又受国家建设部委托开展了"国家风景名胜区上市经营的国家利益权衡"的研究。该研究首次从理论和实践上对国家风景名胜区的上市问题作了全面分析，受到了有关专家的高度评价；全国人大环境与资源委员会还专门听取了该中心学者就此问题的汇报；有关部门和领导在1999年3月作出了暂停国家风景名胜区上市的决定。另一方面，也有人认为该中心"反对旅游，反对搞开发利用，消极保护，不问国情，照搬国外"。

我国海洋自然文化遗产资源十分丰富，包括海岸、岩礁、沙滩类景观资源，海岛类景观资源，其中海岛类景观资源风光优美，集沙滩、珊瑚礁、红树林和火山地貌等于一身,具有极高的旅游观光价值,适宜发展观光旅游、生态旅游。当前,尽管开发自然文化遗产资源已经成为趋势,但人们没有忘记过去的学术讨论和政策争论,在开发的同时把保护放在首位。

(二)海岛自然文化遗产及旅游化开发

我国是世界上海岛最多的国家之一,在我国300万平方千米的管辖海域中,分布着数不胜数的岛屿,每个海岛的面积大小不一,其中面积大于500平方米的海岛就有7 300多个。岛屿总面积约8万平方千米,占我国陆地面积约8%。这些大大小小、星罗棋布的岛屿,像一颗颗璀璨的明珠,镶嵌在祖国的蓝色国土上,成为中华民族锦绣版图上闪闪发光的瑰宝,也构成了海岛旅游中不可缺少的基本要素。

我国的四大海域中,东海岛屿个数最多,约占全国海岛总数的2/3,而且分布比较集中,沿近海分布,大岛、群岛也较多,如台湾岛、崇明岛、海坛岛、东山岛、金门岛、厦门岛、玉环岛、洞头岛等岛屿和舟山群岛、南日群岛、澎湖列岛等岛群,其中只有钓鱼岛、赤尾屿等几个小岛分布于东海东部。

南海岛屿数量居全国第二,有1 700多个,占我国海岛总数的1/4左右。其中绝大部分靠近大陆,主要大岛和群岛有海南岛、东海岛、上川岛、下川岛、大濠岛、香港岛、海陵岛、南澳岛、涠洲岛和万山群岛,只有属于珊瑚岛群的南海诸岛离祖国大陆较远。

相比之下,黄海岛屿较少,只有500多个,主要分布于我国黄海北部、中部的大陆一侧和渤海海峡,多为陆域面积在30平方千米以下的小岛,并主要以群岛形式分布。

渤海是我国海岛数量最少的海域,只在沿岸有零星的分布,面积更小,主要有菊花岛、石臼坨、桑岛。分布格局上,在山地、丘陵海岸及河口附近较多,在平原海岸外很少有岛屿存在。

我国多数岛屿拥有丰富的旅游资源,而且地理位置优越,海岛旅游开发潜力巨大。目前,一些海岛先后开发了休闲渔业、海洋文化和海洋休闲度假等为主题的旅游产品,部分海岛成了著名的旅游胜地,海岛旅游已经成为海洋资源丰富的国家和地区旅游发展的重点。旅游业的发展促进了海岛地区渔民思想观念的提升,促进了渔民的增收,改变了渔村的村容村貌。

二、我国海岛风情旅游存在的问题

当前,我国部分海岛地区的无序开发对海岛和海洋生态环境造成了破坏,给海岛地区的社会经济可持续发展带来了负面影响,成为制约海岛旅游业的瓶颈问题。具体表现如下。

(一)开发层次较低

不同的旅游动机构成了旅游活动的行为层次。旅游行为可以分为三个层次:一是观光旅游,单纯地享受自然以及人文景观;二是娱乐旅游,是以娱乐为主,可以提高和丰富旅游活动的内容,属于旅游行为的提高层次;三是专业旅游,如休养疗养、出席会议、宗教朝拜、考察调查等。目前,绝大部分海岛旅游活动层次基本上局限在观光游览的第一层次,逗留时间短,旅游经济效益低。

(二)基础设施不配套

虽然海岛风景资源丰富,但是比较分散,而且交通方式主要为轮船,速度慢,景区可进入能力差;旅游接待服务设施中,饭店数量较多,但接待能力弱,旅游接待能力尚需进一步扩大。海岛远离陆地,地理位置相对偏僻,经济发展速度尚不及陆地沿岸发达地区。而且新开发的旅游项目宣传力度不够,旅游促销手段欠佳。

(三)发展资金不足

海岛旅游业的发展由于受到地理位置的限制,通常在交通、食宿、用水、用电等方面比陆地的建设成本要高得多。另外,由于地方政府及相关部门对海岛旅游业重视程度不够,不能看到长远的经济效益,对海岛的开发主要以传统渔业和运输业为主,因此发展资金不足的问题比较严重。

(四)自然生态脆弱

盲目而且过度开发利用海岛资源,海岛上炸山取石,随意堆放垃圾,砍伐树木,垦殖草地,滥捕乱杀珍贵生物资源,工业废水和生活废水的排放等等,以上行为严重地威胁到了海岛的正确、有效利用,成为海岛旅游业发展之路的绊脚石。

(五)体制不健全

各涉海部门的协调体制不健全、法律不完善,如一些地方海洋资源开发管理机构不协调,基本上是以行业为主,部门之间没有一个统一规划、协调的管理机构,致使多头管理,秩序混乱。海洋资源开发和保护不协调,导致环境污染和资源浪费,影响了海岛旅游业的开发潜力和未来空间。海岛旅游业的从业人员素质不高,由于海岛旅游业涉及的领域广泛,对综合型人才素质要求较高,而且目前由于没有建立起有效的人才管理体制,海岛旅游业的从业人员素质远远达不到要求,这也是海岛旅游业发展滞后的一个重要因素。

(六)涉及海洋国防安全

东海、南海部分岛屿处于重要的海防前沿,部分海洋文化遗产资源甚至成为部队的军事驻地,如永兴岛的老龙头海洋景观类自然文化遗产资源等;南沙、西沙等岛礁和所谓声索国发生冲突,对它们的开发也带来不利影响。与此形成鲜明对照的是,我国在限制开发这类岛礁的同时,菲、越等一些国家却强占我国南海岛礁,并早就在岛礁上开发旅游观光活动,企图以此造成主权属他的事实。这些问题都值得我们深入思考。

三、克服海岛旅游业发展瓶颈问题的对策建议

海岛旅游业发展潜力巨大,但要有坚实的基础、科学的态度和正确的方法,才能实现产业的飞速发展。

(一)突出产品特色

针对海岛旅游资源开发层次比较低的现实,要突出产品特色。特色是旅游产品的生命,猎奇、喜新是游客的共同心愿,只有地方色彩浓厚、个性鲜明、其他景点不能替代,才能满足游客猎奇、喜新的心愿,人们才会乐游不倦。对于海岛旅游区,应突出"海"的特色,形成度假、美食、探险、垂钓、海上运动等几大特色。每个海岛旅游区在加强沙滩海滨浴场建设、岛礁景点开发的同时,更要突出自身的特色。

(二)加强基础设施建设,加大宣传力度

基础设施建设是旅游活动中至关重要的辅助条件,在各个薄弱环节,应该下大力气进行加强和改善。海岛旅游业发展中的交通问题,可以多方筹集资金,吸引地方、部门、企业合资办交通;依靠科技进步,加强运输方式的管理,开发新型交通方式;把旅游交通与一般性交通区别开,让旅游交通独立经营。在产

品促销方面,制定旅游景点发展战略、总体规划、开发步骤和实施方案;做好旅游市场的信息预测、宣传广告,以强有力的方式展现给游客,吸引各地游客的光顾。

(三)强调海岛旅游项目策划

海岛旅游业的基础建设本身就有资金不足的问题,因此在项目策划时要有鲜明的形象定位,走特色品牌发展之路,要做到人无我有,人有我优,人优我改。不同的海岛有着不同的文化与生态内涵,海岛旅游项目策划中要完整地体现海岛自身的优势部分,避免重复建设,不宜过多借鉴和模仿他岛的开发经营模式。文化是项目的灵魂,只有对文化的充分理解和挖掘,才有超凡脱俗的大策划。总之,海岛旅游项目策划一定要坚持走精品、名品、极品之路。

(四)以科学发展观为指导

海岛陆域面积小,淡水资源贫乏,生态环境比较脆弱,在资源开发过程中,极易对自然景观及生态环境造成破坏。海洋与海岛生态环境的脆弱性以及当前旅游业膨胀所造成的环境危机等,要求海岛旅游开发坚持科学发展观和可持续发展战略。在开发的同时,一定要注重生态环境的保护,处理好二者的关系,强调人与自然的和谐统一,形成良性循环。对破坏生态环境的开发活动要采取严厉的经济、法律、行政手段加以规范和制止。

(五)完善管理体制、法律制度、政策体系

由于海岛的开发受到多种因素的限制,因此需要建立一个高效的综合管理体制和协调机制来统筹。如应加强地方海洋资源管理,协调行业之间、部门之间、军地之间的协调统一,确定管理到位、责任到人,避免造成多头管理、管理混乱的局面;坚持资源开发和环境保护相协调的原则,给海岛旅游业的再度开发提供更大的潜力和发展空间;不断提高从业人员的专业素质,一方面运用政策措施推进专业人才队伍的建设,另一方面加快引进紧缺的导游、翻译、经营管理、旅游策划等人才。同时,通过定期的技能大赛,不断提高各级别专业人员的素质,加强业务水平,扩大知识领域。

(六)合理建设、突出重点

旅游产品缺乏、品位低是海岛旅游发展缓慢的症结所在。为此,要积极实施精品战略,突出重点,精心设计旅游产品,积极开发旅游景点,挖掘海洋文化,

尽快启动具有海洋文化内涵和符合现代海洋生态旅游的旅游产品。对海岛各个景点之间的衔接和旅游路线的编排,要和国内知名旅行社共同动作,形成海洋文化旅游、渔乡风情旅游、民俗采风旅游、民间节日旅游、宗教文化旅游、体育休闲旅游等精品,从而拉长旅游旺季,填补旅游淡季的空缺,形成规模效应,做到旅游的可持续发展。

四、项目策划要点参考

(一)生态健康旅游胜地——涠洲岛

低碳旅游是在全球气候变暖以及生态文明建设背景下,为获得更大的旅游经济、社会和环境效益,寻求可持续发展的一种新的旅游方式。海岛度假旅游低碳化不仅符合时代需要,还是海岛生态的内生性需要。海岛旅游有休闲与放松、时尚与浪漫、远离城市喧嚣等特点,因此近些年来备受旅游者的喜爱,逐渐成为旅游业的热点。

生态健康旅游是涠洲岛的特色。涠洲岛盛产香蕉、仙人掌果、荔枝等鲜美的水果,该岛还出产各类海鲜产品,以此为优势开展健康生态旅游,这是涠洲岛推出的吸引游客的基本内容之一。其次,涠洲岛有"中国最美海岛"的盛名,又有杨振宁教授"情定涠洲"的佳话,生态健康之余又富有浪漫深意,所以赋予涠洲岛旅游以浪漫风情岛的定位也颇具特色。具体项目内容如下。

1.设立涠洲岛海岛酒店

涠洲岛景色优美,海岛旅游资源众多,要留住客源需要酒店等服务设施的支撑。建立海岛风情酒店可以使游客在涠洲岛逗留几日,有利于其他海岛项目的发展,这在旅游项目开发里面也是必需的。

2.建设涠洲岛海岛养生中心

以供应海岛特有物产为主,如新鲜水果、鱼鲜等,依靠海岛特有的环境资源,无污染、原生态的健康环境,设立养生保健中心,供游客旅游休闲之余修复机体,特别是商务人士,城市生活中难以到海岛这样眼界开阔的环境中来。到海岛后,可放慢生活脚步,体验海岛养生之道。

3.打造海岛餐饮休闲区

为游客提供餐饮服务,主要体现海岛特色,在此之余尝试不同风格、品味的餐厅、茶吧,这也是旅游生活设施的关键点。

4. 开辟特色商品商贸区

集聚有广西海洋特色和涠洲岛海岛特色的创意产品,配合酒店区域与餐饮服务区域,设立创意产品的商贸区,供游客娱乐。

(二)民俗文化乐园——京族风情岛

京族是中国著名海滨渔业少数民族,在长期海洋生产生活实践中创造了风情独特和魅力无穷的京族文化,形成了具有浓郁民族风格的传统民间文艺,其民族传统节日——唱哈节和独弦琴演奏先后被列入国家非物质文化遗产名录,一个少数民族同时拥有两个国家非物质文化遗产项目,在全国也不多见,具有极高的人文历史价值和旅游开发潜力。京族三岛是全国京族最主要的聚居区,自然条件优越,海滨风光宜人,旅游资源丰富,外加京族人民民风纯朴、热情好客,具备发展少数民族旅游经济的良好条件。当前,京族三岛已成为国家AAAA级景区,并作为广西沿海海洋文化、长寿文化、京族文化最为丰富、最具典型、最具魅力、最具观赏性、最具发展利用价值的黄金海岛闻名中外。

1. 发展思路

京族风情岛拟以京族唱哈节为重头戏,以京族唱哈广场为舞台,以京族博物馆为衬托,以京族歌圩为原生态,以别具一格的风情表演为形式,以悠扬动听的独弦琴演奏为主旋律,从而体现京岛人文环境的自然、古朴、神奇和优美,而不是刻意照搬和模仿。从旅游的层面讲,应该注意保护本色,展示特色,凸显亮色,源于生活,高于生活,努力做到人无我有,人有我优,人优我特,人特我新,真正体现京岛天然、朴实、绿色、环保的自然氛围,凸显京岛天趣、闲趣、雅趣、神趣的民俗风情魅力。

2. 项目内容

(1)打造京族民俗文化风情区。打造民族文化风情园区,集京族饮食、服饰和娱乐等项目于一体,让游客充分体验京族人民的生活状态,既对京族民俗文化起到了保护和加强作用,又可以对景区的风格进行提纯和提升,同时树立品牌,起到很好的宣传作用。

(2)打造京族文艺表演区。展现京族民俗艺术的主要舞台,也是游客参与体验京族风情的重要项目,通过打造新的建筑和设施,舞台可以选择平坦的空地、海滩,也可利用部分民族建筑。

(3)设置京族生活体验项目。随船捕鱼,学习海产品养殖和海产品加工,既增加了趣味性和互动性,也可带来经济收入。

(三)原生态景区——无居民海岛

无居民海岛的开发,对维护国家主权、保护环境、发展经济、改善民生具有重要意义。与陆地相比,海岛面积狭小,生态系统脆弱且难恢复,岛上生活用品需要外部运输,水电、网络、绿化、房屋等基础设施需要自己建设,易受季节性和环境容量影响,开发、管理和维护成本相对较高。因此,为进一步贯彻《中华人民共和国海岛保护法》,树立海岛保护意识,合理开发利用海岛自然资源,要大力发展海岛文化,积极开展宣传活动,在全社会营造关注海岛、爱护海岛的良好氛围,实现海洋经济发展和海岛环境保护的统一。

1. 举办海岛书画展

加强海岛书画创作和展示,是展现无居民海岛自然风情、树立城市形象、打造城市品牌的重要手段。要举办海岛书画展,通过展示海岛管理、开发和保护内容的优秀作品,传播海岛知识,发展海岛文化,宣传我国海岛工作取得的重要成就,提高海岛的品牌价值和潜力。

2. 拍摄《走上无人岛》专题片

围绕无人岛进行阐述,针对无人岛的管理、开发和保护给予集中的、深入的报道,真实、生动地反映无人岛的秀美风光和无限活力,丰富内容,创新形式,以多种艺术手段增强作品的表现力和吸引力,满足人们猎奇、欣赏与拓展视野的需求,注重欣赏性和知识性,增强公众对无人岛的了解和关注。

3. 编写海岛主题诗歌散文文集

以海岛为题材创作作品,反映海岛自然人文历史风貌,表达关心海洋、热爱海岛的正面思想,形成一批知名度高、写作水平高、影响范围大的优秀作品,提高海岛的文化附加值;同时,要提供海岛主题诗歌散文文集创作和发行平台,吸引更多人参与海岛主题诗歌散文文集的创作出版。

第六章
海洋文物资源的产业化发展定位

文物是"历史遗留下来的在文化发展史上有价值的东西,如建筑、碑刻、工具、武器、生活器皿和各种艺术品",是人类历史发展过程中遗留下来的遗迹,反映了不同历史时期人类的社会活动、社会关系、意识形态,以及利用自然、改造自然和当时生态环境的状况,是人类宝贵的历史文化遗产。海洋文化遗产包括海洋文物,这些文物虽然是实体状态但是不受区域限制。与海洋文化遗址遗迹不同,在受保护的前提下,它们可在区域间合理流动而不会影响它们的原真性。文物产业化,也就是指使具有同一社会属性的文物集合成社会承认的规模程度,完成文物从量的集合到质的激变,真正成为国民经济中以某一标准划分的重要组成部分。文物产业包括两方面,一方面是在博物馆、展览馆里,主要是提供公共文化服务,同时也创造着经济价值;另一方面是个人收藏等带来的经济形态,如各类文物交易、服务平台等。

海洋文物是历史的遗留产品,反映了一段时期的沿海群众生产生活的历史风貌和文化,记载了古代及近代人们对海洋科学、艺术的研究成果,为文化的传承和发展提供了条件。海洋文物产业化将把文物鉴赏与收藏推向更现代化的高度与层次。

第一节　海洋文物与文物市场的结合

海洋文物属于政府的公共资源,具有极高的历史文化价值,同时也可以作为文化资源创造经济价值。海洋文物进入市场，实现资产化、资本化，使海洋文物市场做大、做强，有利于更多资金涌向海洋文物保护领域，反哺海洋文物保护。海洋文化的保护，一方面要从抢救性保护转变成专项预防性保护。抢救性保护虽然重要，但其效率却往往滞后于文化遗产的破坏速度。例如，全国第三次文物普查，在新发现550 283处不可移动文物的同时调查登记已消失文物达30 955处，这无疑让人十分痛心，因此，保护工作要做在前面，预防性保护十分必要。另一方面保护对象呈现出由单体向包含生存环境、历史背景的整体方向拓展，即不再是单一的文物项目保护，而是对历史环境或文化生态的整体性保护。

一、发展背景

（一）海洋文物进入市场的趋势

文物和艺术品的金融化、市场化在西方金融界有悠久的历史，世界著名的瑞士联合银行、荷兰银行等金融机构都有相关业务，设有专门的艺术银行部，提供鉴定、估价、收藏、保存、艺术信托、艺术基金等项目。文物所有人可从多种路径促进文物进入市场，如收藏家将文物直接拍卖、贩售，或以此为抵押贷款获得资金，再或将文物租赁给有关单位举办展览等，从而实现文物的经济价值。

在中国，按照《中华人民共和国文物保护法》，文物是不能随意买卖的东西，许多文物以艺术品、收藏品的名义参与到市场交易和拍卖行列。海洋文物与文化产业的结合刚刚起步，越来越多的海洋文物专业人士涌入文化艺术品市场，这从某种意义上说是中国经济腾飞的结果，也是中国艺术品市场健康快速发展的必然趋势。随着国民经济的进一步发展和国家经济结构的调整，我国文物产业，包括海洋文物产业必将获得较大发展。

在我国，在海洋文物进驻市场的进程中，法律认证、鉴定评估、信息传播、变现退出是实际操作中最大的瓶颈，有着很大的不确定性，影响着海洋文物进入流通环节。因此，具有公信力的权威鉴定和公正价值评估，以及便捷的服务平台，是海洋文物产业最重要的配套基础，但是目前这样的配套基础还亟待完善。

（二）海洋文物进入市场的影响

首先，海洋文物进驻市场，能大大丰富文物市场的内容，使得文物产业和海洋文化产业获得发展。

其次,海洋文物进驻市场需要有专业的顾问公司和中介机构来提供服务,将带动经济的发展,促进文物资源的合理流动。

再次,海洋文物进驻市场,会衍生出海洋文物、艺术品金融的发展,预示着海洋文物会对我国艺术品市场及其发展格局产生影响。

最后,海洋文物进入市场,将创造很好的经济效益,从而反哺海洋文化建设,包括海洋文化遗产研究、保护和管理等,同时也有利于更好地掌握民间海洋文物的存量和分布情况。

二、注意事项

海洋文物可以进入市场,但是因其具有脆弱性、易破坏性,加之当前海洋文物市场法律不健全,存在资源破坏、交易混乱等现象,因此政府部门一定要加强监管,绝不能轻易对待。

《中华人民共和国文物保护法》第五条规定:"中华人民共和国境内地下、内水和领海中遗存的一切文物,属于国家所有。""三盗"(盗掘、盗捞、盗窃)而来的文物,来源于非法途径,流通于黑市,或者混迹于古玩摊店,在国家文物行政部门无户籍登记,"中国文物黑皮书"三部曲作者吴树形象地称之为"文物私生子"。海洋文物不可避免也存在"私生子"现象,在广东、福建等沿海地带,历史上"海上丝绸之路"的重要途经地段,大量沉船所载货物频遭盗捞。据《谁在收藏中国》披露,福建有几个离海近、离机场不远的村庄,长年活跃着一批专门给盗捞者和买主牵线搭桥的人,可使盗捞文物顺利过关,抵达货主指定目的地。同时,地上的各类博物馆馆藏文物、寺庙文物以及田野石刻也遭遇"黑手"。从 1992 年开封博物馆亿元文物被盗,到 2002 年河北承德文物局外八庙管理处文物失窃,再到 2011 年北京故宫博物院、湖北黄冈博物馆、江苏如皋博物馆文物被盗案,地上文物保护的严峻形势可见一斑。

对于不法者来说,无论地下、水下还是地上而来的"海洋文物私生子",都必须迅速"出手"。中国文化遗产研究院文物研究所博士彭蕾在其《文物返还法制考》一书中说,对于流失到海外的文物,国家或企业主要通过购买或竞拍等市场手段回购,但是代价高昂,若用钱买回来等于变非法为合法,会间接助长非法转移文物;若通过国际公约组织按照法律程序追索,又会因国际公约自身的缺陷导致效力不足,追索文物变得阻力重重。至于无法出境的"海洋文物私生子",有的混迹于古玩摊、古玩店或黑市交易,有的被一些拍卖公司收走、"洗白",最后被国内的收藏人士在知情或不知情中、直接或间接"领养"。因此,对于当前民间收藏海洋文物领域中存在的交易问题,国家必须研究制定相应的管理细则,加大监管力度,联合相关部门对文物非法交易活动进行打击,以保证人民群众的海洋文化权益。

三、具体举措

国有文物单位应大力推进馆藏精品展览意识,充分发挥海洋文物的社会教育功能,为产业化发展奠定群众基础。用创品牌、争效益、走出去的办法,加强文物单位之间、文物单位与文化企业、文物单位与社会公众的交流与合作。

各级文物保护单位要改变"等、靠、要"的财政投入观念,转变思想,根据各自的优势和特色,在保护海洋文物、不改变原状的情况,积极开拓思路,引入善款和民资,结合旅游特点,整合资源,合理开发,探索以文物养文物的新路子。

针对民间文物市场若明若暗的无序运作,政府文物管理部门有责任和义务予以引导。政府文物管理部门要提供有偿场所,集中管理,并对入场依法交易的文物实行严格审查登记、交易公开、交易备案制度,以保证文物传承的连贯性,提高文物的价值。这样政府有关部门可以掌握民间文物收藏情况,也能把文物市场纳入有效管理。同时,政府有关部门要采取严厉措施,打击文物市场外的不法文物交易行为,防止偷盗文物的现象,使文物市场健康发展。

培养了解海洋历史文化,具有文物知识、开发、经营文物资源的人才,是扶植海洋文物产业发展的保障。要多渠道培养热爱海洋文化和文物工作,又有经济头脑的专业管理人才,有计划地选送到高校进修;鼓励、引导其在第二学历的专业选择上向与海洋和文物工作相关的专业倾斜,加强全市文物从业人员的业务交流。

第二节 建立海洋文物产权交易平台

产权是市场交易的前提与基础,文物产权是一个棘手敏感的话题,但又是绕不过去的重要问题。产权事关海洋文物保护和产业发展,要建立海洋文物产权交易平台,搭建海洋文物合理合法流转的平台,以合理交易促进文物保护。

一、文物产权与文物保护

（一）文物危机缘于产权不明

当前，文物破坏、损毁等问题十分严重，文物保护刻不容缓，要解决问题，必须先找到解决问题的主体。但是在现实中不是所有文化遗址遗迹和文物都属于国家所有，很多文物产权主体往往被"虚置"。许多文物被有关单位占用，在组织开展隐患整改和安全检查记录时效果较差，难以解决众多历史遗留问题，文物占用单位和文物主管部门在产权问题上存在争论，在预期收益不明确的情况下，文物保护问题迟迟得不到解决就不奇怪了。总之，由于公共资源的产权主体是全体公众，而高度分散的社会公众根本无法切实行使所有者的权利，因此，文物保护部门必须发挥职能，当保护文物和有关部分的利益发生冲突时，应及时行使有效手段，充分保护公众利益。

以施琅故居的修复为例。施琅，明清之际福建晋江（今泉州）人，康熙初任水师提督。康熙二十二年（1683 年）率军攻灭台湾郑氏政权，收复台湾并建议在台湾驻兵屯守，以备御西方殖民者的侵略，著作有《靖海纪事》。施琅故居是泉州市级文物保护单位（2001 年公布），是释雅山公园的灵魂，原为一栋两进五开间、硬山式双护厝建筑，历经 300 多年风风雨雨，现在大部分建筑因年久失修而倒塌，只剩下清代建筑的上下侯府部分因建筑年久失修，成为流浪汉的聚集地，尽管释雅山公园管理所、当地社区和派出所经常加以劝离，但收效甚微。要管理好施琅故居，必须要修复故居，施琅故居的修缮计划早在 2005 年就已做好，可是因当地居民迁出问题一直难以落实，施琅故居的修复陷入尴尬，泉州市公园管理中心愿意出钱出力，修缮文物。施琅后裔也想修复祖宅，按拆迁征收办法补偿，但是屡屡受阻。双方的目的一致，但就是走不到一起，其原因就是产权不明确。

施琅故居的处境绝非个例。各地文物保护和私有产权发生矛盾的例子屡见报端。文物保护遇到私有产权问题往往造成工作的困难。一方面，文物保护单位不能以任何力量剥夺对所有权的保护，《中华人民共和国文物保护法》第六条规定：属于集体所有和私人所有的纪念建筑物、古建筑和祖传文物以及依法取得的其他文物，其所有权受法律保护。另一方面，文物的价值属于公共利益的范畴，其身上凝聚着科学、艺术等价值，是全社会共同的宝贵财富。当一种物品身上凝聚着私权和公益两种属性,矛盾可想而知。事实证明,如果不消弭二者之间的矛盾,争论不休,遭殃的往往是文物。

(二)要处理好遵守法律和利益分配问题

当前,我国各地在拆迁动工时涉及文物、遗址遗迹的,多是参照当地拆迁的处理方式,国家尚未制定统一规范,因此在这一过程中要严格落实国家有关法律和地方各项规定,文物保护单位和占有者都必须遵照规定办事,共同保护好宝贵的历史文物。同时,要以新思路来平衡利益。私权和公益如何平衡,这是矛盾的焦点。有学者提出私有公物的二元产权制度,在不剥夺原产权人财产权的情况下,政府以协议或者现金赔偿的形式,对原产权人的物权加以限制,从而让其不得有自由处分的权利。这样,可让古建筑转为私有公物,创设公共地役权(为了公共利益或公众利益的需要而使国家和公众取得一种要求相关不动产所有权人或使用权人承担某种负担的权利),寻找双方利益的契合点,不仅可以减少阻力,节约成本,而且有利于日后的管理。这不失为一种新思路,可参考借鉴。

(三)产权归属复杂成文物保护障碍

深圳市南山市是文物古迹重点区域,全区已发掘的文物古迹已达 28 处,其中省级重点文物 1 处,为南头古城南门、北城墙;信国公文氏祠、东莞会馆等 9 处则是市级保护文物;其余 18 处则是区级保护文物。从年代上看,南山区境内分布着屋背岭商时期墓葬群遗址、新石器时代的鹦歌山新石器时代遗址,同时还有青铜器时代的叠石山青铜遗址和九祥岭青铜时代山岗遗址,当然更多的是明清时代的诸多古建筑或古墓葬;从存在形态上看,南山区既有古遗址、古建筑、古墓葬,也有近现代史迹等,可谓丰富厚重。同时,当地海洋文化遗址遗迹众多,有赤湾左炮台、天后宫等,反映了一段历史时期的海洋文明的铸造和传承。

然而,由于南山文物保护机构成立较晚,部分古迹的产权归属比较复杂,给文物的管理与修葺带来了困难。相对于内地的文物保护,深圳的文物保护机构成立较晚,而且产权归属也较为复杂。南山区则是在 20 世纪 90 年代才成立,文物保护机构成立更晚。在产权归属方面,内地文物基本上属于国有,因此在维护管理上较为顺畅。而在南山,既有产权属于集体的,也有属于个人的,同时还有属于多人共同所有的。混乱的产权给维修和后续管理带来困难。

二、文物"产权"和文物产权交易所

当前文物管理与市场出现的产权不清不楚、信息不透不明、没有形成市场责任主体、缺少与金融的对接等问题，主要是对产权的漠视。明确产权的形态是迈向成功管理与推进文化产业的重要一步。

（一）文物产权是"文物主权"的前提

市场经济的核心是产权，整个文物市场的核心问题，就是厘清产权，没有产权就会带来文物市场的大混乱。产权是主权细化和明晰，文物没有产权，就难有主权。文物不流通则流失，要流通就得解决产权问题。文物是一个巨大的资金池，当前在我们国家人民收入提高、货币发行量过大的情况下，让老百姓能合法地持有文物，满足老百姓的收藏愿望，对稳定国家货币体系和稳定社会正常秩序是有好处的。如何因势利导地盘活这批我国独具优势、数量巨大、有形无形的存量资产，来满足人民群众日益高涨的收藏与投资热情，应引起国家的高度重视。

（二）厘清文物产权有利于资源转化为财富

我国海洋文化遗产资源丰富，只有厘清文物产权，才能更好地确定资源归属，从而将资源优势转化成财富。当前我国文物并不完全在合理保护之下，因此在一定程度上面临不流通则流失的尴尬境地，当前我国文物流失的情况严重，这是对国家最大的损失，鼓励流通是解决文物流失的重要办法，解决流通就要解决产权问题。因此，国家应高度重视，实行文物登记和流通，在流通中体现价值，从而服务于国家、人民，服务于我们文化事业和产业的发展。

（三）产权交易所及职能

产权交易所是固定地、有组织地进行产权转让的场所，是依法设立的、不以赢利为目的的法人组织。其职能一般包括：为产权交易提供场所和设施；组织产权交易活动；审查产权交易出让方和受让方的资格及转让行为的合法性；为产权交易双方提供信息等中介服务；根据国家的有关规定对产权交易活动进行监管。

（四）如何建构文物产权交易所

为突出文物的重要性、产权的重要性、流通的重要性，就必须有一个规范的、公开公平公正的、在国家合理监管下的流通平台,而文物产权交易所就是这样的一个平台。对私下的交易不保护,到这个产权交易所来交易是得到国家保护的,是要核发产权证的,通过这里进行重新的定价,它是一套质量认证体系,是一套完善的规范的体系。在流通中理顺产权关系,在流通中促进体制改革,在流通中发现文物的价值,交易所是一种高级形态的交易模式,是政府管理市场的能力的体现。同时,国有的馆藏文物之间也需要流通,也需要平台和机制。国家和社会、社会和社会、国家和国家都需要流通,若国家文物都画地为牢,一个博物馆就固有的一些文物,可能不太容易成体系,流通起来则容易打造特色、形成看点。构建文物交易所,一方面要加强国家控制,将其打造成为政府推进文化文物体制改革的市场化的工具,既要体现国家意志,又要保护广大收藏者和投资者,同时要做好基础性工作解决产权登记、评估鉴定、文物托管等问题。

三、构建海洋文物产权交易所

(一)构建海洋文物产权交易所的积极作用

1. 有利于拉动沿海地区内需

我国是具有五千年历史的海洋大国,具有丰富的海洋文化遗产资源,在社会上分布着数量众多、具有重要历史人文价值的海洋文物,这些文物有些在文物管理部门和文化机构的合理保护之下,也有些在社会、个人手中流转。

我国海洋文物资源不完全是一种精神的物质凝聚,除了艺术价值和历史价值以外,也具有一定的经济价值,同时具有增值的潜力。文物的增值是由整个社会经济总量决定的,改革开放30多年以来,我国经济总量实现了巨大增长,我国海洋文物价值已经实现了爆发性增长,如何在爆发性的增长过程中使国家受益、老百姓受益,同时能够起到拉动内需的作用,这个很有意义。

构建海洋文物产权交易所,有利于促进海洋文物的有序流动,使文物本身的价值体现出来,从而有利于推动海洋文物经济形成一个产业,从而创造出大量的经济价值,不仅有利于推动沿海地区国民经济增长、调整经济结构,也有利于拉动沿海地区内需,在一定程度上解决就业问题。

2. 有利于加强海洋文物监管保护

当前,我国家文物管理体制相对滞后,没有跟上时代发展的步伐,近十年是中国城市化建设最快的十年,中国这十年出土的文物,可能是有史以来最多的,沿海地区也是如此。一方面沿海城市改造带出大量海洋文物资源,同时城市改造、建设也对海洋文化遗产保护带来了严峻考验,由于许多地区的管理手段和资金跟不上,大量海洋文物流失在民间,这使得当地文物管理机构难以掌握文物的数量和分布,从而加大了管理难度。

沿海地区要管好海洋文物,不能单纯依赖加强监管和管理,还要实现"堵"和"疏"的结合。通过市场的疏导,让海洋文物流转更规范化、更透明化,做到公正、公开、公平地交易,这是市场经济发展和加强海洋文物保护的需要。

(二)我国海洋文物交易场所的发展状况

1. 自发交易,发展缓慢

我国古玩(包括文物、仿品等)的交易发端于改革开放之后,最初主要以地摊形式自发交易,随着经济不断发达和人民消费水平不断提高,古玩文物交易不断增加,资金、文物流转量不断增加,相关市场秩序愈发规范成熟,相关专家和从业人员人群不断扩大。海洋文物是文物重要组成部分,逐渐出现在沿海地区的古玩交易场所。随着文物价值的不断凸显和人们消费能力的不断提高,我国海洋文物交易也水涨船高,但是呈现出自发性,政府参与程度较低,各类场所的增加主要体现为规模增加而非层次的提高。

2. 分布散乱,缺乏管理

我国现有海洋文物交易场所分布散乱,有的不是真正意义上的古玩店,只是经营美术品、刺绣品和紫砂品等;有的是自发的地摊形式的交易场所,以买卖古玉器、古瓷器、古钱币为主。这些交易场所大多是自发形式,品种、档次参差不齐,以地摊式经营为主,缺少规范管理,运转情况不佳,与其他文化市场相比较为滞后。

(三)对建设海洋文物产权交易所的建议

1. 总体建设框架

以海洋文物产权交易为核心,建立电子商务交易平台和海洋专家网络、海洋文物研究与服务网络、产业链合作伙伴网络等络,覆盖全国,将海洋文物交易打造成中国海洋文化经济发展新的增长点,带动"海洋经济"转型。

2. 业务模式

基础服务:包括海洋文物产权确权、评估、挂牌竞价、转让报价、结算清算、托管登记、信托、海洋文物产权投融资、项目对接、项目孵化、项目推广、知识产权咨询、法律咨询、政策咨询等相关服务。

线上线下融合的海洋文物产权交易 O2O 模式：线上搭建一个以海洋文物产权交易为内核的电子商务平台，创新地互联网化，营销上依托互联网快速开拓市场及服务客户，产品上在交易的基础上延伸至海洋文物产权综合服务和商品。

海洋文物产权银行模式：本着"海洋文物产权 + 金融 + 服务"的理念，提供海洋文物产权的确权登记、托管、信托、评估、孵化、投资、风险管理和交易相关的金融产品和海洋文物产权服务。

3. 交易方式

充分吸收国外先进的海洋文物产权交易理念，发挥互联网的作用，为交易双方提供灵活、高效、安全、公平、科学、线上线下融合的交易方式和环境，包括：海洋文物产权挂牌交易、海洋文物产权网上交易、实时竞买竞卖交易、线上洽谈会、海洋文物产权产权拍卖（线上 & 线下）、海洋文物产权专场交易等。根据市场的反馈，不断调整和优化交易的方式方法，为客户及会员提供更优质的服务。

第三节　搭建海洋文物鉴定平台

文物往往具有很高的经济价值，文物鉴定是确定文物价值的重要环节。文物鉴定是一个非常特殊的行当，因为海洋文物不同于其他商品，其价值判定没有统一标准，文物鉴定会影响海洋文物价值的实现，因此要搭建公平、公开、便捷的海洋文物鉴定平台，为海洋文物市场各方提供权威鉴定服务。

一、我国海洋文物鉴定业现状

（一）我国文物鉴定业比较混乱

文物鉴定具有较强的专业性，当前社会上也充斥着各种假品、仿品。由于各种原因，我国文物鉴定业比较混乱，一些拍卖公司、艺术品鉴定公司，为了赚取高额鉴定费，把低廉的现代工艺品说成是价值连城的文物，严重扰乱了文物产业发展和市场秩序。同时，尽管我们国家颁布了《文物保护法》，但并没有规定文物鉴定过程中哪个环节应负有何种法律责任。也正是由于相关法律的缺失，才让一些不良商家钻了空子。

由于缺乏相关的监督约束机制，民间文物鉴定行业亟待规范。当前社会上的文物鉴定中介机构中，只有较少部分经过工商管理部门注册，许多鉴定中介机构既不具备相应条件又未经过合法审批，却"大大方方"地开展鉴定业务。文物鉴定人员的构成很不规范，有仅在鉴定培训班学习过几天而取得"结业证书"的非专业人员，也有个别国家和地方文物鉴定委员会的成员，以各种方式从事商业性的民间文物鉴定业务。这些鉴定人员的能力和水平存在很大的差异，职业道德素质也高低不齐，造成民间文物鉴定的收费标准、定级标准、鉴定流程等差异悬殊且难以保障鉴定的质量，因鉴定而引起的民事纠纷频频发生。

造成文物鉴定业比较混乱的还有一个根本的原因，一些文物一旦被鉴定为真品或者鉴定的价值较高，就可以参加拍卖，而大多数情况下，拍卖公司不需要对拍品的真假承担责任（《中华人民共和国拍卖法》的第六十一条规定：拍卖人、委托人在拍卖前声明不能保证拍卖标的的真伪或者品质的，不承担瑕疵担保责任），使得投资者即使买到赝品，也很难维权。为了利益关系，一些拍卖机构或中介机构明知道是假也鉴定为真。

（二）文物鉴定业现状亟待改善

俗话说，"盛世藏宝，乱世藏金"。众多藏家的涌现对中华文明的传承起到了非常好的保护作用，只有从法律上规范文物鉴定才能确保这个市场健康而繁荣。

1. 要进一步完善我国的拍卖法

我国现有规定如购买假文物，拍卖公司不承担责任，拍卖公司的公信力主要建立在自身的道德约束上，同时拍卖公司可以通过免责声明推脱法律责任，这是我们在拍卖法上应该要完善的地方。要让文物鉴定的公信力建立在法律制度的强力约束上，而非市场的自我约束。

2. 要明确界定并杜绝违法经营现象

不具备鉴定资质的公司给文物进行鉴定的话，那么已经构成非法经营；如果明知道文物不值钱还鉴定高价并收取鉴定费，这在《民法》上叫欺诈行为，应该承担相应责任；如果构成非法经营罪，或者倒卖文物罪，那就要承担刑事责任。

3. 要强化相关资质考核机制

文物鉴定只代表鉴定专家的个人意见，文物本身的价值是否被故意高估在法律意义上界定困难,有些机构是否具有鉴定文物、艺术品的资质也需要确定,在这方面的法律规定并不清晰,缺乏对相应权限的明确界定。但是在很多国家,文物鉴定机构和鉴定师的入行门槛都很高,法律上对于保护消费者权益也有更完善的规定,这值得我们借鉴。

(三)现有海洋文物鉴定业的特点

我国海洋文物主要分布在沿海地区并向内地辐射。因为沿海地区国民经济相对发展,人民群众收入水平高、消费能力强,在文物交易产业与中西部地区相比,比较发达,因此,沿海地区文物鉴定业规模较大、发展相对成熟,具体表现为文化鉴定机构和从业人员较多,文物交易和鉴定额度较高,且呈现出不断发展的趋势。

海洋文物是文物的重要组成部分,因业务性质,鉴定机构不会单一鉴定某一类文物,因此海洋文物鉴定与文物鉴定具有很高的相关性,且聚集在沿海地区;但是,海洋文物除了具有文物一般特征之外,也呈现出较强的地域性和海洋特色,这要求鉴定机构具有较强的海洋历史文化专业水平,我国海洋文物鉴定业仍有很长的路要走。

二、海洋文物鉴定业的重要意义

(一)学术研究价值

文物鉴定是开展海洋文物研究的前提,海洋文物产生于一定的历史环境,在自然和历史的发展变迁中,产生这样或那样的变化,有的甚至难识真面目。一些人出于盈利等不同的目的,采取各种手段制造假文物,使文物真假难辨,更增加了认识海洋文物的难度。因此,海洋文物鉴定不仅是项严谨的工作,更是鉴定者历史文化知识积累和业务能力锻炼的过程,因此,海洋文物鉴定业是一项研究性的工作,也是其他文物研究工作的重要基础。

(二)经济价值

随着经济发展和物质生活水平提高,沿海地区的文化市场越来越活跃,许多人将所属的海洋文物拿到文化交易场所进行交易,因此文物鉴定对于活跃文化、文物市场具有重要作用。海洋文物市场应当为沿海地区经济建设服务,在国家法律框架内允许海洋文物的经销流转,其中定价环节离不开文物鉴定工作,这对实现海洋文物的经济价值是非常重要的。

三、我国海洋文物鉴定业的发展趋势

海洋文物鉴定业是国家文化发展的一部分,其行业发展是在满足社会需求的前提下形成的。

当前,国家大力倡导文物保护,为海洋文物鉴定业的发展奠定了政治基础。2007年12月29日第十届全国人大第三十一次会议通过了《关于修改〈中华人民共和国文物保护法〉的决定》,2015年4月24日,第十二届全国人大第十四次会议通过了第四次修正我国文物保护法的决定,我国的文物保护法规正在不断地完善,法律涉及范围有所扩展,法律条文内容更为详尽,大大加强了法律的约束力。同时,随着我国经济的持续发展,人民生活水平的提高使得社会精神需求加强,文物作为历史文化精神的承载物无疑为社会所需要,海洋文物鉴定行业发展所需的社会环境及良好的物质基础逐渐形成。尽管我国海洋文物鉴定业还处于一个初期的探索阶段,其发展方向不甚明确,市场的完善也有待加强,但是其未来发展呈现出几个趋势:

(1)由原有的单一、保守向多元化和开放式发展,专业立足的范围不再是单一的文博事业单位,而是现今的国家事业单位和民间企业,包括各类古董鉴定拍卖行、古玩店等;随着国家政策开放,民间收藏兴起,国家与国家之间更是以文物作为载体进行文化交流,海洋文物作为一种历史文化遗产走向了社会大众,此行业的发展由原来的单一、保守向多元化、开放式发展。

(2)产业发展越来越规范,鉴定界多以入行年限的长短衡量鉴定水平的高低,但是由于培养的文物鉴定人才较少、青黄不接,使得现今文物行业的发展仍依赖前人;另一方面因为新入行的鉴定师较为年轻,尽管很有实力却依旧缺乏竞争力和发展空间。针对此问题,2008年6月,国家劳动部门在北京、上海等地首先推行了鉴定师资格考试,这也从侧面体现了海洋文物鉴定行业市场规范性的发展需求。

(3)由低投入、低效益向高科技、高质量转变。以往海洋文物鉴定行业主要依赖人力资源,鉴定修复人才多、能力强的单位相应鉴定准确度较高,修复成功率大,从中获取的历史文化价值、社会价值等就较高;随着科技的不断进步,除了人工鉴定,还可以用科学技术鉴定,鉴定的准确度可精确到确切年代,高新技术已经越来越多地应用在海洋文物鉴定行业中。

四、我国海洋文物鉴定业的发展方向

（一）创办海洋文物鉴定网

海洋文物鉴定网集海洋文物征集、考古、收藏、研究、展示于一身，将系统收藏反映中国古代、近现代、当代历史的珍贵海洋文物，可以打造网络展示平台，向国内外公众全面地展示与宣传中华民族海洋文明的伟大历史进程与辉煌文化，介绍世界海洋文明与优秀文化。海洋文物鉴定网将尽可能地聚集文化研究力量，参与各种内容与形式的展览展示和学术研讨会，打造国内、国际海洋文物学术交流的中心。

网站内容主要包括以下几方面。

1. 新闻资讯和政策研究

其包括国家和各地重要的文物保护政策和科研成果，重要的文物保护宣传活动（如文化遗产日相关活动等），国家和沿海地方关于海洋文物保护研究的最新动态，文物鉴定资格考试和培训信息，以及海洋文物的最新考古发展和考古技术进展等。

2. 文物展览展会信息

其包括国家和地方组织的各级文化鉴定交流活动，国际和区域间的文物交流活动，文物鉴定相关论坛、展会、研讨会信息等。

3. 海洋文物鉴定知识

其包括文物鉴定的基本常识和专业知识，主要面向海洋文物研究学者、持有者和爱好者，介绍文物保护和鉴定的相关知识，切实提高受众海洋文物鉴定水平。

4. 海洋文物鉴定人物

其包括海洋文物鉴定专家、重要的海洋文物占有人（单位）等。

5. 重要海洋文物介绍

其包括海洋文物自身属性的介绍，后附历史文化背景介绍，切实提升广大观众的海洋文物知识水平。同时，可以提供藏品代售服务，方便推动海洋文物交易。

案例：中国文物鉴定网

北京市文保文物鉴定中心于 2003 年 12 月正式成立，是由文物局批准的具有法人资格的文物鉴定、古玩收藏信息咨询、文博培训机构。网站业务范围主要有：组织文物鉴定活动，文物修复，信息咨询；开展有关文物的各种专题调查研究，向有关部门提供关于保护利用的意见的建议；编辑、翻译出版文物资料、书刊、拍摄文物资料和影视宣传片，举办文物展览；协助有关单位开展文物的仿制、复制、咨询、鉴定等各项工作；举办文物知识、技能培训班，培训文物人才；团结海内外热心文物事业的人士，开展文物考察研究，特别加强与港、澳、台文物工作者的交流与合作；在政策、法律范围允许的条件下，参与文物密切相关的各类公益性实体活动。中国文物鉴定网旨在方便藏友与该中心进行沟通、联络，为广大网友搭建一个良好的交流平台，更好地开展器物鉴赏、鉴定经验交流、市场信息流通、组织专家学者进行文物知识普及和提高等活动。

（二）设立海洋文物鉴定培训机构

一个民族，语言文字、思想思维、道德风尚、科技教育、经济政体乃至习惯的养成，皆因文化所发生。人类社会是依靠文化的传承和人文精神的不断超越而迈向文明的。因此，要从海洋文物中梳理古人的思想，发掘人类文化文明与智慧的结晶。可以依托文化研究机构和相关高校，面向热爱中国优秀海洋传统文化，有志于海洋文物研究、学习、保护、鉴定与收藏的单位及个人，充分利用丰富的文物资源优势举办海洋文物鉴定培训机构。一方面，邀请业内顶级专家授课，学习、鉴定、交流、学术研究交相辉映；一方面，设置经典全面的课程体系，利用案例教学，理论与实践结合，诠释海洋文物鉴定的内涵，解读海洋文物内涵的智慧；另一方面，要构筑高资源平台，充分发挥各高校专家及藏品优势，积极开展国内外的交流合作，拓展学员的知识面，增加他们对海洋文物和传统海洋文化的认识。

其核心课程可以包含传统海洋文化思想和知识、中华民族海洋文明传承和海洋文化发展、文物鉴定的基本知识、各种类型海洋文物的鉴定知识等方面内容。

其学习目标主要有接受海洋考古、文物、博物馆学和艺术品鉴藏全面系统的知识培训；通过课堂、展厅、库房、考古现场研习相结合，开阔视野，夯实基础；培养海洋文明观，厘清中华民族海洋文化脉络，提升海洋意识和海洋文化水平；同享最高水平的专家智库和鉴赏顾问资源，进入专业收藏家圈子，与来自各界的考古和文物专家、艺术品爱好者建立广泛的联系网络。

其教学模块可以包含以下内容：

模块一：基本知识。包括考古、文物、博物馆学概论，美术史通论，海洋历史文化基本知识。

模块二：海洋文物赏析鉴定。包括陶瓷赏析与鉴定，海洋书画赏析与鉴定，海洋文物修复与复制，海洋藏品鉴赏与交流等。

模块三：考察实习。组织学员到贝丘遗址等考古遗址和博物馆现场观摩考察，考古专家临场讲解，实现课本知识与实地游学的有机结合。

模块四：交流与政策解读。邀请海洋、文化、文物部门的领导和专家进行政策解读，并进行海洋考古艺术、海洋文化产业投资研讨。

（三）举办海洋文物鉴定的学术研讨活动

海洋文物鉴定是内容丰富的学科，只有各单位加强学术交流合作，才能更好地推动该行业整体健康发展。要积极开展学术研讨活动，组织政府有关部门、高校及研究机构、社会团体、相关产业单位，围绕政策、产业信息、高新技术等进行研讨，打造海洋文物鉴定的学术交流合作平台。在举办方式上，可立足现有海洋文化学术交流互动和文物交流活动，如中国海洋文化论坛、中国（宁波）海商文化国际论坛等成熟品牌，打造海洋文物鉴定交流板块；也可在中国海洋文化节、文化遗产保护日等重要时节，开展海洋文物专题鉴定交流活动（如海洋古玩鉴定会等）。在内容上，可打造海洋文物综合知识，也可以是海捞文物、海底瓷器、海上贸易商品、海洋军事文物等专题交流活动。

海洋文物鉴定内容丰富，在学术研究和交流过程中要注意做到点面结合、宏观研究与微观研究相结合，认真研究具体问题和个案，总结升华为理论规律，通过举办海洋文物鉴定的学术研讨活动，争取做到思路创新、知识更新，避免重复研究和泛泛而谈，充分发挥学术引领的重要作用。海洋文物鉴定的学术研讨活动应包含以下几方面内容。

1. 海洋文物鉴定及相关的理论研究、学术知识

要注重各学术理论的整体性和系统性，既符合文物保护理论体系的整体要求，又体现海洋文物自身特点，从而切实推进该领域理论建设及其运用。

2. 海洋文物发掘、打捞、修复、保护等相关知识

文物鉴定工作并不是单一的，而是文物保护众多环节中的一部分，与其他部分息息相关、难以割裂，因此要加强海洋文物保护各门类学术的发展。

3. 关于海洋文物相关资料的整理和发布

将近期政策动态、学术发现、产业信息、社会新闻等及时、科学、全面、系统地记述并进行综合研究,供大家探讨研究。

第四节 打造海洋文物产业创新平台

创新是文化产业发展的重要动力,加强创新是实现海洋文物产业跨越式发展的重要保障。打造海洋文物产业创新平台,有利于实现传统海洋文化内涵与新兴文化表现形式的良好结合,从而实现海洋文物的经济价值,进而促进海洋文化遗产产业的健康发展。

一、发展海洋文物保护装备产业

(一)我国水下考古工作不断发展

我国水下遗产保护工作经过多年发展,机构布局日益完善,专业队伍日趋壮大,取得了一批丰硕的成果。

水下文物保护机构建设健全。1987 年,我国首个水下考古专业机构——原中国历史博物馆水下考古研究室(现中国国家博物馆水下考古研究中心)挂牌成立,拉开了我国水下考古的序幕。2009 年 6 月 4 日,国家文物局水下文化遗产保护中心正式成立。10 月 16 日,国家水下文化遗产保护宁波基地也正式挂牌,这是我国首个挂牌成立的水下文化遗产保护基地。

水下文物考古宣传力度得到加强。近年来,我国围绕水下考古工作及成绩的相关报道越来越多,引起全社会广泛关注;同时为提升全民海洋意识和文物保护意识,有关单位积极组织宣教文化活动。2009 年,首届"水下考古·宁波论坛"在宁波中国港口博物馆举行,博物馆专门设立了"水下考古在中国"的专题陈列,重点介绍各种水下考古装备,以及"南海Ⅰ号""南澳Ⅰ号""碗礁 1 号""半洋礁Ⅰ号"、辽宁绥中三道岗元代沉船、中山舰、"小白礁Ⅰ号"7 个国家级重点水下考古项目的 162 件珍贵出水文物。

水下考古和遗产保护工作不断深化。经过 30 多年的发展,我国的水下遗产保护工作已经从单纯的水下考古向综合性的保护发展,从滩涂发掘向近海打捞、远海作业进军,除了水下沉船之外,包括港口遗址、海防遗址、海岛遗址、水下城市、水文石刻等都被纳入水下遗产保护工作的内涵。目前,国内水下考古项目数量逐年增加,遍及沿海各省区市,累计已有约 70 个。而人员队伍也逐渐壮大,已经超过百人。通过这些年的努力,文物工作者对中国沿海和内水的水下文物分布已经有了一定的了解。

需要重点指出的是,我国水下文物考古已经由国内延伸至海外,取得了一系列佳绩。2005 年,国家文物局和肯尼亚文化遗产部签署了合作考古协议;2012 年,中国国家博物馆和肯尼亚国立博物馆合作,在肯尼亚沿海地区进行水下考古调查与发掘工作,发现了多处水下文化遗存,这是中国水下考古队在国外首度开展的大规模工作,此次工作中发现的各类陶罐、中国瓷器、沉船、绿釉陶罐、铜锭、象牙等文物,为海上贸易与交流史研究提供了新的实物资料;2015 年 4 月,中国首艘水下考古船"中国考古 01",装备着具有国际先进水平的水下考古专业设备,驶向了西沙群岛,43 天之后,精心筹备了两年多的 2015 年度水下考古工作宣告结束,在重点发掘项目"珊瑚岛 I 号"沉船遗址,提取出水文物 50 件。中国国家文物局表示,水下调查所到之处,如果有大量的中国历史上的朝代的历史遗存,都说明历史上我们国家对某个岛、某个航道拥有主权。水下考古确实具有维护国家利益、彰显国家主权并提供历史物证的重要作用。

（二）我国考古装备产业及水下考古

随着文物、博物馆事业快速发展,文物保护专用装备适用性差、技术含量低、集成度低、缺乏系统解决方案的矛盾凸显,迫切需要现代科技和装备提供支撑和保障。国家有关部门围绕文物保护与传承的重大需求,积极推动先进、适用、安全的国产化文物保护专有装备在文物、博物馆行业规模化应用。2013 年 8 月,工信部与国家文物局签订共同推进文物保护装备产业化及应用合作协议,双方将重点在考古、文物预防性保护、文物安全防护、文物展示利用等领域开发一批新装备,初步形成了文物保护装备产业配套体系,基本满足了国内文物博物馆事业的需求。2015 年 6 月 14 日,我国首个文物保护装备产业基地落户重庆,将打造集研发、应用、展示、服务、交易等于一体的全产业链文物保护装备产业集群,预计到 2025 年实现年销售额 300 亿元。当前,我国文物保护专用装备领域尚处于起步阶段,文物保护装备市场前景广阔,在文物保护装备产业不断发展的过程中,要高度重视海洋文物保护装备的创新和生产,有力支撑水下考古和水下遗产保护工作开展。

水下考古和水下遗产保护工作具有极高的政治、经济、文化和学术价值。目前,我国水下考古和水下遗产保护工作已经形成了国家主导、地方支持、相关部门配合的管理体系和沿海为主、远洋为辅并适当兼顾内陆水域的格局。海洋是水下文物重要聚集区,要高度重视海洋文物的水下打捞和保护。2014 年 11 月 19 日,"水下文化遗产保护技术与海上丝绸之路考古研讨会"在厦门召开。会上,国家海洋局第三海洋研究所所长余兴光坦言,我国现有的水下文物探测、保护仪器九成以上是从国外引进的,自主研发的相关设备仍然较少。然而就目前的水下考古形势来看,我国对先进考古技术、设备的需求却是十分迫切的。因此,加大相关设备的研发力度,抓紧保护宝贵的水下文化遗产已成为各界一致共识。

（三）我国海洋文物保护装备不足的现状和发展方向

目前,我国包括海洋文物在内的水下文物的勘测与保护急需解决两方面问题。一方面,水下文物发现、定位困难。目前我国的水下考古技术有限,我国现有的水下探测设备大多只能探测海底表面的水下沉船等大型物体,而对于小型文物的发现和定位则较为困难。另一方面,我国水下防盗捞水平有限。目前的盗捞装备越来越先进,但我国的水下防御手段却基本是空白的,这给了不法分子以可乘之机,极不利于文物的保护。针对现存问题,我国水下文物的勘测与保护发展应侧重发展以下几方面。

1. 发展新型海洋声学装备

新型海洋声学装备可以提高水下文物探测的效率,提升水下文物探测的能力,加强潜水员水下作业的安全性,提高防盗捞水平和快速评估海洋环境变化的能力。

2. 发展三维高清晰浅地层剖面装备

对于水下文物的勘测可以在深度方位采用浅地层剖面技术,在水平方位采用多波束声呐技术,在航行方位采用合成孔径技术。

3. 发展低功耗反蛙人声呐浮标

低功耗反蛙人声呐浮标能够长期在海上值守,并且能够探测没有声音辐射的蛙人,能够以被动方式远程侦察睡眠和水下航行器,同时可采用太阳能或风能供电,争取能实现探测信息的无线实时传输。

二、建设以海洋为特色的文物产业园

文化（创意）产业园是一系列与文化关联的、产业规模集聚的特定地理区域，是具有鲜明文化形象并对外界产生一定吸引力的集生产、交易、休闲、居住为一体的多功能园区。2015 年 3 月 24 日，保定市政府、河北省文化厅、中关村数字文物产业联盟共同签署了数字文物文化产业园合作框架协议，北京中关村数字文物产业联盟将充分发挥在文物数字化、信息化、科技化等方面的优势，投资 124.5 亿元人民币，建设融数字故宫国际会展中心、文物鉴定与修复工作室、文化科技创新总部集聚区、数字文物文化商贸城以及数字体验中心、社科院文博专业人才实习和培训中心、特色文化艺术工作室等为一体的保定数字文物文化产业园，带动河北乃至京津冀区域文化事业的发展。

（一）打造主题板块

为推动海洋经济和文物保护事业发展，沿海地区可立足自身实际，打造以海洋为特色的文物产业园，打造以海洋文化为特色，以文物产业为主体，集设计、商业、传产、交通、物流、农业、旅游、教育等内容为一体的综合开发体。具体可分为三个主题板块。

1. 板块一：展示海洋文化和海洋文物的旅游景点

文化产业园强力聚集了大量海洋文物瑰宝和文化精品，可以收集、创作海洋文物主题图片资料、仿真实物、创意产品等，在园区内集中展示，要求建筑、装饰、景观均符合区域海洋文化特点，使园区成为名副其实的区域海洋文物交流展示中心，吸引广大游客前来参观。

2. 板块二：打造在全国知名的特色海洋文化产业示范基地

以海洋文化和海洋文物为内核，从网络传媒、影视动漫、旅游休闲、工艺美术、非物质文化遗产保护等多个角度研发海洋文化创意产业，通过集中各文化公司和相关企业，延长产业链，实现资源集聚和集约化利用，打造在全国知名的特色海洋文化产业示范基地。

3. 板块三：打造海洋文物主题创意会馆

供业内人士旅居、休闲、度假的场所，如创意餐厅、会议室、宾馆旅馆等，满足考察学习、商务洽谈等需要，可酌情打造小型精品剧院、展厅等场馆，提升产业园的文化品位和档次，打造广受欢迎的休闲、度假、创业、展业、兴业场所。

（二）设计和规划要点

要做大、做强以海洋为特色的文物产业园,必须加强园区设计与规划,狠抓建设管理和现场管理,提升项目品质,优质、安全、快速推进项目建设,要以提高投资效益为重点,狠抓海洋文物产业的政策和战略研究,重视海洋文物创意精品的开发经营,以超前战略视野把握国家产业政策机遇以使研发的产业与国家产业扶持政策接轨,一手抓文化创意产业的政策和战略研究,一手抓文化创意产品的跨空间集成化运营谋略,艺术地运作当地特色海洋文化资源和海洋文物资源,力争实现"项目同建、产品同创、效益同步"的突破。具体有以下几点。

1. 注重园区特色打造

特色是文化产业园区吸引力的重要源泉。海洋文物主题园区要以海洋历史文化和海洋文物为主题,以区域海洋文化为特色,顺应海洋文化发展、文物保护的规律,凸显园区的海洋文化和文物特色,打造区域海洋文化知名品牌。

2. 注重园区要素关联性

综合考虑项目引进,各项目应彼此呼应,互相拉动,内容上互补、功能上联动,要实现海洋文物相关产业与信息服务业、动漫游戏业、设计服务业、现代传媒业、艺术品业、教育培训业、文化休闲旅游业、文化会展业等产业的紧密结合。

3. 注重区域布局和时间安排

文化园区规模较大,启动变成非常重要的一环。启动区要有带动的能量,牵涉号召力与资金链的拉动,同时考虑主题的设置与体现、项目空间布局联动性、时间资金链的连接性,要能够按部就班又能快速,实现考虑前期价值与后期价值的平衡。

三、规范海洋文物复制产业

当前,对于文物的复制和仿制,社会上存在着不同的观点。一些学者认为,中低端的文物复制、仿制品可以供社会大众品鉴、赏玩,基本不会扰乱文物艺术品市场,但是一些高端复制品,容易扰乱市场,使得中国文化品质受创。但有不少收藏爱好者认为,文物复制品具有一定的收藏价值,应宽容视之,如褚遂良、怀素等人的《兰亭序》摹本也都成了文物,在加强管理、手续合法的原则下,应该容许制作及出售文物复制品,但是必须严格监控数量和流通渠道,保证作为文化载体的文物的品质。近期,陕西茂陵博物馆向某文物创意研究机构授权了十件珍贵文物的复制资格。茂陵博物馆以汉武帝茂陵、霍去病墓及大型石刻群而蜚声海内外，其馆藏的马踏匈奴石刻、错金银铜犀牛、四神纹玉雕铺首、鎏金铜马、鎏金银高擎竹节熏炉等均为艺术精品。此次茂陵博物馆对文物复制进行资格授权，在文博界反响不一，引人思考。有关专家认为，历史文物资源只有在保护好的前提下科学利用，发挥文物作用，才能有利于历史文化的传播和传承，如果只是束之高阁，则是一种文化资源的浪费。海洋文物是文物的重要组成部分，因此，要允许海洋文物复制产业存在并发展，允许科学、合法地复制海洋文物。

文物复制依托的是中国丰富的历史文化遗产，近年来，随着文物、艺术品收藏日趋活跃，大量的民间资本和投资机构进入该领域。2011 年，中国艺术品交易额近 600 亿元，庞大的交易量极大地拓宽了文物复制品、仿制品的出路。大量海洋文物纺织品也应运而生，充斥市场，走向民间。需求决定市场，我国对文物复制品未设定知识产权保护，市场上需要复制品、仿制品的不仅是期望从中渔利的商人，更有民众收藏热情之故，如果不对文物复制和仿制进行规范，就为"假古董"佯装"真文物"打开了通路。

为规范海洋文物复制产业，一方面，应加强市场准入。根据相关法律规范的要求，海洋文物复制单位应具备必要的文物复制生产场地、生产设备、检验设备和专业技术人员。其文物复制资格由省、自治区、直辖市文物行政管理部门认定。

另一方面，海洋文物复制品可以有效传播传统中华民族海洋文化。在博物馆中，文物复制品展示是重要的展览方式，可以保护珍稀文物免受运输、光照等造成的损害；对于个人而言，充分尊重和体现文物文化内涵的复制品，能够满足人们对古代艺术品审美的体验。因此，海洋文物复制对弘扬灿烂的海洋历史文化和推动海洋文物文化衍生品产业发展均具有积极作用。

四、对海洋文物创意产业发展的思考

（一）加强文物内涵创新

可将海洋文物的内涵移植或扩散到其他领域，尤其是相关文艺领域。例如可以由海洋文物保护单位与影视剧作公司进行合作，将海洋文物作为创作主题或者创作背景加入影视戏剧艺术的创作当中，风险共担，利益共享，既可以提升影视艺术作品的文化内涵并获得相关收益,又可以扩大海洋文物的知名度。这方面的成功案例很多,如电影《神秘的大佛》不仅获得了影视方面的收益,还使乐山大佛的形象得到了提升,为我们提供了良好思路。同时,在创意性产品推出之后,根据市场的不同需要,进行再次创造,以满足不同市场细分尤其是后续市场的多元化需求,进行设计与改变,提升受众认同度和文化接受。

（二）实现文化形式创新

海洋文物创意产业是海洋、文物、文化产业的交叉点,可借力于"互联网＋"的手段,运用先进的数字传媒技术等传播手段对海洋文物进行创意化展现与广泛的传播,如开通相关数字电视频道和纪录片;可将海洋文物与相关的数据整合成为纪录片进行宣传与展播;既可以保存和记录珍贵文物,又可以因为广泛的宣传而引起更多人的保护意识,进而进行更好的保护、继承与发扬。

（三）概念与品牌创新

许多海洋文物由于其独特的文化、历史、艺术与科学价值,本身就具有巨大的知名度和影响力,尤其是被评为世界文化遗产的海洋文物,更是具有享誉全球的品牌价值,可将此种品牌进行延伸性开发,以此带动与之相关商品的品牌影响力。例如,由海洋文物的品牌命名授权后的旅游公司、餐饮企业、文化研究机构、咨询策划公司、音像出版企业等,可进一步延伸产业链,深度开发古文物的品牌价值,带动与之相关产业的协同发展。

第七章

海洋非物质文化遗产资源的产业化发展定位

　　濒危性是非物质文化遗产普遍存在的一个特征,对非物质文化遗产进行有效保护和开发是对非物质文化遗产的最好传承。目前以民间艺术、民俗文化、民间技艺形式存在的非物质文化遗产,在经济相对落后地区的保护状况相对稳定,但随着经济的发展,这些宝贵文化遗产正在淡出人们的生活。如何实现经济发展和非物质文化遗产保护相互结合,是国家和地方需要一致关注的问题。海洋非物质文化遗产的产业化开发是一项长期而又复杂的工程,近年来,国家和地方逐渐重视海洋非物质文化遗产资源的保护,沿海各地政府有意识地将其纳入整体工作,视其为功在当代、利在千秋的大事,因此应当紧紧抓住当前大力发展海洋产业和文化产业的有利契机,实现对海洋非物质文化遗产的有效保护和科学合理的开发利用。

第一节　海洋非物质文化遗产产业发展的总体思路

　　海洋非物质文化遗产资源保护开发是文化产业发展的一部分,要实现海洋非物质文化遗产产业整体健康发展,就需要做好总体设计,深挖内涵、注重创新,既要能保持海洋非物质文化遗产的原貌,又能够使之得到很好的传播与继承,坚持保护与开发并重,坚持走可持续化发展道路。

一、海洋非物质文化遗产资源产业发展具有可行性

民间艺术是所有文艺形式的创作源泉,以民间艺术为素材,用世界的通用语言去表现,可以创作出电影、小说、漫画、音乐、舞蹈、美术等能够创造价值的艺术产品。由于互联网技术的普及,信息的传播速度加快,原来在不发达地区被人遗忘的民间艺术可以通过现代的科技手段进行传播,使古老的艺术得到新生。现代的流行艺术追根溯源都是从原始艺术发展而来,而作为非物质文化遗产的民间艺术只是因为传承手段古老,社会环境又不断变化,而导致逐渐失传。因此,将非物质文化遗产开发成为文化产品,使它进入商品流通领域,也会是很好的保护开发手段。以经济作为保障,海洋非物质文化遗产的产业化发展就具有切实的可行性。

(一)发展海洋非物质文化遗产产业对于保护工作的反哺作用

政府是推动海洋非物质文化遗产资源保护与开发的主导力量。海洋非物质文化遗产项目具有民族性、地域性,与旅游业发展密不可分,如前些年地方热衷的旅游村等,都是展示传统海洋文化的良好平台,这一过程中关键是要深度发掘海洋非物质文化遗产的文化内涵,并开发相关独特的海洋文化旅游产品。同时海洋非物质文化遗产的发展和社会需求的变化紧密相关,除了详尽记录影像资料外,还要让一部分群众把它们作为兴趣爱好进行传承。

海洋文化遗产的保护传承离不开充足资金的保障,但是完全靠国家出资保护肯定是不现实的,因此必须依靠广大海洋非物质文化遗产传承人的自力更生以及各类社会力量的共同支持,尤其是文化企业的支持。但是,要实现这一目标,就必须激发海洋非物质文化遗产资源的自身原动力,即通过海洋非物质文化遗产资源开发创造价值,再用以反哺海洋文化遗产资源保护,这需要地方政府和相关专家共同协作,从信息、市场渠道、资金等方面予以支持,这对于发展地方文化经济也是非常有益的。因此要结合文化产业、创意产业,将海洋非物质文化遗产的可利用元素应用到文化产品的开发上,如将海洋元素的戏曲、曲艺、音乐等海洋非物质文化遗产运用现代化技术手段制作成原汁原味的音像制品进行保护,同时用年轻人喜闻乐见的艺术形式进行宣传推广。

(二)海洋非物质文化遗产资源开发利用的理论认识

海洋非物质文化遗产的特性决定了其开发与利用不是件容易的事情,需

要慎之又慎。对其进行合理的开发与利用不仅关系到海洋文化事业与文化产业的健康、有序发展,还关系到海洋非物质文化遗产自身的生存发展及传统海洋文化文化的延续与传承。所以,开发与利用时必须要有清醒的理论认识,以科学的理论为指导,在充分认识海洋非物质文化遗产的内涵与特性,严格遵守非物质文化遗产保护的基本原则的基础上进行;必须认识到文化资本运作的规律、保护与开发利用的关系及开发利用中"度"的把握等关键问题,认识到开发只是促进海洋非物质文化遗产保护、传承与发展的一种手段和方式,当然这并不是唯一手段;开发不是针对所有的海洋非物质文化遗产,而是针对具有开发价值、具有一定承载力的资源;开发必须是良性的、合理的,不能因功利性、片面性而经济利益驱动而造成资源滥用。

(三)海洋非物质文化遗产资源开发利用的必要性

开发利用是海洋非物质文化遗产保护过程中需要认真思考和正确面对的问题。"合理利用"是其指导方针的主要内容之一。国家鼓励"在有效保护的基础上,合理利用非物质文化遗产代表作项目开发具有地方、民族特色和市场潜力的文化产品和文化服务"。开发利用非物质文化遗产具有重要的现实意义,"保护性开发利用"必然会成为一种发展趋势。其必要性体现在开发利用将为非物质文化遗产保护注入资金,开发利用会促进非物质文化遗产价值的挖掘,开发利用还会推动非物质文化遗产的传承与发展等众多方面。

非物质文化遗产的开发利用对于保护和传承非物质文化遗产具有重要的现实意义,也可以说开发利用是非物质文化遗产保护与传承的一种方式,一种能使非物质文化遗产适应当今时代与社会发展的必要的、可行的方式。每一位从事非物质文化遗产保护实践与理论的工作者们都应在此方面进行探索,探索具有实践指导意义的理论,为保护实践工作服务,促进非物质文化遗产被科学有效地保护与传承。

二、我国海洋非物质文化遗产资源开发的指导思想

在不影响非海洋非物质文化遗产项目继续传承的前提下适当地进行开发利用,在实现有效保护的前提下的合理开发利用,要从"外部喂养"转变为"自我满足",从而减轻财政负担,增加就业,激活海洋非物质文化遗产资源保护的内在动力,同时实现遗产经济价值的最大化,带动沿海经济的发展。

要实现这个目标,就要动员群众广泛参与,这是因为海洋非物质文化遗产资源的主体是广大人民群众,其开发、利用、保护离不开群众参与。当前,要将海洋非物质文化遗产资源的开发与社区建设结合起来,与广大群众日常生产生活结合起来。在沿海地区,同一区域的人们有着共同的生活服务设施、相同或相似的价值观和认知水平,共同的海洋文化、风俗、一致的利益和问题,可以推动彼此相互联系,设施配套建设和利用,让群众形成一种共同的归属感。以沿海社区为例,从功能的角度出发,社区划分为不同的类型,如经济社区、文化社区等。旅游社区就是社区形式的一种,不同学者分别从旅游社区的构成主体、社区范围、社区特征等角度对旅游社区进行了界定:海洋文化旅游社区是在拥有一定海洋文化旅游资源的地域内,具有相同的文化、相同的生活习惯和风俗、相同的价值取向的成员之间具有共同利益的人群组成的共同体,是以地方群众为主体,涉及地方政府、旅游企业和乡村社区组织的社区。不论海洋非物质文化遗产资源的保护还是利用,都要发挥广大群众的主体作用,形成全民参与海洋文化遗产产业发展的良好格局。

三、海洋非物质文化遗产产业发展中注意的问题

目前,我国非物质文化遗产的产业开发取得了很大的成绩,唤醒了人们重视非物质文化遗产资源的社会意识,极大地改变了某些文化资源的生存状态,但是也暴露出一定的问题,主要问题如下。

(一)注重海洋非物质文化遗产资源的系统性和整体性

在一些与传统文化有关的商业活动中,出于经济性和招揽顾客的考虑,许多文化资源被肢解、拼接成"四不像"。如传统民俗庆典歌舞活动被集中在公众统一的假期内,为迎合游客的需要而被重新塑造成"时尚节目",原有内涵逐渐淡化。又如旅游文化产品片面追求产业化规模,工业化生产模式导致以家庭作坊式生产的传统手工艺产品生存状态趋于恶化,这些行为在短期巨大效益背后造成了传统文化的丧失,是对文化资源造成的新的伤害。因此,海洋非物质文化遗产资源开发利用过程中,要注重其整体性、系统性,加强资源各要素之间、资源与整体环境之间的紧密结合,坚持挖掘海洋文化内涵,其形式、内容的创新要符合海洋非物质文化遗产资源传承的规律和保护的要求,走可持续的资源利用道路。

（二）注重海洋非物质文化遗产资源的均衡化发展

海洋非物质文化遗产资源开发要有重点、有优先，以点带面、优势驱动，这是值得肯定的，但要注意的是当前文化遗产资源开发过程中，在资金投入时追求效益最大化而往往选择较有影响的资源进行开发，这导致了"两极化"现象，忽视了一些小范围内的非物质文化遗产的生存问题，如江西较有影响的兴国山歌得到重视，而畲族山歌几乎不为人所知，尤其如新建得胜鼓、九江县"三声腔"山歌等区域内的艺术形式随着产业化开发的进程，它们的生存境况更加严峻。海洋文化非物质文化遗产资源也是如此，要实现均衡化发展，对每项资源都要予以适当的倾斜，避免扶持强者、忽视弱者的问题，使得海洋非物质文化遗产产业呈现重点突出、整体发展、不存盲点的良好态势。

（三）重视海洋非物质文化遗产资源开发的主体多样化

针对现在文化遗产产业发展存在着较为突出的民众缺位，尤其是当地的民众受益过少的现象，政府要以群众路线教育指导海洋非物质文化遗产资源保护和产业化利用的工作，带动更多的专家与民众共同参加到海洋非物质文化遗产文化资源的产业开发过程，高度重视发挥广大群众的基础性作用，同时注重利益的公平分配，避免伤害海洋非物质文化遗产资源传承的群众基础。

四、建立动员社会各方积极参与的机制

要实现海洋非物质文化遗产产业健康发展，需要设计一系列机制。

（一）引导机制

引导增强群众主体意识，激励群众积极参与。通过提升农村组织、社区组织和广大群众对于海洋非物质文化遗产资源开发前景的认识，消除顾虑，降低风险，让人们清晰地认识其经济效益和社会效益，引导激励乡村社区组织和群众参与海洋文化非物质文化遗产产业发展。关于如何实现激励价值，主要是由地方政府通过召开座谈会、动员会等形式，邀请乡村社区组织代表和群众代表参加，让他们了解海洋非物质文化遗产开发的各方面信息，包括参与方法、机制和重要性、国内外社区参与海洋非物质文化遗产资源开发的典型成功案例、当地海洋非物质文化遗产资源的优点和开发价值、当地进行海洋非物质文化遗产资源开发的 SWOT 分析（优势、劣势、机会和挑战），以及开发带来的经济收益

和可能的负面影响等。农村社区组织和群众通过了解这些信息,能增强自身的民主意识和参与意识,增强对当地海洋非物质文化遗产资源成功开发并获取收益的自信心,从而使他们更好地为相关资源开发的规划和产品的设计积极提供建议和创意,积极支持和配合各类活动或项目的实施,最终保证他们成为海洋非物质文化遗产资源开发的真正受益者,从而实现海洋非物质文化遗产产业的可持续发展。

(二)决策机制

凝聚群众智慧,群策群力参与科学决策。决策机制的建立主要是为了保障群众充分参与制定海洋非物质文化遗产产业的整体规划,进行海洋非物质文化遗产产品的设计和创新,参与海洋非物质文化遗产项目实施中具体问题的决策。政府牵头,成立由社区农村组织代表和群众代表组成的联合会,以定期会议和重大事项临时会议相结合的方式,科学地制定适合当地海洋非物质文化遗产产业发展的决策。首先要以问卷调查或走访的方式,听取群众关于海洋非物质文化遗产资源开发和产品设计的构想,在会议时进行讨论,并予以反馈,"调查—讨论—反馈"的过程可以是重复、连续的,政府部门和专家在吸收民意的基础上,制定海洋非物质文化遗产资源开发规划和产品设计方案。待方案完成以后联合会召开会议,政府将规划和设计方案先公布给乡村社区组织,再由乡村社区组织面向群众广泛传播和讨论,征求群众意见并进行修改,直至形成相对统一的看法和共识。对于在海洋非物质文化遗产项目实施中涉及群众利益的问题,需要征求群众意见和看法,可在联席会上反馈群众诉求,使得政府部门在民俗产品生产和项目实施时能够符合群众意愿、满足群众合理诉求,从而获得更好的社会支持。

(三)咨询机制

要指导和帮助群众解决生产生活中的实际问题。在海洋非物质文化遗产项目建设、实施过程中,群众会遇到各种各样的问题,如经营问题、项目实施影响日常生产生活问题等,通过建立咨询机制,回答乡村社区组织和群众在海洋非物质文化遗产产品生产和项目实施的具体问题。可以将海洋非物质文化遗产产品生产和项目实施中出现的问题在社区政府联合会上向政府有关人员咨询。各相关单位通过设立咨询专线、专台等形式,接受乡村社区组织和群众的问题,组织专家进行研究并提出方案,要注意的是政府工作人员和专家要完全接受群众质询并理解到位,以通俗易懂的方式予以解答,要擅长对各类问题进行总结思考,发现深层次的、更加本质的问题,进行深入调查,发现问题的根本原因并制定解决措施。

（四）经营机制

为群众直接开展项目实施和业务经营开辟窗口。海洋非物质文化遗产产业不是政府一家之事,其发展壮大也要靠群众直接参与经营、提供商品和服务。政府应鼓励群众直接从事生产经营,通过自己的经济行为直接获益。政府制定总体项目方案,乡村社区组织将项目规划方案和产品设计方案细化为具体的行动方案,带领和组织当地群众积极参与到产品生产和项目实施的具体工作中。沿海群众是海洋非物质文化遗产产品生产和项目实施的主角,可在乡村社区组织和政府部门的组织领导下,参与传统民俗音乐舞蹈的表演,参与海洋传统手工技艺的表演和展示,参与民间传统海洋节日活动,参与特色商品的生产贩售等,并从直接参与中获取经济收入;也可直接参与经营游客食宿接待,实现接待各环节供给的本地化,食材尽可能采用当地原料,在当地加工,保证当地居民优先被雇佣的权利。海洋非物质文化遗产产业链的本地化,有效地保障了本地群众的利益,最大限度地利用当地人力资源和海洋非物质文化遗产资源,给当地带来更多的就业机会,增加地方经济收入,保证当地居民最大程度收益,从而最大限度地保护与真实展示地方海洋非物质文化遗产。

（五）培训机制

政府组织专家对从业群众进行教育培训,提高其参与项目建设、产品生产和对客服务的能力。培训方式可以为集中培训,通过培训班、授课班的形式,面向从业群众集体讲授知识,答疑解惑,也可组织代表外出考察学习,了解国内外其他地区在民俗文化资源开发,尤其是海洋非物质文化遗产资源开发中取得的成就,并吸取、借鉴其开发的先进经验。培训内容主要包括观念和意识,主要是民主意识和参与意识、海洋非物质文化遗产保护传承意识、生态文明观念、法制观念等;同时有专业知识和服务技能,专业知识包括海洋非物质文化遗产资源的优点和开发价值,群众参与的内容、方法和途径,对发展旅游等产业化的正确认识等,服务技能包括餐饮服务技能、种植养殖技能、经营管理技能、语言技能等。通过培训，可以增强群众的主体意识和能力，同时使农民重视对当地海洋非物质文化遗产和自然生态环境的保护；强化农民的服务意识，规范服务行为并使之尽量标准化，以提高服务水平。

（六）规范机制

加强群众市场行为的规范性，加强对自然环境和传统文化的自觉保护。对海洋非物质文化遗产资源的各种形式的开发，不管是旅游、演艺、民俗表演等各种形式，均以资源原真性和优美自然环境为基础，政府负责投资对海洋非物质文化遗产资源及其生态环境进行治理整顿，优化发展环境，同时也要加强监管，引导群众在海洋非物质文化遗产资源开发和村容村貌、生态环境的整治中受益，逐渐提升规范经营和可持续发展的理念。良好的自然环境、有效的资源保护是海洋非物质文化遗产产业发展的前提条件，保护环境就是保护自己的经济利益。同样，当地群众对本地海洋民俗文化的自豪感与自信心也是保持文化魅力的关键。如果当地农民参与民俗文化开发和乡村旅游发展的全过程并从中受益，那么他们将大大增强对自己当地海洋文化价值的认同，自觉维护、弘扬海洋非物质文化遗产，成为当地海洋民俗文化的主动传承者和保护者。

五、不同海洋非物质文化遗产资源的开发模式

根据不同种类海洋非物质文化遗产资源的表现形式、创造方式及生存状况，可设计不同的开发模式。

（一）海洋题材传统文学资源的开发利用

这类资源主要包括以海洋为主题或者具有浓郁海洋元素的民间传说、故事、史诗、民间歌谣等。与表演艺术类、工艺美术类等相比，这些海洋非物质文化遗产资源进行开发利用时有一定难度，市场化运作的机会较少，需要找好切入点，策划科学可行的项目。

1. 广泛搜集、整理

搜集整理的对象主要是海洋神话、民间传说、民间歌谣、谚语谜语等，争取以图书、画册等形式出版，要注重其知识产权的保护，在保护其原有文化内涵和特色的基础上适当予以创新，使传统海洋文学作品与现代化传播形式结合起来，真正做到主题明确、内涵丰富、形式多样、群众喜爱。

2. 将其作为题材进行加工创作

将这类资源创作成为文学读物、影视作品、舞台剧作品、动漫作品及网络游戏等，改编为适合各个年龄层的人尤其是青少年阅读的读物。海洋文化遗产具有很强的地域性，可考虑设计成为小人书系列、漫画系列、电影系列，以创造出巨大的经济效益和社会效益。

3. 实现海洋题材传统文学资源与旅游、创意等产业的对接

将海洋民间传说、传统故事等融入海洋文化旅游项目及纪念品，发挥自身优势，深入挖掘本土的、地域性的海洋文化遗产资源，为海洋文化旅游注入内涵和活力；同时加强与创意产业结合，打造一批相关题材的优质海洋文化创意产品。

（二）海洋传统表演艺术类资源的开发利用

这一类资源主要包括沿海地区的传统音乐、舞蹈、戏剧、曲艺、体育游艺与竞技等，具有多样化的开发形式和较高的经济价值，因此是重点研究对象。

1. 开展大型海洋实景演艺

可借鉴《印象刘三姐》《云南印象》等优秀项目，依托沿海景区或场地，以传统海洋文化为主题，加大资金投入和市场运作，打造经典文化旅游品牌，这是深受地方政府和群众欢迎的形式，通过打造品牌促进游客消费、拉动投资，从而实现经济增长。

2. 依托海洋民俗节庆发展旅游

体验经济时代，人们购买的是"难以忘怀的文化体验"，具体到节庆旅游也是如此。非物质文化遗产旅游开发完全可以选择内容健康、气氛热烈、游客可参与性强、可充分展现本地区文化特色的节庆、习俗、礼仪、歌舞、戏曲进行开发，以时间、空间为线索，以表演艺术为支撑，推出一系列的节庆旅游产品，给旅游者以全新的体验。

总之，海洋传统表演艺术类资源具有巨大的开发利用价值及市场开发潜力，要不断探索开发利用的途径与模式，同时注重培养一批既懂传统海洋文化的内涵，又懂现代文化市场运作的经营人才，实现海洋非物质文化遗产保护与开发利用的真正结合。

（三）海洋传统工艺美术类资源的开发利用

非物质文化遗产有多种保护方式，即抢救性保护、整体性保护及生产性保

护等,传统工艺美术类非物质文化遗产是最适合运用生产性方式进行保护、开发利用的一类资源,其海洋文化内涵和技艺价值只有在生产实践中才能真正实现,因此要强调在传承中延续,在生产中保护发展,使得海洋非物质文化遗产传承人的绝活、技艺通过被物化了的载体——工艺美术作品呈现在众人面前的。如渔民画、坭兴陶作品、船模等,都具有独特的艺术魅力。随着民间工艺品市场的迅速发展,此类资源的开发利用也具有很强的潜力。

(四)海洋民俗类资源的开发利用

我国海洋民族资源丰富,如沿海各地的庙会、祭祀仪式、休渔开渔仪式等。这一类资源的开发利用具有可行性,但是要十分谨慎,应该避开并尊重其仪式性、宗教性等因素,深挖文化内涵,从传统仪式之外寻找商机,进行适度开发利用,以免造成不必要的破坏。此类资源可以采用海洋节庆模式、参与型民俗村模式及主题公园模式。

1. 海洋节庆模式

其主要是借助传统的海洋文化节日来发展海洋民俗旅游,实现沿海地区民俗保护与开发利用的科学发展。要挖掘和突出传统海洋节日的文化内涵,使之成为展示和传播优秀传统海洋文化的重要阵地,成为满足人民群众海洋精神文化生活需要的重要渠道。要注意的是,对活态的海洋民俗类非物质文化遗产的保护应注重合理开发,盘活海洋民俗文化资源,发展特色海洋民俗旅游。但是,要坚决摒弃海洋非物质文化遗产价值简单等同于经济价值的观点,坚持真实、全面地保存并延续海洋民俗文化遗产的历史信息及全部价值,杜绝急功近利地开发。

2. 参与型民俗村模式

民俗村是非物质文化遗产旅游开发中最易行的一种方式,在各地非常常见,以当地富有特色的自然村寨、原生态的民族歌舞、戏曲、原始的生活习俗为资源吸引旅游者,是受到政府、当地民众和旅游者共同喜爱的模式。海洋民俗村旅游也是如此,以不大的开发成本带来较好的经济效益,为传统渔村经济发展和转型带来了新机遇,为活态海洋民俗文化的保护和发展提供了新的思路,但要注意的是,要注重居民参与、居民获益,采用当地居民参与管理、利益分享、多方沟通,才能促使居民主动、自觉地保护、传承非物质海洋文化遗产。

3. 主题公园模式

其主要以海洋民俗文化资源为载体,开发出能够吸引大众消费的场所,满足海洋文化旅游的需要。例如,在园区开发建设仿真的海洋非物质文化遗产生存环境、表演传统节目或传统技艺等,让人们体验海洋非物质文化遗产项目的精华。通过建设海洋非物质文化遗产主题公园,将各地零散分布的海洋非物质文化遗产资源集中起来,实现集约化开发与经营,同时也提供海洋非物质文化遗产资源及其生态环境整体展示、经营的场所,有利于海洋非物质文化遗产资源的宣传和交流,从而使更多的旅游者加以认知和了解。但这种模式成本较高,与政府联系紧密,给地方经济发展带来机遇的同时也带来一定风险,因此需要统筹考虑、科学规划和风险评估。

第二节　海洋非物质文化遗产数字博物馆建设

数字博物馆是采用国际互联网与机构内部信息网信息构架,将传统博物馆的业务工作与计算机网络上的活动紧密结合起来,构筑博物馆大环境所需要的信息传播交换的桥梁,把枯燥的数据变成鲜活的模型,通过建立海洋非物质文化遗产数字博物馆平台,向公众展示海洋非物质文化遗产。

一、海洋非物质文化遗产数字博物馆的意义

海洋非物质文化遗产数字博物馆是实体博物馆向外打开的另一扇窗口,将丰富的海洋非物质文化遗产资源、产品和咨询从这个窗口传递出去,社会公众的需求、意见可以从这扇窗口传递进来,使广大群众更加贴近海洋非物质文化遗产,让更多观众,尤其是远离海洋的观众更加直观、详尽地了解海洋非物质文化遗产,了解传统海洋文化。

海洋非物质文化遗产数字博物馆是互联网时代的需求,是促使潜在观众变为实体博物馆观众的桥梁。实体博物馆多建设在经济发达地区,许多偏远地区群众难以克服距离问题,数字博物馆可通过展示丰富的收藏、高品质的展览和虚拟呈现的迷人的或震撼的场景,以及生动有趣的节目、活动等,激发人们参观、体验真实博物馆的兴趣和愿望,进而成为实体博物馆的真实观众。

数字博物馆是广泛传播海洋非物质文化遗产的重要渠道。路途遥远,时空阻隔,难以现场亲临实体博物馆的人们则可以在众多数字博物馆里遨游,虽不

如亲临实体博物馆的真实体验,但数字博物馆提供的广阔视野和对博物馆文化生动、深度的阐释,加深了人们对海洋非物质文化遗产展品的了解和热爱。

数字博物馆是进行远程教学的课堂。可借助互联网和数字技术的各种优势进行交互式远程教学和单项式远程教学,使实体博物馆的教育职能得以更大发挥。交互式远程教学就是在固定和约定的时段内,由博物馆专家主持进行某一领域、某一专题知识的传授,并与学习者进行相关问题的探讨或答疑解惑。单向远程教学则是配合学校课程设计和进度,或针对不同学习需求的大众,将博物馆丰富的典藏、研究成果和展示资源制作成各类多媒体教学资源,在网上提供教学节目下载,进行远程教学。

二、海洋非物质文化遗产数字博物馆的传播优势

海洋非物质文化遗产数字博物馆的出现,使更为广泛的观众群体能够在网络平台上真实感受展馆及展品,用在线互动的方式体验"身临其境,畅游无限"的精彩世界。虚拟展馆不仅影响广泛,可以让分散在世界各地的使用者进行场馆漫游与仿真互动,而且传播迅速,可在很短的时间内传播到地球的每个角落。海洋非物质文化遗产数字博物馆的优势有:一些不适合实体表达海洋非物质文化遗产艺术品的展出(新媒体、非物质的、无形的);数字典藏,永久保存,可复制、可传播,但是要注重数据保存和保护;有利于学校与学校和社会资源整合(交换和共享);可以提供信息个性化智能化服务;对于各类信息反馈及时;海量容量,详尽解读,通过连接等方式,让群众自己搜索感兴趣的资源;更适合一些非线性网状知识的展出(超链接的特性);陈列艺术品和理论相互渗透展出;互动性(发现学习和双向学习);开放教育。

三、海洋非物质文化遗产数字博物馆展示内容

(一)海洋自然现象和相关题材作品

海洋自然现象变化万千,具有极高的观赏价值和吸引力,我国古代文人墨客以海洋自然景观和气候景象为题材的诗词佳句比比皆是,如"长风破浪会有时,直挂云帆济沧海""君不见黄河之水天上来,奔流到海不复回""春江潮水连海平,海上明月共潮生"等,都是广为流传的文学精品,具有极高的文化价值和人文价值,因此,可以设置以海洋自然现象和相关题材作品为主题的展示内容。

1. 海洋自然景观和现象

海洋自然景观是处于海洋之中或者与海洋有关的景观,如海水、沙滩、海岛、礁石等;海洋自然现象则包括海浪、台风、潮汐、海市蜃楼、风暴潮和海啸、厄尔尼诺和拉尼娜等。可通过将海洋界的各类资源、自然环境、自然现象及其发生过程浓缩在展示平台中,尤其是以现代化的高科技手段和数字平台,模拟和再现大自然的奇异景观和现象,展示自然的神奇,揭示其发生原理、产生影响以及未来保护利用方向等。

2. 描述海洋的文艺作品和诗词佳句

我国许多文人墨客留恋于海洋,创作了大量具有极高历史价值和文学价值的经典佳作,留下"海阔凭鱼跃,天高任鸟飞""春江潮水连海平,海上明月共潮生""海水无风时,波涛安悠悠""君不见黄河之水天上来,奔流到海不复回"等传世名句,因此可重点展示与海洋有关的历史、文学书籍,如《诗经》《楚辞》《列子》《拾遗记》《史记》等,让人们接受海洋古典文学和诗词歌赋的熏陶,也可展示与海洋有关的历史典故与神话故事,如《山海经》《庄子•逍遥游》等。

(二)传统海洋生产生活技艺

随着现代科技发展,海洋生产作业和沿海群众生活的方式发生了翻天覆地的变化,但传统海洋生产生活技艺依旧充满魅力,可强烈激发人们探索和体验的欲望,如当前涌现出的众多海渔主题人工科技场馆、海洋人家体验旅游产品等。因此,传统海洋生产生活技艺具有很强的产业化开发潜力,是海洋非物质文化遗产产业的重要资源。

1. 我国传统海洋产业发展

我国先民从大海中获取渔产品、海盐的历史悠久,从古至今形成一条绵长完整的历史文化脉络。可展示我国渔业资源情况,如主要的海产品种类、储量、产量和分布情况;展示渔业经济发展,以及休闲渔业等新型业态的快速发展和崛起;展示渔业管理情况,如关于渔业管理的部门、休渔等制度。

2. 沿海传统技艺和生活方式

沿海地区有诸多传统生产技艺,如捕鱼、养殖技术,加工制作渔船、渔网渔具的技术,渔汛、判断鱼群聚集等技术,鱼虾贝等各类海产品的加工制作技术,传统预测天气的技艺,祭祀祭海等民俗,以及一些关于渔业技术的谚语等,均是具有开发潜力的展示项目。远古时期,在滨海地区产生了以海为生的族群,待聚落废弃后,逐渐形成了一个个被后世称为贝丘或者沙丘的遗址,形成滨海部落。先民们利用海边的特殊资源,形成了独有的居住风格,亦是与滨海的自然环境相适应、相协调的结果。

在濒海聚落,先民以海为生,鱼贝是主要食物来源。捕捞工具和舟的发明,使人们获取的海洋生物种类不断增多。出土的陶器中夹有蛤蜊壳和云母片,这样可以增加陶器的硬度,证明海洋先民对海产品的认识和利用达到了很高的程度。当纯粹象征权威的玉制礼器和陶器出现时,表明沿海地区的社会形态发生了巨大变化,先民们逐渐从荒蛮的史前期踏入文明社会。

先民们面对水天相连、辽阔无垠的海洋,面对飘渺虚幻的海市蜃楼以及壮美的海上日出,不仅产生了海上神仙方术思想,亦形成了独特的海洋信仰和海洋神话。

在上古时期的华夏民族看来,人的身体、皮肤和毛发都来自于生身父母,必须倍加爱护而不能有丝毫的毁伤,这是对父母尽孝道的基本内容。《孝经·开宗明义》曰:"身体发肤,受之父母,不敢毁伤,孝之始也。"因此,在华夏民族看来断发、文身、拔牙就像受过刑一样,但海洋族群则不同,素有断发、文身、拔牙等习俗。

表 7-1 海洋风俗习俗列表

类　别	内　容
文身习俗	越人"常在水中,故断其发,文其身,以象龙了,故不见伤害也",是古代越人"习水"而避蛟龙的一种自我保护的方式。对各种说法综合分析,可以推断文身是中国古代越族一种多功能的习俗,包含了部落标志、图腾崇拜和成人礼等多方面的文化含义,是带有神秘色彩的古老遗俗。直到近代,这种习俗仍旧可以在海南黎族、台湾高山族等民族中看到
断发风俗	"断发"与"椎髻""披发"类似,都是古代越人流行的发式。沿海地区的断发风俗不同于当时中原地区的习俗,是与当地气候湿热、水田劳动及湖滨、海洋捕鱼的生活习俗有直接关系的
拔牙习俗	百越之地盛行拔牙习俗的表现形式虽然有许多差异,但相似性非常突出,大体都是在未成年时期拔去上颌的门齿、侧齿或者犬齿。有关拔牙习俗的成因,学界有多种说法,如成年仪式、婚姻习俗以及爱美等
舟船祭祀	体现出一种勇敢、冒险、开拓的海洋文化精神

3.海洋科技的发展沿革

将传统与最先进的渔业内容相连接,展示新中国成立后渔业迅猛发展、渔民生活水平得到极大提高的风貌。通过强烈对比展示海洋生产生活方式的改变,如关于海洋气候的传统俗语、经验和现代化监测预报手段对比,传统渔船与现代舰船对比等,强烈反差不仅凸显先民与海共存的智慧和艰辛,也体现人类发展成就。

4.渔业镇村

我国渔业村镇众多,有些是过去曾经繁华兴旺,而今随着产业结构的调整和渔业资源的萎缩而繁华逝去或已转型的历史上的渔业镇村;有些是延续至今、传统元素保留较好的渔业镇村;还有些是新兴的具有较高观赏性的新兴海洋渔业生产的专业城镇。渔业村镇风貌独特,文化背景异乎陆上文化的小城镇,因此具有较高的展示价值。可以介绍渔业镇村的相关情况,如镇村名称、位置、隶属、人口、经济结构等,重点是主要渔业产品、海洋信仰以及主要的海洋民俗,重点突出其中的渔业元素。重点介绍传统渔村,介绍其名称位置等基本情况,介绍其人文历史背景、著名景观以及开发状况。可以宣传渔业镇村主要产品,推介渔业镇村的海产品,宣传古渔村旅游品牌等。

(三)古代、近代的海防

海防建设是我国海防事业的重要组成部分。我国遗留很多海防遗迹,如海王九岛的地理位置使之成为历代兵家必争之地;1 600多年的北魏东晋时期第一次有人类在海岛居住,在创造了早期文明的同时建设边防要塞,遗留了大量的古代、近代的海防遗迹。因此其具有发展以古代、近代海防为主题的展示的良好基础。根据海防资源情况,可进行利用的内容主要有:

1.重要海防遗迹和物品

通过视频、图片、文字介绍等形式,对著名海战发生地、炮台、城楼等遗址进行介绍,重点是搜集具有较高历史价值、反映当时情境的老照片,介绍古代近代海战的历史文献和重要资料。可以邀请专家录制对山东海防历史进行授课、讲解的视频和音频资料;展示火炮、洋炮等重要物品,不仅展示图片视频,也要详细标明各项数据和相关知识,并与国家其他古代近代海防重镇进行比较,更好地起到展示效果。

2.著名海防战争

海防战争反映了中华民族勇于抗争、坚忍不拔的精神品质,具有重要的历史价值,有必要对我国著名海战进行梳理和集中展示。可以用视频、图片、多媒体等方式展示海防战争,也可制作沙盘等模型还原战争场景;展示重要的将领和参战部队;展示相关历史文献和重要资料等。例如,历史上影响较大的三场海战:一场是唐朝时在黄海爆发的白江口海战,一场是1894年的黄海大东沟海战,日本获胜后向亚洲大陆扩张的梦想成真,一场是中国对越南的南沙海战,要分别展示海战的历史背景、重大意义。

表7-2 中国历史上对外战争中的著名海战列表

战　争	时　间	国　家
露梁海战	明万历廿六年十一月(1598年)	中国、朝鲜-日本
收复台湾之战	清顺治十八年三月(1661年)	中国-荷兰
雅克萨海战	清康熙廿四年(1685年)	中国-俄罗斯
第二次大沽保卫战	清咸丰九年(1859年)	中国-英国、法国
马江海战	清光绪十年七月(1884年)	中国-法国
黄海海战	清光绪二十年八月(1894年)	中国-日本
庙街事件	1919年11月	中、苏-日本
同江海战	1929年10月	中国-苏联
淞沪保卫战	1937年8月	中国-日本
江阴防守战	1937年9月	中国-日本
虎门防守战	1937年9月	中国-日本
西沙海战	1974年1月	中国-南越
南沙海战	1988年3月	中国-越南

3.著名海防将领、部队和军械知识

历史上的海战将领,可以重点介绍戚继光、伏波将军等重要历史人物及其生平;新中国的海军将领,可以展示其参战部队番号,参加的主要战役;利用图片、模型等手段,展示海战的船舰、武器、阵型等。

四、海洋非物质文化遗产数字博物馆建设应重视的问题

目前我国数字博物馆的通病是泛而不精,全而不深;受能力和财力的限制,功能单一;个体的数字博物馆不能兼顾所有受众层面,达不到期望的社会效应。

在海洋非物质文化遗产博物馆建设过程中要重视以下问题。

（一）要避免低水平重复建设

海洋非物质文化遗产数字博物馆的建设应借鉴科普网站建设。目前我国互联网上的数字科普资源相当丰富但鱼龙混杂，这类信息资源的重叠现象严重。沿海各省、市、县有必要都建设海洋非物质文化遗产数字博物馆吗？这会不可避免地带来资源浪费，许多地方政府在建科普网站的资金和技术等方面都有困难，即便勉为其难地做了，有时也很难存活为继。因此，要充分考察当地需求和经济实力，建设有特色、高水平的海洋非物质文化遗产数字博物馆，避免低水平重复建设。

（二）要建立良好的共享机制

海洋非物质文化遗产数字博物馆建设需要考虑：哪些适宜因地制宜地开发建设，哪些需要共享或必须共享，如何建立一个合理的共享机制。资源的整合常常可以产生"1 + 1 > 2"结果。当前中国科学院有"科普博览"，中国科协有"公众科普网""中国数字科技馆"，北京有"首都科普之窗"，北京市发改委有"北京科普"。由于这样的分治受到各种条件的限制、项目的经费和领域的限制等，结果是内容大同小异，制作的视觉效果也是五花八门，从传播学的角度看传播效果值得怀疑，从艺术设计的角度看也不够专业。

（三）要充分挖掘与集成海洋非物质文化遗产资源

海洋非物质文化遗产数字博物馆建设过程中，不能把人家开发的东西分门别类地整合在一起，要做好知识挖掘，现在一些数字博物馆使用的仅是表层的一些概念，即图文加上语音视频，内涵挖掘不深，内容丰富但是不成体系，在资源利用、资源导览、自主导览和互助导览等方面考虑跟别人分享，影响了社会教育功能的实现。

（四）要注重信息分类

从信息分类的角度来看，我们可以将一般性的海洋非物质文化遗产展品信息划分为基础信息和关系信息两种类型。基础信息侧重于描述相对稳定的信息，尽可能地包含所需的描述属性。基础信息包含自然属性、评论信息、图片信息、影音信息以及不同类型的归类信息。关系信息是根据基础信息中包含的天然属性衍生出来的相关信息等。满足不同人群多样化需求，使得知识流具有方向、信息密度、宽度等属性,可以对其进行选择、过滤等操作。

(五)要以人为本

海洋非物质文化遗产博物馆的设计和建设要注重以人为本,在信息内容组织、导航设计、标识设计、视觉效果等方面进行设计,要重视以用户为中心的理念,针对不同用户群提供不同的信息界面及内容服务,在信息内容和信息服务的提供方面,要较少考虑"用户需要哪些信息和服务",要为用户提供易于理解的信息途径和可视化的信息,视觉设计效果表现突出,吸引用户,满足用户的审美需要。

五、海洋非物质文化遗产数字博物馆建设方向

导致海洋非物质文化遗产数字博物馆出现问题的原因很多,而任何使用用户感到不快的细节都有可能使一个数字博物馆失去观众,因此,有必要从外部因素和内部原因两个方面来分析,确立其发展方向。

(一)立足现有实体博物馆

立足于实体博物馆来打造海洋非物质文化遗产数字馆,使其建设更加成熟,像现阶段建设成的数字故宫、上海博物馆等,都是这方面建设较成熟的个案。但由于技术等因素制约,其最终成果并不那么完善,但随着视频声像传输技术的发展、虚拟现实技术的成熟,数字馆一定能够完美地再现实体馆的藏品。

(二)无实体依托的博物馆要注重内容

无实体博物馆依托的独立海洋非物质文化遗产数字博物馆发展更具个性化,涵盖内容更加专业和深入。当前独立建设的数字博物馆,由于无实体博物馆的专业依托,其内容的专业程度往往不高。但是,其发展方向应当是朝专业化的方向发展,只有其内容不断深入,才能够体现出海洋非物质文化遗产数字博物馆的真正价值。

(三)加强虚拟技术的真正应用

当前所谓的虚拟现实技术建造的数字博物馆,大部分仅是实体博物馆的"网络站",而并非真正的 3D 虚拟现实场景。数字博物馆与实体馆的差异,使它还无法为观赏者带来"沉浸感"和"现实感"。随着技术的成熟,人们将可以真正地做到足不出户,便可置身其中。当现实跟虚拟现实结合后,再与动漫结

合,或者与漫画结合均会产生不同凡响的效果。

（四）参照国际标准

要以国际化和统一化标准建设海洋非物质文化遗产数字博物馆。数字博物馆的发展历史只有十几年的时间,虽然很多技术和制度尚不成熟,但数字博物馆却已经表现出了良好的知识、文化传统继承、传播效果。因而海洋非物质文化遗产数字博物馆的建设将可能成为一个全世界的共同课题,而为其建设提供统一的标准也势在必行。

第三节　海洋非物质文化遗产数字图书馆建设

非物质文化遗产中,有很多不是以实体形式存在的,这为其保护传承造成了一定困难,而加强非物质文化遗产数字化、非物质文化遗产数字图书馆建设有利于教育研究和传播民族传统文化,有利于彰显地域文化的独特魅力,有利于图书馆创新服务模式,有利于实现国家文化积累的最终目的。

一、非物质文化遗产数字化与数字图书馆概述

（一）基本概念

非物质文化遗产具有明显的区域性特征,带有强烈的地方色彩,是一个地区、民族的文化符号和生命记忆。非物质文化遗产数字化是借助数字化信息获取与处理技术,是对非物质文化遗产存在方式的一种较新型的保护方法,这种方法可以保证非物质文化遗产以最为保真的形式保存下来,而不是仅仅停留在拍照、采访、记录、物品收藏等简单的工作层面上。

现代化数字信息技术可以把一些非物质文化遗产的档案资料,如手稿、音乐、照片、影像、艺术图片等,编辑转化为数字化格式,保存于计算机硬盘、光盘等物质介质中。随着数字多媒体技术的发展,非物质文化遗产的保护不再受地域范围的限制,可以在虚拟空间中再现真实的历史地理信息,以一种直观的方式向大众展示,充分展现民族特色、地域特色、学科特色、文化特色,有利于世界各民族文化的交流和创新。

（二）国内外的实践

20 世纪 90 年代以来,西方发达国家竞相将本国文化遗产大规模转换成数

字形态,以便为未来的"文化内容"市场竞争奠定新的基础,如"美国记忆"国家计划、联合国教科文组织"世界的记忆"项目、欧盟"内容创作启动计划"等,都将文献、手稿、照片、录音、影片等进行数字化并编辑成历史文化传承的主题产品,将文化遗产数字化作为"为文化产业奠定知识基础"的优先项目,因此,不管是从解决我国民间口头文学、民间艺术和手工技艺的传承使命的艺人日益减少乃至死亡,民族的"文化记忆"出现中断的概率大为增加,非物质文化遗产正面临着被遗忘、遭破坏甚至逐渐消失的严重威胁等问题,还是学习借鉴国外先进文化的角度,我们都应推动非物质文化遗产保护与数字化技术的结合。

近几年,我国图书馆、博物馆、文化科研机构也在不同程度地探索和实践非物质文化遗产数字化工作。如成都图书馆将成都非物质文化遗产资源的搜集和数字化建设列入地方文献工作和特色数字资源建设的重要内容进行探索和实践,建成"蜀风雅韵——成都非物质文化遗产数字博物馆",把成都非物质文化遗产的档案资料,如手稿、音乐、照片、影像、艺术图片等,编辑转化为数字化格式,保存于计算机硬盘、光盘等物质介质中,运用文字、图像、流媒体等现代科技手段,在虚拟空间中再现真实的历史地理信息,以一种直观的方式向大众传播天府之国的传统艺术和传统文化,方便读者对成都非物质文化遗产信息的查询。浙江省图书馆在浙江省文化厅的领导下完成了浙江省非物质文化遗产部分项目资料库、网络服务平台和数据库的建设。北京图书馆进行的"北京记忆"等主题数据库,都是公共图书馆对地方特色的传统文化和传统艺术进行数字化建设的实践和探索。

(三)新的存储和传承手段

非物质文化遗产数字化的目的不是封存,而是借助数字化传播手段,更好地展示、推广,从而实现非物质文化遗产的传承,而数字图书馆则是一种很好的手段。所谓数字图书馆就是运用当代信息技术,对文献信息资源进行采集、整理和储存,并向所有连接网络的用户提供服务的图书馆集成系统,其核心是各种数据库的集合,只要用户在任何地点配备有连接因特网的电脑,则随时可以进行查询和获取数字信息,而且获取的信息绝大多数是免费的。保存、保护非物质文化遗产是数字图书馆的重要使命。参与非物质文化遗产的保存、保护,充分发挥各级图书馆公共文化机构的作用,有步骤、有重点地循序渐进地加强非物质文化遗产的研究、认定、保存和传播，是政府对图书馆的要求，也是图书馆的工作职责。图书馆运用文字、录音、录像、数字化多媒体等现代化科技手段对珍贵、濒危并具有历史价值的非物质文化遗产进行真实、系统和全面的记录，建立档案和数据库，充分发挥图书馆在信息时代作为文献信息中心、学术中心、文化交流中心的作用，有效实现信息资源共享和特色信息服务市场的竞争力，是非常重要和十分必要的。数字图书馆已具有使非物质文化遗产实现存储数字化、网络化获取、资源共享、管理计算机化的条件和优势。

以我国海洋历史古籍史料为例，历史上遗留下来的文献浩如烟海，包括反映中华民族人海和谐共存、记录海洋生产生活的文献史料（如各类经史子集、地方志、政府档案等）、思想或学术著作、文学作品、日常生活中的文字遗留、外国人著述以及人民群众口述史料和碑刻、墓志等，都具有极高的历史价值和科研价值。许多海洋史料还是维护国家权益和领土完整的重要历史证据，如周煌撰清乾隆年间武英殿刊聚珍本《琉球国志略》、1819 年美国《哈泼斯》杂志制作的《琉球舆图》，堪称钓鱼岛自古是中国领土的铁证，而《汉书·地理志》、东汉《异物志》、三国时代《南州异物志》中，均有关于我国先民开发利用南海海域的重要证据。因此，要利用现代化数字手段，将这些珍贵海洋史料加以数据化，从而实现便捷存储、快速传播、广泛共享，更好地发挥这些珍贵古籍史料的重要作用。

二、海洋非物质文化遗产数字图书馆的作用

（一）充分发挥海洋非物质文化遗产的教育功能

在信息时代，知识的学习和获得将产生革命性的变革，未来以网络化为传播平台的教学带给人们的是以真实的观感、听觉、视觉、触觉等为基础的全新体验，因此数字图书馆的建设必须着眼于未来教育方式。海洋非物质文化遗产数字图书馆通过文字、图片、音频和视频多角度、全方位展示传统文化和艺术，这对培养民族感情、提升大众的海洋意识，具有极其重要的作用。数字图书馆以数字形式对有形的海洋非物质文化遗产的各方面信息进行收藏、管理、展示和处理，并通过互联网为用户提供数字化展示、教育和研究等各种服务，是计算机科学、传播学以及现代图书馆学相结合的信息教育服务系统，远程教育在提高民族素质、教育青少年方面有不可替代的作用。

（二）原味保存海洋非物质文化遗产的原生态和魅力

海洋非物质文化遗产的数字化将带动本地传统文化和艺术资料的收集、保存、研究、传播与展示，一个地区的风俗习惯、传统艺术等是当代城市生活方式的重要组成部分。有特色、有个性的数据库是吸引读者的关键，具有丰富地方特色的数据库是图书馆网络化服务的竞争力所在。以前地方文献数据库建设无论是从内容和表现方式上都大体是按以较单一的全文数据库、图片数据库音频数据库等形式存在。而非物质文化遗产数据库的建设采用多媒体技术，它能同时获取、处理、存储和展示两个以上不同类型信息媒体的技术，包括文字、声音、图形、图像、视频等。多媒体计算机技术在海洋非物质文化遗产数据库建设中具有非常实用的特性，能在建立档案、保存、保护、宣传、弘扬、教育等方面满足海洋非物质文化遗产表现方式的复杂性。

（三）非物质文化遗产数字化是数字图书馆创新服务模式的尝试

图书馆学是强调公共文化服务的科学，服务观念应成为图书馆学理论的重要内容之一，离开了服务，图书馆事业就失去了存在的价值。离开了服务，图书馆研究也就偏离了方向。服务的本质即满足需求，而人类的基本需求包括物质需求和信息需求（文化需求）。现代社会已进入信息化社会，人们的生活质量、社会变化和经济发展越来越多地依赖于信息，人类利用现代信息技术等手段，通过开发和利用信息资源的智能推动经济发展、社会进步乃至人们自身生活方式的变革。

数字图书馆如果离开了对信息资源的开发利用，离开了向社会大众的开放和服务，就会失去信息化自身的价值，也就谈不上自身的发展。所以图书馆参加非物质文化遗产数字博物馆的建设，是在知识信息资源建设和社会化服务方面的尝试，它打破了图书馆、博物馆、群众艺术馆之间的界限。建成一个地区的非物质文化遗产数字化博物馆，摆脱了传统意义上博物馆所必需的各种设施、陈列、参观的条件限制的束缚，打破了时间与空间的限制，任何人在任何时间、任何地点都能获取所需的非物质文化遗产的有关信息。非物质文化遗产数字博物馆能极大地发挥图书馆作为信息时代信息集散中心的功能，是图书馆进行服务创新的一种尝试，在实现信息资源的共建共享和保护文化遗产、为公众提供特殊的精神文化和文化服务方面有着不可替代的作用。

（四）更好地实现用海洋文化遗产保存历史、教育后人的最终目的

海洋非物质文化遗产数字图书馆是以数字化的形式存储和传播、在全世界范围内资源共享的一种新型信息文化形态，传统海洋文化资源是网络文化活动的重要内容。经过数字化处理的海洋非物质文化遗产通过网络语言在互联网上存储、传播、交流，使优秀的民族民间文化的特色和魅力在网络时空内广泛传播，让公众接受、认同；也是对外宣传中华民族传统海洋文化的有效方式，是实现国际社会文明对话和人类社会可持续发展的必然要求。海量的历史文化信息丰富了传统文化学习的手段，数字图书馆能发布海洋非物质文化遗产的知识和内容，可抢占网络文化的制高点，因此应当充分发挥公共图书馆传承地方历史文化的作用，将全部普查成果进行网络化和数据化处理，才能实现用海洋文化遗产保存历史、教育后人的最终目的。

（五）为地方海洋文化产业的发展提供有价值的数字资源

海洋非物质文化遗产不仅具有文化内涵，而且其中部分项目具有巨大的市场开发价值。创新离不开观念与科技，尤其离不开传统文化的资源与支撑。在充满高科技含量的文博会上，传统文化和民间工艺仍唱主角，这是文化创意产业的本土依托。沿海地区只有完整地保护海洋非物质文化遗产特色，才会吸引大众。海洋非物质文化遗产数字化，可使文化资源转变成经济资源，由原创变成资源开发，由保存变成展示，逐步形成以数字资源为基础，在虚拟空间再现真实的传统文化和民间艺术信息，使得传统海洋文化和民间海洋艺术成为最具吸引力的资源，从而形成新经济形式。通过数字图书馆挖掘海洋非物质文化遗产的内涵和价值，不仅可以提升沿海地区的文化竞争力，同时也可为沿海地区文化产业的发展提供有价值的数字资源。

三、海洋非物质文化遗产数字图书馆建设中存在的几个问题

（一）人员、资金问题

保护海洋非物质文化遗产既要坚持"保护为主、创新第一、合理利用、传承发展"的方针，又要坚持"政府指导、社会参与、明确职责、形成合力、长远规划、分步实施、点面结合、讲求实效"的原则。我国海洋非物质文化遗产的保护刚刚起步，政府应从实际出发，借鉴国外经验，尽快制定更加完备的抢救保护法律、政策和实施计划。调动社会文化单位在海洋非物质文化遗产抢救保护中的

积极性、主动性，落实资金，分工明确，使它们承担起不同的职责，这将非常有利于海洋非物质文化遗产的长期保护、抢救、传承和创新。将海洋非物质文化遗产数字化重任在资金落实、人员到位的情况下交付数字图书馆，将充分体现海洋非物质文化遗产的历史价值、艺术价值、科学价值、社会价值、纪念价值，实现我们国家进行文化积累的终极目的。

（二）知识产权保护问题

海洋非物质文化遗产数字化作为图书馆数字资源建设的内容，最大的特点在于通过网络资源的共享，实现用户跨时间和空间的信息资源利用，用户可以随时随地通过网络终端对其数字资源进行浏览、下载、打印，获取所需要的知识和信息。与此同时，版权、知识产权保护等问题也是亟须探讨和解决的，这需要政府、社会各界和海洋非物质文化遗产的直接传承人从法律、技术和规范管理等方面共同协商讨论，解决有关数字图书馆在数字化存储、网络化传播海洋非物质文化遗产方面的知识产权问题。这主要是从三方面着手：一是保护海洋非物质文化遗产传承人的经济利益不受侵害并得到保证；二是保护海洋非物质文化遗产数字化产品的原生态不被随意更改，有完整性；三是防止海洋非物质文化遗产数字作品被随意复制下载或任意出版发行。

四、海洋非物质文化遗产数字图书馆建设的建议

未来几年，我国海洋非物质文化遗产数字图书馆发展重点将从建设基础网络、应用系统、公共平台等转向深化整合应用、强化公共服务，主要发展方向和重点建设内容如下。

（一）制定统一的海洋数字图书馆标准规范和评价指标体系

建立健康、可持续发展的保障体系，是海洋数字图书馆建设的必然要求和趋势。应切实重视海洋数字图书馆指标体系建设和核心技术标准的制定、修订工作，着力解决不同标准之间的协调问题。要特别做好重要基础性、公共性标准的贯彻实施工作，使技术标准在海洋数字图书馆建设和应用中能真正发挥规范、约束和指导作用。鉴于我国海洋数字图书馆建设处于起步阶段，一方面，各地海洋数字图书馆建设发展很快，亟须规范和引导；另一方面，有一些政策、管理模式创新等问题尚未解决，制约今后的发展。应充分认识加强保障体系建设的紧迫性和艰巨性，把健全保障体系的工作放在优先地位。

（二）以公共海洋文化事业信息化为重点，提升电子政务的公共服务能力

推进公共事业信息化是城市信息化尤其是电子政务的核心内容之一。要做好公共服务信息化工作，政府要减少对市场的干预，推行政府主导、企业参与的公共服务市场化运作机制；将部分政府职能向社会转移，更多地发挥非政府组织或民间组织在公共管理中的作用；优化政府组织结构，将政府的决策和执行功能分离，提高政府管理的透明度等。

（三）以图书馆管理信息化为手段，促进图书馆管理模式创新

以图书馆管理信息化为切入点，优化图书馆管理的内部结构，应逐步明确规划、建设、管理职能分配的框架。图书馆管理模式创新将在功能设定、理念确立、组织设计、信息技术的应用等方面发挥更大的作用，有利于图书馆长效管理机制的建立。

第四节　海洋非物质文化遗产数据库建设

我国沿海人民在长期生产生活实践中创造的丰富多彩的海洋非物质文化遗产，是中华民族智慧与文明的结晶。随着全球化趋势的加强，经济和社会的急剧变迁，我国的文化生态发生了巨大变化，海洋非物质文化遗产受到越来越大的冲击，一些依靠口授和行为传承的文化遗产正在不断消失，许多传统技艺濒临消亡，大量有历史、文化价值的珍贵实物与资料遭到毁弃或流失境外，滥用、过度开发海洋非物质文化遗产的现象时有发生。面对我国海洋非物质文化遗产消失和濒危的现状，中央和地方非物质文化遗产保护机构，大力开展非物质文化遗产保护工作，其中全面普查阶段已经开始。在抢救、保护海洋非物质文化遗产的工作中，开展普查、收集整理资料、建立完整的资源数据库是对海洋非物质文化遗产立档保护的最好方式之一。

一、海洋非物质文化遗产数据库建设的重要性及现状

（一）重要性

建立海洋非物质文化遗产资源数据库有利于促进世界范围内的合作和交流。在信息技术快速发展的知识经济时代，数字化越来越成为全球文化事业的发展趋势。联合国教科文组织指出，要树立平等的文化观，必须消除文化交流

和对话之间的"数字鸿沟"。只有在技术上不断进步,才能消除不平等的"游戏规则"或歧视性的技术壁垒。所以,我们在海洋非物质文化遗产保护方面应充分利用全球化和数字技术,扩大自己的文化在国际交往中的话语权。建立海洋非物质文化遗产数据库能更好地保存一些濒临消失或正在消失的海洋非物质文化遗产。在全球化、信息化、商业化经济社会环境下,一些依靠口传心授方式传承的文化遗产正在不断消失;许多传统技艺濒临消亡;大量有历史、文化价值的珍贵实物与资料遭到毁弃或流失境外等,运用科学手段保护和保存中华民族五千多年的灿烂辉煌、丰富多彩的文化遗产,对于承续优秀的人类文化传统和人类社会的可持续发展,都具有重要的意义。

建立海洋非物质文化遗产数据库是社会发展的需要,是海洋非物质文化遗产保护工作的必然结果。在海洋非物质文化遗产普查工作中搜集和购买的民间文化资源种类和分布状况、传承人的记录、调查图表、保护项目清单以及创作的相关录音、影像、图片等珍贵实物资料是海洋非物质文化遗产重要的组成部分,但目前这些资料分散保存于各普查专家和工作人员手中,因其收集、整理资料的方式、格式各种各样,给下一步的保护和利用工作带来很多不便,因此必须建立一个完整系统的、格式统一的、可转换的数据库系统,才能将非物质文化遗产普查、收集整理的资源统一整合,既有利于专家、学者、研究人员、工作人员更好地保护、利用非物质文化遗产资源,又利于普通群众学习、传承,从而使海洋非物质文化遗产资源得到长期保存和保护、世代相承和传播。因此,建立海洋非物质文化遗产资源数据库是非常必要和迫在眉睫的。

(二)亟待解决的问题

1. 建设资金筹措问题

海洋非物质文化遗产资源数据库建设过程中,资金是非常重要的问题。目前,许多省区因资金不到位,数据库建设一直无法实施。随着时间的推移,许多海洋非物质文化遗产已经消失,部分民间文化艺术传承的土壤已经瓦解,由此造成的损失是无法弥补的。要全面实施抢救与保护海洋非物质文化遗产的工程,建立海洋非物质文化遗产资源数据库,需要一定的资金投入、物质保证。参考国际通行做法,在保护方式特别是资金投入上,各国政府可谓殚精竭虑,如法国政府通过文化部对其历史文化遗产进行管理和指导,辅之以行政和立法手段,其中法国政府每年在国民经济预算中的文化预算不少于1%;意大利除将政府年度财政预算中的部分资金用于文化遗产保护外,还倡导企业确定对历史文化遗产的资助方向并在税收方面给予政策扶持。所以,我国在资金投入方面,除设立海洋非物质文化遗产资源数据库建设政府财政专项拨款外,还应考虑其他资金来源渠道,如设立海洋非物质文化遗产资源保护基金,制定税收等方面的优惠政策,鼓励和吸引更多的企业和个人对海洋非物质文化遗产保护的参与和赞助,争取社会的广泛支持,使海洋非物质文化遗产资源数据库建设高效、顺利完成。

2. 数据资源收集问题

海洋非物质文化遗产数据资源是普查工作者在采集海洋非物质文化遗产作品时,忠实地记录下来的各种民俗文化事件、流传至今的海洋非物质文化遗产的真实面貌,为政府制定实施海洋非物质文化遗产保护规划乃至文化发展国策,提供了可靠而科学的依据。因此,海洋非物质文化遗产普查工作人员要"在普查工作中根据普查任务以笔录、摄影、录音、音像等方式真实地记录现场考察成果,同时还要注意搜寻民间传抄的唱本、长诗、鼓词、皮影脚本、宝卷(宣卷)、经书、图画册页等手抄本。采集到的口头文学、民间艺术品、民俗实物、摄影摄像、仪式的素描,除原件原物外,还要按照非物质文化遗产体系建档的要求进行登记。登记的项目,既要有文本实物的名称、内容简介、类别等,也应有讲述者、表演者、提供者的背景材料(姓名、性别、年龄、民族、身份、文化程度、简历、传承系脉、居住地等),还要有采访者(姓名、身份、工作单位、文化程度、联系地址等)及采寻的时间和地点"。只有数据层次深度达到了、数据材料完整,才能保障数据库资源的完整性,才能更快、更好地建立具有地方特色和民族特色的海洋非物质文化遗产资源数据。

3. 数据库建设人员素质提升问题

人员素质是影响数据库建设最直接的因素之一。数据库建设人员包括海洋非物质文化遗产保护专业人员和数据库技术人员。专业人员在海洋非物质文化遗产数据库建设方案、项目建设、项目资料等工作中举足轻重,专业人员作为数据库建设的主体人员应具备较高专业素质和思想素质。数据库技术人员是海洋非物质文化遗产数据库得以实现的技术保障。在建库前应对参加建库的人员进行专业技术培训,确保各项工作规范化。

二、科学论证和体系规范

海洋非物质文化遗产资源数据库建设是实施海洋非物质文化遗产信息化和保存海洋非物质文化遗产的最终工作之一,是实现海洋非物质文化遗产信息资源集成共享、统一管理、高效检查和利用的重要内容。

(一)可行性论证和科学评估

专家论证是科学决策的重要依据。数据库建设是一项系统的文化工程,在投资兴建前应对其经济效益和社会效果进行多方面的、全方位的调研、预测和评价,进行可行性论证。其论证的主要内容包括需求研究、可行性研究和评价报告等步骤。海洋非物质文化遗产资源数据库需求研究是反映某一项海洋非物质文化遗产诸多方面信息的总集成,研究的主题和范围主要界定在这一项目上。在网络环境下,以数据库建设为契机,对该遗产进行一次全面深入的发掘和整理,是实现海洋非物质文化遗产永久保存以及跨地域、无时限的信息获取的重要方式。可行性研究是对资金、资源和人员等进行分析研究,并提出几种方案以便比较,从数据库使用的角度回答项目的可行与否。各省、市、地资源数据库建设单位可选择地方海洋非物质文化遗产名录体系为核心,以文本资源作为数据库建设的重点,在此基础上,建设包括不同资源类型和资源载体(如图、文、声、像等多媒体资料)的各级海洋非物质文化遗产资源数据库。完成需求研究和可行性研究工作后,提出周密、详细、可靠的评价报告,交付决策部门。根据数据库建设论证,在征求各参建单位意见的基础上,制定出比较详细的方案,确立建设目标、任务、时间等。

(二)规范数据库体系

海洋非物质文化遗产资源数据是海洋非物质文化遗产保护工作者在调查搜集的过程中动用文字、录音、照片、录像、摄影、数码摄像等技术手段科学地全面记录下来的资源,是非物质文化遗产数据库的基础。随着时间的推移和工作人员进一步的调查、研究,其数据库是在不断更新的。作为地方非物质文化遗产数据库建设者,应以国家海洋非物质文化遗产名录资源数据库系统为指导方向,在项目分类上,应统一按 2006 年国务院批准并正式公布的《第一批国家级海洋非物质文化遗产名录》将我国海洋非物质文化遗产划分为国家级别标准的十大类,其标准分别是:"一、民间文学;二、民间音乐;三、民间舞蹈;四、传统戏剧;五、曲艺;六、杂技与竞技;七、民间美术;八、传统手工技艺;九、传统医药;十、民俗。"在十大分类目录下又细分出一些二级类目,作为海洋非物质文化遗产分类代码结构的第二层,如民间音乐,又细分为民歌、器乐、舞蹈、戏曲音乐、曲艺音乐及其他类。各省级行政区在海洋非物质文化遗产资源数据库建设中,又可按地区细分到市、县;各市、县又可具体划到乡、镇。还可以按保存方式来分,分别有电子文档、图片、音像、影像等,各方式又分为许多子方式等。

沿海各省区海洋非物质文化遗产保护中心可根据本地区海洋非物质文化遗产保护特点,具体情况具体分析,但应保证数据库中的数据与国家或其他地区海洋非物质文化遗产网站在软件设计系统方面,数据是可互转、互换的。

三、海洋非物质文化遗产数据库平台的建设

海洋非物质文化遗产资源数据库平台是指存储海洋非物质文化遗产数据的软硬件存储系统,包括网络存储设备的选型、安装、调试和使用,数据库管理系统,存取数据的软件平台,不同保存方式的数据存储方案的确定和实施,以及数据存储系统的升级、维护与持续建设的计划和工作需求等。

(一)数据库存储系统

数据库存储系统是指数据存储介质的选择、数据逻辑关系的设计和数据存储结构的设计等,主要满足高集合宽带、高效率、高可靠性、高可互操作性。数据库存储系统建设主要涉及需求分析、方案确定、设备的购买及其与服务器的连接等内容,网络存储设备一般应与服务器的购买同步考虑。多数服务器供应商都会提供解决方案,并提供服务器与存储设备之间的集成与互联。

(二)数据库著录系统

海洋非物质文化遗产数据著录系统是获取海洋非物质文化遗产信息资源的门户应用,包括海洋非物质文化遗产资源目录、内容信息和标引等的录入、修改、保存以及电子文件的上传等内容。海洋非物质文化遗产著录系统的建设主要是将标准规范加以实施,在数据入口处将符合海洋非物质文化遗产资源管理和保存要求的数据存储到数据库系统中。包括电子文本、图片、影音等多媒体资料的输入工作都在此环节完成,需投入大量的人力、精力。

（三）数据处理整合系统

根据海洋非物质文化遗产资源管理的需要,对海洋非物质文化遗产信息资源依据规范体系标准进行分门别类的整理与规范化处理,并对批量数据进行导入、导出、挂接和实现规范性校验的自动化数据著录系统,一般由技术支持人员根据海洋非物质文化遗产工作的需求,总结和预先定义数据处理的标准和自动处理规划来完成,以方便实现海洋非物质文化遗产资源的集成与共享。

（四）检索系统

海洋非物质文化遗产资源数据库建设的检索系统应具备信息分类、多条件组合、文件类型、图片、区域等多种检索方式,以满足工作人员、专家、学者、研究人员和对海洋非物质文化遗产感兴趣的普通群众的基本需求。因此,在海洋非物质文化遗产数据库检索系统中,要运用比较、逻辑、属性、限定运算符和加权等运算符,来建立起系统的具备互操作性的链接。任何海洋非物质文化遗产元素都应该指向检索点,依靠标目索引,将各检索点联系起来,形成网状的海洋非物质文化遗产数据结构,反映数据之间内在的、立体的联系,从而增强数据库的检索功能。

（五）备份系统

计算机同其他设备一样,容易发生故障,包括病毒侵蚀故障、磁盘故障、电源故障、软件故障等,一旦发生故障就可能造成数据库的数据丢失,因此海洋非物质文化遗产数据库系统必须采取必要的措施,来保障数据库的安全。数据库管理系统的备份和恢复机制是保证数据库一旦出现故障时,可以将数据库系统恢复到正常状态。数据备份是一项非常重要的环节,海洋非物质文化遗产数据库拥有许多关键的数据,这些数据一旦遭到破坏后果不堪设想。因此在建设备份系统时,一方面要建立实施备份的软硬件支撑平台系统,一方面要制定备份的策略并制订备份计划,在工作中实施和维护,同时还需要对备份的数据实行全面的管理。

四、实现安全与共享

海洋非物质文化遗产保护工作的最终目的是促进民族民间传统文化的传承与发展,而传承与发展则要依靠各民族群众,因此,海洋非物质文化遗产数据库是要向大众开放的。网络环境下数据库技术使海洋非物质文化遗产保护资源的利用和传播突破了空间和时间的限制,使用对象或用户主要是进行数据输入、整理的工作人员;有关的专家、学者、研究人员;项目的传承人、传承群体;感兴趣的普通群众等。因此,数据库既要能浏览、可观赏,还要能参与、互动。

但是,在数据库共享的同时,数据安全存在的隐患也无处不在。海洋非物质文化遗产的项目资料有些是可以共享的,是世代相传并为全民族所共有的,不存在版权、知识产权之争,如各民族的饮食、生活方式、语言、风俗、节气等,这些都是受自然生态的影响自然而然地形成的;而有些海洋非物质文化遗产项目如传统手工技艺等,有个人或家庭的传承习俗及商业利益在里面,会有知识产权、版权的纠纷,制作过程是不能共享的,需要对系统的不同用户选择不同的安全加密级别的操作权限,以防数据库非法访问、修改、拷贝。所以,在海洋非物质文化遗产资源数据库建设中要特别注意数据库的安全问题,在满足用户需求、数据共享的同时,切实保护某些项目的传承人、传承群体的利益以及数据库的安全。

海洋非物质文化遗产资源数据库是海洋非物质文化遗产保护建设中的核心组成部分,在中国海洋非物质文化遗产数据库中心的领导和协调作用下,各省市区要认真落实规范化问题,培训人才,争取企业界的参与,协调各方资源优势和技术力量,充分利用数据挖掘、数据分析工具提供快速检索与服务,实现海洋非物质文化遗产资源的社会化共享,真正推动国内海洋非物质文化遗产抢救、保护工作的有序化进程。

第五节　海洋非物质文化遗产与文化旅游产业相结合

海洋非物质文化遗产资源是人民世代相传的、与群众生活密切相关的海洋文化表现形式和文化空间,其地域分布范围较广,但相对分散,表现出了社会性、多元性、活态性、民族性、本土性、整体性等多种特征。海洋非物质文化遗产资源具有多样的旅游开发价值。因此,要实现海洋非物质文化遗产旅游资源的整合开发,使人们在旅游过程中通过欣赏、参与体验进一步了解其文化、历史价值。也可以说,旅游开发是海洋非物质文化遗产资源的另一种保护方式。

一、海洋非物质文化遗产资源的旅游价值

海洋非物质文化遗产是沿海各地人民世代相承、与群众生活密切相关的优秀传统文化,是一笔宝贵的文化财富,在现代旅游业发展中具有极高的文化价值和市场前景。

(一)参与性强,体验空间大

作为一种民间文化,海洋非物质文化由沿海民众创造、使用、传承,是民众的生活文化和活态文化。这些文化源自日常生产生活,呈现出通俗性、日常化、互动性强等特点。游客现场观赏,极易受到感染,乃至形成渴望参与、表演的动机,进而在这种差异性、非常态的文化情境中获得包括身体、心灵、情感以及智力的独特体验。海洋非物质文化资源所具有的体验特质为发展体验性旅游产品提供了巨大的发展空间。

(二)娱乐性强,休闲功能完备

海洋非物质文化诞生于沿海民众的日常生产生活,是民众调剂生活、舒缓身心的重要手段,因此具有较强的娱乐性。以浙东锣鼓、天妃诞辰戏等为代表的海洋非物质文化资源观赏性极强,休闲娱乐特质十分显著,有利于开发休闲类旅游产品。

(三)地域特色鲜明,文化价值极高

地方性是非物质文化遗产的典型特征,是一个地域民间生产、生活的艺术化的方式。海洋非物质文化广植于辽阔的海域疆土,一方面鲜明地体现了沿海文化粗犷豪放的精神气质,另一方面在发展过程中与内陆文化息息相关,紧密相连,民族气息浓厚。游客身临其境,既能体会到海洋文化"雅俗共赏"的风格,又能体验沿海各族人民的生活方式、审美情趣、民间技艺及独特的民族信仰,具有极高的文化价值和艺术价值。

二、海洋非物质文化遗产资源的整合开发策略

(一)借助著名旅游景区整合开发海洋非物质文化遗产旅游资源

这种开发模式可以整合对旅游者吸引力较小的海洋非物质文化遗产类型,如民间文学类、民间音乐类、民间舞蹈类和民俗类遗产,因为这些资源对旅游者

的吸引力不强,单独进行旅游开发的难度较大,因此可将其依托著名旅游景区,辅助开发此类海洋非物质文化遗产资源,使人们在旅游的同时可以顺便欣赏、了解这些遗产,提高对海洋历史文化的认识。

(二)借助产业及产业旅游整合开发海洋非物质文化遗产旅游资源

这种开发模式有利于整合海洋民间美术、海洋手工艺类遗产。一些文化企业在生产加工此类海洋文化遗产时,可以在美术品上附着产品文化简介、粘贴或内赠海洋非物质文化遗产简介的标签等,如将舟山剪纸、渔民画等做成小型产品或标签,并可以借助商场、超市等商家进行促销、采用包装内附简介或集标签等活动,通过促销宣传海洋非物质文化遗产的相关知识,还可以开展产业旅游的形式吸引游客观光、体验、学习。

(三)借助非物质文化遗产文粹园整合开发海洋非物质文化遗产旅游资源

这种开发模式适合用于整合各种类型的海洋非物质文化遗产资源。如新建一个非物质文化遗产文粹园或在已有相同类型园区中纳入海洋非物质文化遗产项目,按一定时间进行展示、展演、销售等活动,在园中不仅可以展示海洋非物质文化遗产物质载体,如渔具、乐器、服装、道具等,还可以现场展演技艺,如歌舞乐曲、传统工艺技艺等精美的技艺,使人们在现场了解其全过程,更重要的是可以让人们共同参与,亲身体验,还可以亲自参加传统海洋工艺品制作,品尝美味,同时开发单位还可以进行产品销售。

(四)借助媒体整合开发海洋非物质文化遗产旅游资源

这种开发模式同样可以用于整合各种类型的海洋非物质文化遗产资源。首先,可以借助电视媒体,拍一些纪录片,专题介绍民间传说、民俗、音乐、舞蹈、美术、传统技艺等各类遗产,介绍其历史、现状、表现形式等多方面的内容,加大宣传力度;还可以编排一些动人的短片,优美动听的歌曲,作为电视广告进行播放,效果会大大不同。其次,可以借助网络,建设专题网站介绍海洋非物质文化遗产,将图片、简介、视频等资料全部放在网上,便于人们随时在网上查阅、了解、学习。

当然,在具体开发海洋非物质文化遗产旅游资源时,要因地制宜,针对各类资源的特点进行科学、适度开发,确保开发的投入与效益的比例关系,使得更多的海洋非物质文化遗产资源能够实现其旅游价值。

三、海洋非物质文化遗产资源的整合开发路径

实践证明,文化遗产保护得越好,其利用价值也就越大,旅游业和其他相关产业才会得到进一步发展。一旦传统文化因迎合市场过度开发或保护不力而失去其原生形态,旅游业和其他相关产业的发展便成了无源之水、无本之木。因此,各级政府要高度重视海洋非物质文化遗产资源的科学规划和开发,打造各地海洋文化旅游亮点和品牌。

(一)政府主导,宏观协调

政府部门要加强海洋非物质文化遗产保护法规的制定和完善工作,提高全民的非物质文化资源保护意识;其次,坚持旅游开发与保护并重、旅游开发促进遗产保护的原则,把旅游企业在海洋非物质文化遗产开发中的部分赢利作为对非物质文化遗产进行传承与保护的财政保障;再次,加大对旅游者、旅游从业人员的海洋非物质文化遗产知识的宣传教育力度,努力形成保护非物质文化遗产的社会环境和舆论氛围;最后,政府应对某些海洋非物质文化的传承人进行保护,对其授艺活动应给予鼓励与支持。

(二)全面普查,建立遗产资源库

我国海域辽阔,海洋非物质文化遗产富集,应在现有的基础上进一步推进非物质文化遗产的普查工作,全面了解和掌握非物质文化遗产资源的种类、数量、分布状况、生存环境、保护现状及存在的问题,抓紧征集具有历史、文化和科学价值的非物质文化遗产实物和资料,摸清家底,登记造册,建立非物质文化遗产名录体系。这是对海洋非物质文化遗产进行旅游开发与保护的前提与基础。

(三)用心筛选,科学开发

应在对海洋非物质文化遗产的历史文化价值、审美价值、文化生态价值等进行深入挖掘的基础上,精心筛选一些对游客具有旅游吸引力并容易转化成为旅游产品的遗产进行旅游开发。在开发过程中应该积极贯彻"保护为主、抢救第一、合理利用、传承发展"的方针,努力保持海洋非物质文化遗产的真实性、完整性和原生态性,特别要加强对濒危非物质文化遗产的文化生态区保护,正确处理好旅游开发与文化遗产保护的关系。

（四）运用现代科技,拓宽开发与保护途径

科技的进步大大拓宽了海洋非物质文化遗产旅游开发与保护的途径。借用现代高科技手段存储和再现海洋非物质文化遗产,积极拯救濒临消亡的不可再生非物质文化遗产,是切实可行甚至是唯一的途径。同时,利用高科技开发新型旅游休闲方式可避免或降低对非物质文化遗产的有形磨损和消耗,这样既有利于非物质文化遗产的保护,又能满足游客"求奇、求异"的需求。

（五）加强协作,共同促进遗产的开发与保护

加强某些海洋非物质文化遗产保护与开发的区域协作,是保持文化完整性、塑造区域旅游品牌的必然选择。如源自福建的妈祖信仰,其影响遍及我国沿海各省及至东亚、东南亚等地区,其旅游开发与保护不是一个国家或地区就能完成的,需要更多国家和地区合作进行。

第六节　举办海洋非物质文化遗产产品交流展示活动

举办海洋非物质文化遗产产品交流展示活动有利于促进资源开发、产品流转和价值实现,要结合互联网产业,推进海洋非物质文化遗产产业与会展业等业态的有效结合,打造以文化创意与海洋非物质文化遗产为内容的信息咨询、服务、交易平台。

一、意义和现状

海洋非物质文化遗产是我国非物质文化遗产中独具特色的重要组成部分,对于外地群众尤其是内陆群众具有很强的吸引力和感染力,加强海洋非物质文化遗产产品的交流展示不仅有利于克服我国缺少非物质文化遗产传承展示交流活动的短板、促进海洋非物质文化遗产资源的传承和保护,也有利于展示我国海洋文化非物质文化遗产产业的发展成就,向公众展示高端海洋非物质文化遗产产品,为广大海洋文化产业单位提供展示交流学习的平台,同时有利于打造海洋文化产业新板块、塑造地方海洋文化知名品牌,从而有力地拉动招商引资和地方就业。

为促进非物质文化遗产的生产性保护,使非物质文化遗产保护和传承融入当代、融入大众、融入生活,国家和地方越来越重视在各种平台上展示非物质文化遗产资源,交流非物质文化遗产产品。自 2010 年至今,由文化部、山东省人

民政府主办的中国非物质文化遗产博览会已成功举办三届,打造了影响广、规模大、规格高、项目多、品类全的国家级非物质文化遗产博览会。该博览会以适合生产性保护的非物质文化遗产项目的展览、销售为重点,采取实物展示、销售、图片展览、多媒体演示、代表性传承人现场制作等形式,充分展示非物质文化遗产的独特魅力,促进非物质文化遗产保护与经济社会协调发展。

2014年,我国举办了多次非物质文化遗产展示交流活动,其中部分重要非物质文化遗产展示交流活动如下:2013年12月至2014年2月,"丝绸的记忆——中国蚕丝织绣暨国家级非物质文化遗产项目特展"在北京国家图书馆举办;2014年1月,"中国非物质文化遗产年俗文化展示周"在北京石景山体育馆举办;2014年6月,"文化遗产日"期间,各地以"非物质文化遗产保护与城镇化同行"为主题举办了丰富多彩的活动,其中由文化部主办、文化部非物质文化遗产司和中国艺术研究院•中国非物质文化遗产保护中心承办的"城镇化进程中的非物质文化遗产保护论坛"在京举行;文化部全国公共文化发展中心发起了"非物质文化遗产基本知识网络答题"活动;2014年6月至7月,由文化部主办,中国艺术研究院•中国非物质文化遗产保护中心、国家图书馆联合承办的"中国非物质文化遗产保护出版成果展"在国家图书馆举办;2014年10月,第三届中国非物质文化遗产博览会在山东济南举办,博览会以"非物质文化遗产:我们的生活方式"为主题,共有700多个非物质文化遗产项目参展,其间还举行了非物质文化遗产产品交易、创意衍生品和非物质文化遗产保护创新成果展等活动,展现了全国非物质文化遗产保护成果。

2015年6月12日,由文化部主办,国家图书馆(国家典籍博物馆)和《中国摄影家》杂志社承办的"中国非物质文化遗产摄影展"在国家图书馆典籍博物馆正式拉开帷幕,以"我们的文字""蚕丝织绣""中国年画""大漆髹饰"等为主题,重点展览文化部"非物质文化遗产传承,人人参与——中国非物质文化遗产摄影"活动中所征集的37 000幅(组)作品中的205幅(组)获奖作品,多方位、多角度地展示了我国丰富的非物质文化遗产资源,通过优秀摄影作品启迪公众心灵,使观众通过摄影家镜头感受瑰丽多彩的非物质文化遗产。各类非物质文化遗产资源、产品的交流展示活动有利于进一步促进民众对非物质文化遗产的关注、珍视和保护,有助于记录非物质文化遗产在中华民族精神文化生活中的独特作用。

二、目标和定位

我国举办海洋非物质文化遗产产品交流展示活动的总体目标基本上是比照"中国国际高新技术成果交易会""中国(深圳)国际文化产业博览交易会"等模式,创新海洋非物质文化遗产资源、产品的交流展示方式,打造海洋文化遗产产业领域具有广泛影响力和较强促进作用的交流展示活动,搭建国家和地方各级的综合性海洋非物质文化遗产产品交流平台,即海洋非物质文化遗产产品资源交流展示的盛会、海洋文化遗产行业发展的盛会、全民参与海洋非物质文化遗产保护传承的盛会。这类活动包含了以下三个定位。

(一)海洋非物质文化遗产对接平台

汇聚国家海洋、文化、文物、旅游等行政主管部门,汇聚全国范围内最有影响力和创新的海洋非物质文化遗产研究机构、社会企业,汇聚关注海洋非物质文化遗产产业的相关产业代表单位和基金组织,探索海洋文化遗产产业发展路径和资源匹配的解决之道。

(二)揭示海洋文化遗产产业发展方向

展示海洋非物质文化遗产产业创新发展的最新概念、项目、产品和技术,发布本领域内的政府新政策、专家新观点、学术新成果、产业新信息,促进海洋非物质文化遗产产业的发展和创新,实现创新引领海洋非物质文化遗产产业发展。

(三)开启海洋非物质文化遗产产品体验之窗

集结国内众多的海洋非物质文化遗产产品生产者和用户,组织广大海洋非物质文化遗产传承人、爱好者、传播者,集中参观、体验和感悟海洋非物质文化遗产产品,拉近生产方、传播方和用户的距离,实现海洋非物质文化遗产市场各方的良好互动。

三、主要任务

根据海洋非物质文化遗产产品交流展示活动的总体目标和定位,其主要任务包括展示优秀海洋非物质文化遗产项目和产品,对外发布优秀海洋非物质文化遗产实施项目和产品的目录,形成海洋非物质文化遗产行业交流展示的高端服务平台;推动海洋非物质文化遗产产业内部经验交流,提高行业整体的服务水平和创新能力；树立传播海洋非物质文化遗产产业发展理念，在创造经济价值的同时注重提高全社会保护、传承海洋非物质文化遗产的意识和能力，创造更多的社会价值；同时，要加强海洋非物质文化遗产产业的人才交流，包括管理人才、技术人才、产业融合人才、文化传播人才等，切实提高其专业技能和业务素质，进而提高海洋非物质文化遗产产业人才队伍的创新能力和意识。

当前，国家和地方不断加强对节庆、会展、论坛等活动的清理规范力度，一是积极整合各类活动，提升活动质量和层次，避免同质化竞争和资源浪费；二是严格落实中央"八项规定"，注重挖掘活动内涵而非单纯追求活动规模，杜绝铺张浪费；三是进一步加强社会化运作，减少政府财政投入，政府主要承担引导和监管功能，减少对活动的直接投入和参与。因此，在此新形势、新背景下，我们要按照"政府搭台、社会运作、公众参与"的模式，由社会各方通力协作、发挥特长，共同打造海洋非物质文化遗产产品交流展示平台。在这一过程中，政府、社会组织、专家学者、媒体组织、企业、社会大众要扮演好自己的角色，科学分工协作。总之，社会各方的任务各有侧重。

政府：政策引领，搭建平台，提供支持，原则上不直接提供财政支持；

社会组织：创新产品、分享经验，促进互动与合作，反映社会需求；

专家学者：提出新观点，解读政策，提出学术成果，开展行业分析与规范；

媒体：舆论引导，普及相关动态和指示；

企业：提供资助，能力支持，渠道支持，参与展示会，提供展品和宣传资料。

公众：参与展会，体验展会。

四、主要措施

（一）围绕海洋非物质文化遗产项目和产品进行组展

发动沿海地区围绕关于海洋文化文化遗产产业发展的相关要求，组织相关优秀企业、公益项目和产品进行展示。展览主题策划、展区布置、论坛沙龙同样围绕海洋非以产品进行设置，力求做到起点高、水平高、专业性强、前瞻性强、引领性强。

（二）整合打造品牌论坛

整合建立多层次论坛体系，以文化、海洋等部门的主题论坛、信息发布会、专业论坛（研讨会）为主体，打造国家级、专业化、高规格的海洋文化遗产产业论坛体系。加强与相关文化企业的合作，共同举办或引进层次高、权威性的行业峰会、发布会，引领海洋文化遗产产业的发展。

（三）提升资助功能

与各类社会组织和知名企业建立战略合作，会前要充分调研企业的诉求、社会的需求和当前海洋非物质文化遗产产品的供给能力，提前促进参展各主体达成合作意向。经过两三年的努力，使展会资助金额达到一定规模。充分利用展会的优势，建立官方网站，设立海洋非物质文化遗产项目库，对海洋非物质文化遗产产品进行分类，满足社会多样化需求。

（四）加大宣传推介力度

充分利用国家媒体资源，加大展会宣传推介力度，通过开展推介会、各类媒体宣传、展会展示等途径，扩大展会的知名度，吸引社会组织、企业和观众参与。在宣传推介过程中，突出"政府搭台、社会运作"的办会模式，突出展示和资源配置功能。

（五）建立展会评估体制

委托第三方独立机构，制定科学高效的海洋非物质文化遗产展会评估指标体系，以参展公益组织、项目和企业数量，供应方与组织达成合作意向的金额，公众参与度，参观展览人数，媒体关注度等为指标开展评估，保证组委会的组织能力及展会的实际效果能够逐年提升。

五、板块设置

海洋非物质文化遗产展会，应包括主会场静态展示区（展位展示和展墙展示）、动态体验区、大型论坛和沙龙、分会场、公益节庆、网络交流展示平台六大板块。

（一）主会场静态展示区

海洋非物质文化遗产展会将汇集全国最优秀的海洋文化遗产产业机构及其项目，成为国内领域最齐全、规模最宏大的海洋文化遗产项目的展示和交流平台，成为海洋文化遗产领域最新项目、最高水准项目的年度大检阅。

1. 展位展示区

其包括省市展区和项目展区两部分。

（1）省市展区：以各省（自治区、直辖市）为单位，组织辖区内的优秀海洋文化遗产单位参展。

（2）项目展区：展示海洋文化遗产产业单位及其优秀项目和创意。

2. 展墙展示区

展墙展示区则充分利用图像、视频和影像的手段让观众立体地体验和感悟海洋非物质文化遗产产业。

（1）入口通道展示墙：向观众展示海洋非物质文化遗产产业发展成就，让观众在入场前即感受到海洋文化遗产的使命感，也增加了现场展览展示的厚重感。

（2）优秀成果展示墙：优秀海洋文化遗产项目，展示各省市在海洋文化遗产领域的优秀项目和产品。

（3）展区说明墙：在不同展区树立说明墙，为观众说明该领域参展机构的名称、每个机构应对公益需求不同的解决模式及具体展位，力争让观众一眼看明白每个项目的价值与特色，了解该领域的现状，现场交流更快捷、有效。

（二）主会场动态体验区

将在海洋文化遗产项目展示区内单独划分场地来进行，成为展中展，带给观众丰富多彩、耳目一新的体验，成为海洋文化遗产体验之窗。目前设计的活动形式及内容包括：

（1）创新体验活动：由参展海洋非物质文化遗产产业组织自行申报展示活动，让公众以亲身参与的形式了解海洋文化遗产项目。

（2）海洋非物质文化遗产产业市集：组织全国各地最具特色、品类丰富的海洋非物质文化遗产产业产品，吸引市民到展会现场纳凉和选购。

（三）大型论坛和沙龙

海洋非物质文化遗产展会将整合论坛、会议、沙龙、讲座等活动资源，打造海洋非物质文化遗产产业领域的高峰论坛，努力为中国海洋非物质文化遗产产业发展提供高端的跨界交流、思想碰撞和行业倡导平台。海洋非物质文化遗产展会将设高峰论坛和专题论坛，届时各种主题的论坛和沙龙将在会议期间同时或依次举行。

（1）海洋非物质文化遗产展会高峰论坛：邀请政府机构领导、国内外知名海洋非物质文化遗产产业行业专家、学者、领军人物等进行政策理论研究、行业发展前景展望。高峰论坛由海洋非物质文化遗产展会组委会策划和筹备。

（2）专题论坛：研讨影响公益发展的焦点问题或进行前瞻性思考，将根据不同主题邀请国内知名的公益机构来承办，主题涉及海洋文化遗产发展融合各方面

（四）分会场

在深圳的展会活动中，选择部分公共场所和社区举办丰富多样的海洋非物质文化遗产体验式活动，展示内容、活动安排与主会场同步推进，让市民近距离了解海洋非物质文化遗产，参与海洋非物质文化遗产，充分展示我国海洋文化打过的良好形象和精神风貌。

（五）打造海洋非物质文化遗产展会网络平台

"中国海洋非物质文化遗产产业项目交流展示会"将打造基于移动互联的网络传播及互动体系：官方网站 + APP + 微博，动态呈现数据库和进行信息展示。官方网站功能强大，将广泛整合线上线下的海洋非物质文化遗产产业资源，随时更新和发布海洋非物质文化遗产展会资讯、线上申请报名、公益项目展示、资助信息动态、媒体报道集锦等信息。拟定由腾讯公司提供网络支持。开通微博互动，包括一键关注、微访谈、微直播等，方便参展的公益机构与所有关注者时时交流。网站在展会后，将建立优秀项目数据库，长期发布各种需求信息，让海洋非物质文化遗产机构和潜在资助方都能长期关注、及时了解到供需双方的需求信息。为全国优秀海洋非物质文化遗产产业组织及公益项目打造 365 天不落幕的网上交流展示平台，为下一年度的海洋非物质文化遗产展会奠定坚实的基础。发布 APP 版本的会务信息（海洋非物质文化遗产展会小报、海洋非物质文化遗产展会攻略），开展 APP 志愿者和观众签到活动，让网友体验更丰富、时尚和快乐的公益。

案例：全国首个海洋非物质文化遗产产品交易平台——淘古网

2014 年 9 月 16 日，全国海洋非物质文化遗产产品网络交易博览会启动仪式在浙江省岱山县东沙古渔镇举行。该平台包含非物质文化遗产精品、非物质文化遗产地方馆、非物质文化遗产旅游等各种形态的非物质文化遗产产品。目前平台上已有上百种海洋非物质文化遗产产品，共分舞蹈、戏剧、文学、音乐、曲

艺、体育、美术、技艺、医药、民俗十大类。全国首个海洋非物质文化遗产产品交易平台——淘古网正式上线,只需登录该平台,就能购买到自己喜欢的非物质文化遗产产品。

该平台包含非物质文化遗产精品、非物质文化遗产地方馆、非物质文化遗产旅游等各种形态的非物质文化遗产产品,集产品展示、交易、传播等功能于一体,同时也是非物质文化遗产项目、非物质文化遗产传承人、非物质文化遗产咨询等功能的信息发布平台。

(六)海洋非物质文化遗产产品交流展示会

要打造海洋非物质文化遗产创意产品和服务推介平台,一方面要推广优秀海洋非物质文化遗产产品,一方面要提供更好的服务,更好地促进产业发展。

一是推介优秀海洋非物质文化遗产产品。面向全国邀请涉及海洋文化、文化遗产的单位,广大企业可以展示优秀产品和服务,从而促进交易;研究单位可以展示优秀研究成果,促进产学研相结合。

二是推介优秀海洋非物质文化遗产产业服务。海洋非物质文化遗产产业发展离不开上下游产业和其他服务行业的支持,如广告、运输、加工制作等单位可以参加展示会,更好地服务于海洋非物质文化遗产产业发展。

(七)举办国际海洋非物质文化遗产创意产业高端论坛

举办国际海洋非物质文化遗产创意产业高端论坛,邀请文化、海洋、旅游领域的国内外专家,对海洋非物质文化遗产资源的创意设计和产业化发展进行研讨,也可为山东海洋非物质文化遗产创意产业发展提供思路。主要内容有:

一是组织学术讨论。请专家研讨海洋非物质文化遗产创意产业领域的学术问题,面向社会征集论文,形成学术成果。

二是探讨海洋非物质文化遗产创意产业的发展问题。请海洋、文化、旅游部门领导授课,介绍最新政策和发展方向;请专家介绍海洋文化产业、海洋非物质文化遗产保护相关知识,提出创意产业发展路径,指出海洋非物质文化遗产创意产业发展中应该注意的问题。

三是传播海洋非物质文化遗产创意产业的先进经验。请国内外在海洋非物质文化遗产资源利用,创意产品服务生产、传播、推广等方面有成功经验的企业介绍经验,为海洋非物质文化遗产创意产业发展提供思路。

六、招展工作

（一）招展目标

（1）全国各省（区、市）优秀海洋非物质文化遗产产业组织和公益项目。

（2）国家级海洋非物质文化遗产产业组织及其优秀项目和民间创意团队。

（3）国家及各省（区、市）具有代表性的海洋文化创意企业。

（二）招展形式

按照"政府搭台、民间运作"的办会宗旨，将由主办单位牵头，民间自荐参与，多方同步推进，全民参与招展。招展要体现扶持海洋非物质文化遗产产业机构发展的方向，对需要扶持的对象降低费用或免费。具体而言，一是以主办单位名义向省、市各级相关部门发文，层层动员，发动全国各地有关的社会组织、企业参展；二是以各种形式搜集全国海洋非物质文化遗产产业领域的知名社会组织、创意项目，通过发函邀请、举办各地推介会和亲临访问等方式，邀请他们积极参展；三是通过媒体推广、网站宣传和热线咨询的形式，让广大"民间性"较强的社会组织申请报名和参展。

七、宣传推介

制定专门的海洋非物质文化遗产展会宣传方案，按照会前、会中、会后三个环节，突出重点，广泛发动媒体，明确中央、省内和市内媒体的宣传方向和任务，切实对海洋非物质文化遗产展会进行全方位、有针对性的宣传报道，充分挖掘网络媒体及APP传播方式等新媒体，吸引中青年人群的关注。

（一）宣传目标

（1）向业内知名海洋非物质文化遗产产业组织传递信息，促成具有行业代表性的海洋非物质文化遗产产业组织及项目参展参观。

（2）向全国知名爱心企业传递信息，使其关注并参与海洋非物质文化遗产展会，成为海洋非物质文化遗产展会的资助者和捐献方。

（3）向社会传递信息，营造展会氛围，使全社会关注海洋非物质文化遗产展会。

（二）宣传内容

（1）海洋非物质文化遗产展会的办展思路和展会定位。

（2）海洋非物质文化遗产展会主题与内容规划。

（3）海洋非物质文化遗产展会在社会建设及社会管理创新领域的重大意义。

（4）海洋非物质文化遗产展会凝聚民心和促进和谐的突出贡献。

（5）海洋非物质文化遗产展会对全国海洋非物质文化遗产产业事业发展的独特作用。

（三）宣传形式

按照工作进程划分相应阶段并对每一阶段工作作出规划，充分利用各种相关事件、公关传播、广告宣传及活动。具体包括：新闻发布会、广告投放、宣传片投放、新闻报道、重点城市推介会、官方拜访、专题活动推广（如"年度主题"征集活动）、海洋非物质文化遗产产业节庆活动（倒计时系列宣传活动）。

（四）宣传要点

围绕海洋非物质文化遗产展会的主题、定位、特点以及各阶段侧重点，海洋非物质文化遗产展会的宣传要点如下。

1. 会前：预热宣传

围绕海洋非物质文化遗产展会筹备阶段的各地推介会、海洋非物质文化遗产产业节庆活动等事件和公众活动，组织传统主流媒体进行预热宣传。每月第一周组织媒体（报刊、电视、电台）集中报道海洋非物质文化遗产展会招展动态及海洋非物质文化遗产产业热点话题；每周一在主要报刊专版报道海洋非物质文化遗产展会动态及海洋非物质文化遗产产业话题。

2. 会中：集中报道

充分发挥报业、广电两大集团的宣传优势，全面发动，集中报道。设定专人负责报道海洋非物质文化遗产展会，海洋非物质文化遗产展会期间，现场采访展会并进行全方位的宣传报道，同时为中央媒体及广东省和其他省市媒体采访报道做好组织服务。

充分利用网络宣传、户外宣传等新媒体深入开展宣传工作，广泛整合线上线下的海洋非物质文化遗产产业资源，随时更新和发布海洋非物质文化遗产展会资讯，开通微博互动，包括一键关注、微访谈、微直播等，实时报道海洋非物质文化遗产展会动态。

3. 会后:跟踪报道

展会结束后,就海洋非物质文化遗产展会价值、成果、内涵等层面分别进行深度跟踪报道。通过官方网站,建立项目数据库,长期发布各种需求信息,让有关机构和潜在资助方都能长期关注、及时了解到供需双方的需求信息,为下一年度的海洋非物质文化遗产展会奠定坚实的基础。

第七节　打造海洋非物质文化遗产创意网站

当前,网络的发展已呈现商业化、全民化、全球化的趋势,几乎所有行业都在利用网络传递商业信息,进行商业活动,从宣传企业、发布广告、招聘雇员、传递商业文件乃至拓展市场、网上销售等,创意网站具有文化内容丰富、信息传播快、受众广泛等优点,是展示海洋非物质文化遗产发展、推广海洋非物质文化遗产产品的重要平台。

一、项目背景

2009 年我国颁布的第一部文化产业专项规划——《文化产业振兴规划》,标志着文化产业已经上升为国家的战略性产业。国家将重点推进文化创意、影视制作、出版发行、印刷复制、广告、演艺娱乐、文化会展、数字内容和动漫等文化产业。在互联网飞速发展的时代,这些产业都能与网站进行良好结合,因此,随着文化产业健康发展,文化专题网站建设也四处开花。当前,我国文化产业网站众多,已经基本呈现地域细分、产业链的不同阶段细分和具体领域细分的竞争态势,其中主要网站有:

中国国际文化产业网,创建于 2005 年 10 月,百度收录近 10 万个网页,品牌定位是以电子商务为基础,具有网站规划较好、信息分类规范的优势。

中国文化创意产业网,创建于 2009 年 10 月,品牌定位是业内高端人士的文化创意产业行业资讯服务,具有网站发展快、产品和服务规划相对较好、创意产业搜索引擎产品具有业界领先性和超前性等优势。

北京国际文化创意产业博览会官网,品牌定位为集中展示我国新兴文化业态发展的最新成果和现代文化市场体系建设的重大进展。

义乌文化产品交易博览会官网,创建于 2003 年 11 月,品牌定位为扩大文化产品出口、壮大提升文化产业,专注于文化产品领域,网上文化产品博览会交易平台已经初具规模。

海洋文化产业是文化产业的重要组成部分。经过多年发展,我国海洋文化创意产业网站已经经历了一个从无到有、从小到大、从单一到多样的发展历程。就目前来说,"中国海洋文化在线"网站作为我国文化创意网站的典型代表,其囊括的具体内容包括热门搜索、热门词条、热门聚焦以及七个主题栏目,这七个主题栏目分别是:航海文化、海洋旅游、海洋科普、海盐文化、海岛博览、海洋文艺、海洋研究。作为一个颇具有官方色彩的网站,"中国海洋文化在线"各个板块中的内容相对丰富。然而遗憾的是,在点击网站不同板块中的新闻时,用户会发现绝大部分内容只有文字叙述,较少配有图片,声情并茂、有图有视频的新闻更是难找,新闻与策划内容显得单调且缺乏生机与活力,还有待进一步创新和改进。

二、海洋非物质文化遗产创意网站的设计特色

网站的栏目是根据网站的功能和目的安排设置,栏目主要分为信息和商务两大块,具体细分和概述如下。

动态资讯:向访客提供海洋非物质文化遗产界的一些最新动态和消息,如最新政策、专家观点、社会评论等,方便管理人员、从业人员和工作人员把握行业动态,更好地推动海洋非物质文化遗产产业发展。

精品博览:展示海洋非物质文化遗产重要资源和产品,不同类别产品打造不同的栏目,如歌舞类、书画类、民间信俗类等,分门别类地向访客展示海洋非物质文化遗产产品及相关信息介绍。

名家博物馆:向访客推介当代著名海洋非物质文化遗产专家、工作人员、传承人、管理人员,展示他们的优秀作品和工作成绩。

投资指南:对海洋非物质文化遗产产品投资进行指导,解答投资疑难。

供求信息:供访客发布供求信息,更好地促进海洋非物质文化遗产从业人员和爱好者的广泛交流。

在线竞买:为买卖双方提供网上交易平台,促进海洋非物质文化遗产产品的交易流转。同时,运营方可以向访客展示在线商品,以供其选购。

广告服务:提供网上广告业务。

网站色彩以蓝色系为主,整体设计古朴、典雅,与海洋非物质文化遗产企业

形象和企业精神相符。为让客户更好地了解信息,网站采用高清晰度图片格式,占用空间少,下载速度快,以满足不同层次的目标访问群体的需求。网站计划每半年进行一次较大规模改版,不断补充、更新、调整内容及页面。

三、当前我国海洋文化创意网站的不足

(一)网站营收模式单一

目前据初步观察,网站是采用门户网站惯用的网络广告作为主要赢利手段。而交易中心应该会尝试采用文化产品和项目交易平台的电子商务模式,但是暂时并没有做起来。作为文化产业的权威门户和全国文化产业项目服务工程唯一发布平台,我国海洋文化创意网站完全有深入挖掘增值赢利模式的巨大潜力。

(二)网站信息和构架策划意识薄弱

网站策划是整个网站构建的灵魂。而网站内容和信息的组织策划在某种意义上就是一个导演,它引领了网站的方向,赋予网站生命,并决定它是否走向成功,是网站运营的重要一环。只有基于用户需求基础上的网站构架及内容策划方式,才能充分发挥网站的潜力。但是现在的网站基本是采用门户网站的通用模式,在信息和内容构架上并无特别之处,更谈不上有以用户体验为中心的设计和互联网技术的合理运用。

(三)资讯栏目设计过于扁平、空泛

现在的资讯栏目和内容设计过于单一、扁平,每个细分领域只有行业动态新闻的呈现。应把细分文化产业如传媒、广告、影视等全面子门户化,并且扩展资讯的内容设计,而不仅仅是现在这样只有一个新闻列表。在内容上不仅要提供行业动态数据,而且可以深入挖掘细分产业的行业意见领袖、行业定量数据、新闻专题、产业研究、产业数据等立体化资讯内容。当然,作为大文化产业网,在视角上应当保持宏观或中观高度,最好不要深入细分行业的更细分领域或视角过于微观。

(四)互动社区的缺位

一般网站通常都要设计博客和论坛两块社区模块,但是许多都没有真正上线。现在的网络社区呈现模式已经非常丰富,拥有论坛、贴吧、问答、博客、圈

子、微博、SNS、LBS 等多种模式。深刻理解各自模式的特点,选择适合目前平台发展阶段和资源优势的社区模式并真正运营起来在如今的后 web2.0 时代是非常重要的。可选择的网络互动平台虽然较多,但没有必要过多地重复设置,应当把重点放在运营和管理上来。

(五)较缺乏深度的用户运营

以最为常见的站内站外、线上线下的活动策划而言,都似乎少之又少,整个网站的会员体系只为交易中心服务,并没有挖掘和整合其他用户产品和功能。只有下大力气理清楚网站的目标用户,才能更为精准地进行内容定位。只有进行深度的用户分析和调研,发掘用户的需求,才能够真正有的放矢地进行网站产品策划,才能增加用户的忠实度,吸引更多的用户。

四、打造海洋非物质文化遗产创意网站的具体对策

(一)增加音像与多媒体技术的比例

有动态的画面、有可以聆听的声音、有随手点击就可以出现相应的阅读内容,是网络区别于传统平面媒体的绝对优势。海洋网络传媒管理者必须牢牢地把握这一优势,以努力增加网站的点击率以及读者的阅读兴趣为目标。然而在现实中,一些网站的版面内容依然是以单纯的新闻为主,很少配套图片,想要有音像资料以及多媒体技术则更是困难,这对于网站的健康发展是十分不利的。因此,在进行海洋文化创意产业网站管理时,应当有意识地增加音像与多媒体技术的比例,网站首页以及重要新闻上必须有音像资料作为辅助。这是提高网站信息传播质量的有效手段,必须引起高度重视。

(二)重视项目策划与管理

好的项目策划与高质量的管理,是一个网站能够迅速引起读者注意并获得长久发展的重要外部助推力。作为网站的管理者,必须对其给予高度的重视。在具体的项目策划时,网站管理者不应当仅仅根据海洋文化发展现状进行循规蹈矩的项目策划,还应当根据读者的需求,传递出不同的信息,增强读者对海洋文化的了解程度。青岛的创意产业基地的网站在这方面取得了可喜的进展。该网站通过网友调查活动,真正地了解网友更加关心哪方面的内容,并对其进行有效的整合,在充分研讨之后推出的项目策划方案才能真正做到为受众服

务。除此之外,海洋类网站还应当加大管理力度,做到每日更新必须由专人负责,每周的看点总结回顾及时到位,在不断的回顾中提高网站的管理质量。

(三)积极发展三维动画设计

三维动画凭借更加高超的技术手段,在模拟真实物体、表现影视特效以及后期合成上都有着传统技术难以企及的优势。在实际中,三维动画由于摆脱了地点、气候、人员不足的现实制约,在制作成本上,与实景拍摄相比也更加经济,因此受到越来越多的网站与技术人员推崇。海洋非物质文化遗产文化网站以文化创意为主题,在现实运行中不可避免地会受到人力、财力等原因限制,以至于无法现场拍摄。为有效地解决这一问题,网站管理者应当注重引进三维动画设计人才,将发展三维动画设计作为攻坚点来抓。

第八节　开展海洋非物质文化遗产艺术演出活动

海洋非物质文化遗产艺术演出具有影响力强、参与性强、传播广泛等优势,把极富艺术感染力的视觉与听觉盛宴奉献给观众,有助于打造海洋非物质文化遗产产业经典品牌,加深人们对海洋非物质文化遗产艺术的了解,弘扬中华传统海洋文化。

一、活动背景

中国是一个历史悠久的海洋文明古国,不仅有大量的海洋物质文化遗产,而且有丰富的海洋非物质文化遗产,共同承载着人类社会的文明,是世界文化多样性的体现。中国海洋非物质文化遗产所蕴含的精神价值、思维方式、想象力和文化意识,是中国海洋文明的象征。海洋非物质文化遗产艺术是中华民族海洋非物质文化遗产的重要组成部分。放眼世界各地,只有注重对非物质文化遗产艺术深入挖掘,才能真正使人印象深刻。我国的渔民号子、人龙舞、独弦琴艺术等具有很好的历史文化价值和艺术价值,因此,可以开展海洋非物质文化遗产艺术演出活动,以独具魅力的海洋文化艺术为卖点,吸引世界各地游客参与。

二、活动定位

活动要以弘扬我国沿海各地独特的海洋文化艺术为主旨,彰显"海洋生态文明""海洋强国建设""21世纪海上丝绸之路"等主题。紧紧围绕海洋文化,推出具有传统特色和历史底蕴的海洋戏剧、音乐、舞蹈、绘画、摄影、建筑、沙雕、影视、多媒体等一系列艺术形式的表演和赛事，以精心的组织和独特的风貌，助力于创建地方海洋文化知名品牌。

深入挖掘沿海各地海洋非物质文化遗产艺术资源，如京族独弦琴、舟山渔民画等艺术形式，注重节目的打造和文化内涵的挖掘，避免盲目追求"大而全"的演出形式和宏大气派的演出阵容。在创造经济价值的同时，呼吁对海洋非物质文化遗产艺术形态予以足够保护，提高群众保护海洋非物质文化遗产的自觉意识，同时带给人们以美的享受。

建议打造系列艺术演出活动。整体活动由不同主题活动组成，一方面整体活动要有一定的延续性，可以吸引较远地区群众参与；另一方面形成音乐、戏剧、电影、摄影等各种艺术门类集中展现的局面，加大媒体宣传力度，满足人民群众多样化的文艺需求。

活动可以固定在一个城市举办，也可以在沿海城市轮流举办，承办城市可重点展示当地建设、风情、艺术、经济科技等成果。同时，要增强当地群众的城市主人翁意识，激发本地群众参与海洋非物质文化遗产艺术创作推广的积极性，在内容上考虑群众的可参与性，让当地百姓真正关注和参与到艺术节目中来。

三、价值分析

海洋传统文化和海洋文化艺术是沿海城市软实力的重要体现，也是永恒的城市品牌。开展海洋非物质文化遗产艺术演出活动有利于凸显其海洋文化特征，既扩大了城市和区域的知名度和美誉度，还可收获明显的经济效益。

（一）有利于打造城市海洋文化品牌

我们对一个城市的品牌印象，很多时候就是因为一个节庆、一个活动的深入人心，如中国（象山）开渔节、大连服装节、青岛啤酒节、印象北部湾等节庆活动，都是非常成功的案例。既往经验告诉我们，成功举办好享誉国内外的文化艺术活动，对于树立城市文化品牌具有重要推动作用。

（二）有利于带动旅游业发展，带来经济效益

文艺活动举办期间，会吸引大量游客前来，尤其是表演者中有人气明星时，将会带来很强的粉丝效应，汇聚人流，期间食宿收入、门票收入、旅游纪念品收

入等都会在短期内形成爆炸式的地方经济效益。

（三）有利于实现长远经济回报

有利于深入挖掘沿海地区海洋历史文化内涵，扩充当地旅游业的新内容，促进海洋、文化、新闻等部门联动，共同开发文化旅游资源，扩大当地文化旅游业的社会影响，促进经济转型、沿海旅游业的成熟与发展，可以尽快推进海洋休闲渔业的发展，解决沿海渔民转产转业问题，缓解海洋渔业资源负担过重的压力；同时，城市实力和知名度的提升有利于促进招商引资和城市建设。

四、注意事项

（一）要实事求是，切忌盲目跟风

海洋非物质文化遗产艺术演出活动必须紧紧围绕当地海洋历史文化资源做文章，突出海洋和民族特色，具有鲜明的地域、民族特色，深入挖掘海洋文艺的深度、精度、高度，而不是盲目跟风、追求大而全的活动规模。

（二）要建立海洋文艺对外合作交流机制

要加强与其他沿海地区的联动，提升自身海洋文化的感召力、影响力、吸引力和竞争力，要有国际化的视野和格局，侧重对其他国家海洋文艺成果的关注，也要注重多元的宣传渠道，实现不同区域之间的海洋文艺联动展演。

（三）产品要有创意，突出特色

要大力开发由节日派生的主题旅游收藏品。纪念品应体现地方海洋文化特色，具有较强创意和收藏价值，摒弃同质化的旅游纪念品。

（四）政府为主，引导各方积极参与

在资金运作方面，要加大政府投入，以政府投入作为保障；要加大金融投资支持，引导社会资本流入，组织社会各界的积极参与，支持本项活动实施；研究设立专项基金，由专门机构进行管理，实行市场化运作，通过股权投资等方式，推动资源重组和结构调整以及海洋文艺作品的创作和演出。

五、策划内容

（一）大型海洋音舞诗画水景专场演出

此场演出定位在以专业演出和群众演出相结合的基础上，节目设计以视觉

感受为主,演出主要运用声光电等现代科技演出手段,营造壮观、宏伟的海洋场景,舞台充分体现以水为特色的演出环境。演员以当地艺术团的舞蹈演员、少数民族歌唱家为主,以群众演员为辅,彻底摆脱以邀请名人名家为亮点的传统演出结构形式。同时可适当邀请国内外沿海、海岛城市的音乐舞蹈节目,丰富演出内容。演出地点宜设在大型游泳馆、体育馆内。

(二)海洋主题戏剧舞台剧汇演

艺术节期间,邀请国内外海洋主题剧目的戏剧院团汇演,如天津青年京剧团的大型交响京剧《郑和下西洋》、北海大型史诗性舞剧《碧海丝路》等。剧目每日一场,可连续演出一周。演出地点设在设施较好的剧院内。

(三)海洋主题影片展演

精选海洋传统主题的影片,包括国内影片和外国影片,进行为期一周的滚动展演,在有条件的影院集中呈现,可对优秀作品予以奖励,推动和繁荣海洋题材的戏剧、影视创作。

(四)海洋非物质文化遗产主题摄影图片展

借助国家海洋局的平台,举办全国范围的海洋非物质文化遗产主题摄影艺术大赛,评选出作品开办图片展,举办摄影爱好者沙龙和摄影文化讲座。此活动可在文化场馆和学校进行。

(五)涉海少数民族服饰和艺术展演

这项活动可以将展演范围扩大至整个少数民族群体。内容包括少数民族服装展示、少数民族特色艺术展示,如侗族大歌、京族独弦琴、壮剧、侗戏、桂剧等传统音乐与戏剧形式,海洋文化民间歌舞戏剧如"老杨公""耍花楼""采茶剧""跳岭头""八音""咸水歌""西海歌""粤剧"等。各地文化部门排演选送,紧紧把握原汁原味地体现本民族特色的原则,杜绝伪劣艺术表演和粗制滥造的改良传统艺术形式。活动场所设在公共文化场所。

(六)建设海洋非物质文化遗产文艺演出场馆

1.思路

可以新建以海洋非物质文化遗产为主题内容的文艺演出馆;选择经营情况较差、设施条件差的场馆进行升级改造;可以在大型演出馆中开辟海洋非物质文化遗产文化专场,打造海洋非物质文化遗产文艺演出的良好平台。

2.内容

组织文艺表演活动。演出内容是以渔业生产、渔民生活、海洋风光、海洋民俗传说等为主题的歌舞作品,演出人员可以是艺术团体、当地海洋非物质文化遗产代表性项目传承人、民间演唱艺人和常年坚持表演海洋非物质文化遗产节目的文艺术团。

承接海洋非物质文化遗产文艺成果展览。展示沿海地区传统海洋民俗歌舞,展示民间习俗传说和文化作品,展现当地海洋非物质文化遗产相关知识。

开展海洋非物质文化遗产文艺讲座。邀请海洋部门、文化部门的领导和专家,介绍本地海洋非物质文化遗产传承保护工作现状,讲解海洋非物质文化遗产相关知识;邀请专家对海洋非物质文化遗产传承人进行授课、培训,教育他们如何在传承海洋非物质文化遗产的同时兼顾个人创收和文化宣传。

(七)开展海洋非物质文化遗产文艺进校园活动

1.海洋非物质文化遗产文艺宣传展板进校园

非物质文化遗产是民族智慧的象征,是民族精神的结晶,是传统文化推动社会发展的不竭动力。非物质文化遗产的保护与传承需要唤醒民众的文化自觉,特别是青少年的文化自觉,通过宣传展板向青少年学生宣传近年来的非物质文化遗产成果,调动青少年学生了解非物质文化遗产知识的兴趣,激发青少年学生热爱传统文化、学习传统文化、参与保护文化遗产的热情,这对于传承与发展非物质文化遗产成果具有重要的战略意义。

2.海洋非物质文化遗产文艺技艺传授进课堂

非物质文化遗产是以声音、形象和技艺为表现手段,是动态的"活"的文化形式。通过在校园开设非物质文化遗产传统技艺培训课,让学生们与传统文化"零距离接触",从直观的作品和技艺中初步了解了非物质文化遗产所蕴含的丰富的文化底蕴,丰富校园素质教育的方式和内容,推进非物质文化遗产文化传承与创新。

第九节　开办海洋非物质文化遗产艺术兴趣培训班

艺术是人类的精神食粮,艺术教育的普及是素质教育的普及,决定和影响着国民素质。海洋非物质文化遗产艺术堪称传统海洋文化的瑰宝,但是由于地域性等原因,海洋非物质文化遗产艺术在全社会流传得不是很广。例如,很多人对渔民画、独弦琴等颇具特色的海洋非物质文化遗产文艺有浓厚的兴趣,但除了正式从业人员,一般人很难接触到这些艺术的入门方法。因此,可以开办海洋非物质文化遗产艺术兴趣培训班,为广大群众接触海洋非物质文化遗产艺术搭建平台,同时也为广大海洋非物质文化遗产传承者、艺术工作者提供创收渠道。

一、发展现状

近年来,随着社会的快速发展和人们观念的变化,越来越多的人开始关注文化艺术,社会上的文化艺术兴趣培训班不断增加,种类不断增多,不管是面向社会公众的培训班还是面向艺术类学生的专业培训机构都应运而生。有资料分析,截至 2013 年底,我国艺术培训行业的产值已达 330 亿元的规模,并且正以每年 30% 以上的速度迅速增长。未来五至十年,艺术教育市场将发展到上千亿元的规模。其中,音乐、舞蹈、美术是艺术培训行业的主力军。以 2012 年市场规模为例,舞蹈培训市场规模达到 79.3 亿元,占到了中国艺术培训行业规模的 29%;音乐培训市场规模达到 76.3 亿元,占到了中国艺术培训行业规模的 28%;美术培训市场规模达到 74.3 亿元,占到了中国艺术培训行业规模的 27.5%。从消费者偏好角度来看,由于受到我国艺术类招生制度的影响,家长最希望把孩子送往少年宫或行业协会开办的培训机构。

海洋非物质文化遗产艺术是具有鲜明地方特色的艺术形式,具有历史文化悠久、形式古朴、展示性强等优点,随着沿海地区越来越重视海洋非物质文化遗产资源开发,海洋非物质文化遗产艺术班也越来越具有可行性,如渔民歌、独弦琴演奏、渔民画创作等,已经逐渐进入公众视野,受到社会公众的喜爱。但是,我国很少有专门的海洋非物质文化遗产文艺培训机构,即使有资格的普通文艺培训机构中,也鲜见海洋文化内容。根据资料分析,海洋非物质文化遗产艺术兴趣培训班的消费者包括准备报考艺术类院校的高中在校生、社会上正在准备报考艺术类学校的人员、文艺工作者、广大海洋文艺爱好者,大家对教学质量和科目设置日益重视。由于海洋非物质文化遗产艺术的兴趣人群主要集中在东部经济发达地区,这些地区的人们消费能力较强,因此也更倾向于出资学习一些文艺技能。总之,海洋非物质文化遗产艺术属于稀缺科目,目前在市场上仍处于萌芽阶段,如果加以引导,将释放出强大的市场活力。

二、创办模式

海洋非物质文化遗产艺术培训由于自身的特点,产生了一些有别于其他培训行业的特殊问题:教育内容特殊性、影响教育质量因素的复杂性、市场进入门槛低,这样产生了教师难招、员工频繁跳槽、教学质量差、同行恶性竞争、付出精力大、利润低等问题。因此,可加强与艺术类高校、机构的合作,增强培训机构的实力和专业水准,提高知名度和美誉度,占据周边市场;长期发展目标是创建属于自己的品牌,打造国内或本地一流的、海洋传统特色鲜明的艺术培训机构。

由文艺类院校主办的艺术培训机构水平较高,可以充分发挥自身特长。如钦州学院的独弦琴艺术等,是很好的培训内容。以高等艺术类为依托是值得推广的培训模式,这种模式可以汲取高校文化滋养、文化传统和文化底蕴,争取高校在经费、资源、师资等方面的支持,积极争取实践项目和实习活动,大大加强对艺术类专业考试辅导以及行业培训的针对性、权威性和实用性。

此种模式的优势主要体现在几个方面:一是专业性,各高校都拥有强大的师资和设备,这是其他单位所难以比拟的巨大优势;二是针对性,把握最前沿的信息和最准确的行业规律,有的放矢地加以培训;三是高效性,将帮助学生在较短时间内提高专业水平,掌握专业考试要领,力求科学、准确、高效;四是推广性,以高校为背景、平台予以推广,借助高校的知名度和美誉度,短时间内形成较强的宣传推广力度,而且更容易使人相信机构实力。

三、注意事项

海洋非物质文化遗产艺术培训班的举办,要遵循以人为本的原则,海洋非物质文化遗产艺术具有很强的认识功能、教育功能、审美功能,要让广大群众紧密接触海洋非物质文化遗产艺术,培养一批了解传统海洋文化、具有一定艺术技能技巧、审美能力和创造精神的学员。因此,海洋非物质文化遗产艺术培训班办学理念应该是以培养具有民族特色和时代特色的海洋非物质文化遗产艺术精英为目标,为塑造出杰出的非物质文化遗产艺术家奠定良好的基础,着力培养学生积极向上、目标明确、坚忍不拔的精神。

海洋非物质文化遗产艺术虽然是直观的东西,但作为教育培训,其贯穿始终的过程更重要。教与学的形式、过程、展示等各个环节都必须丰富多彩,最终达到学生喜欢、社会认可的效果。要积极参加各级相关竞赛,多外出写生,多组织学员参观交流,在时机成熟时举办书画展览,推荐优秀作品在报纸杂志上发表,多联系电视台记者,或可有机会在电视节目里亮相。精心做好网络推广,利用网络实时快捷的有利条件,与学员形成互动,可定期编印简报和宣传册,免费在全社会发放,扩大社会影响。

为提升培训班质量,要建立绩效评估标准,定期或不定期进行教学审查与自省,积极参加由各级部门组织的文艺科目竞赛活动。艺术来源于生活,要多组织学生进行户外写生、表演,也可以组织、参加书画艺术讲座,既展示艺术教育成果,又能扩大社会影响。要对在教育教学之中取得突出成绩的教师和学生给予物质或荣誉的表彰,要防微杜渐,在实践中不断发现问题,总结经验教训,改进方法,以赏罚分明的奖惩制度保证海洋非物质文化遗产艺术教育培训事业的良性发展。

四、特色打造

海洋非物质文化遗产艺术培训班要打造出以下特色。

(一)特色一:"知""艺"结合,高效培训

打破"集训拉练"式的培训,将时间延长,不仅要培养学员的艺术表演能力,更要让他们深刻了解海洋非物质文化遗产艺术所蕴含的文化底蕴,由"看热闹"转变为"看门道",帮助学员在绚丽多彩的艺术面前探寻海洋非物质文化遗产艺术本质,从而更好地发挥其陶冶情操、教化群众的作用。

(二)特色二:企校联合,定向培养

邀请专业人员严格把关,联系艺术院校著名教师讲座。由于海洋非物质文化遗产艺术存在地域风格不同的特点,要根据各地需求、学员特长等有针对性地进行辅导,尤其是要做好对参加考试、表演的学员的重点辅导,以艺术培训帮助他们解决工作、生活、学习的问题。

(三)特色三:名人讲座,精神培育

定期邀请海洋非物质文化遗产、海洋艺术领域的专家学者进行指导讲座,

邀请行业内成功人士作报告,激发学员对海洋非物质文化遗产艺术的热爱,培养学生积极进取的良好学风。

(四)特色四:建立多层次、宽领域、一体化培训

将长期培训与短期培训相结合,将书画、音乐、歌舞等各类艺术形式相结合,将幼儿教育、中小学兴趣班、大学专业版、社会进修班等相结合,涵盖多领域,打造高层次海洋非物质文化遗产艺术教育团队。

参考文献

[1] 曲金良.中国海洋文化发展报告（2013）[R].北京:社会科学文献出版社,2014.

[2] 张开城,徐质斌.海洋文化与海洋文化产业研究 [M].北京:海洋出版社,2008.

[3] 吴春明.海洋遗产与考古 [M].北京:科学出版社,2012.

[4] 苏勇军.海洋非物质文化遗产旅游的可持续发展研究 [J].浙江旅游职业学院学报,2010,6（1）.

[5] 张鹏.海洋非物质文化遗产的产业化探究——以舟山群岛新区为例 [J].四川省干部函授学院学报,2015（1）.

[6] 侯彦,周晓.非物质文化遗产的公共传播与产业化探究——以舟山群岛新区为例 [J].剑南文学:经典阅读,2013（7）.

[7] 钱开青.基于文化资源开发的区域文化产业发展路径研究 [D].浙江财经学院硕士学位论文,2013.

[8] 李锦晖.论我国海底文化遗产保护制度的改进 [J].北京:海洋开发与管理,2011（11）.

[9] 辛儒.我国非物质文化遗产产业化经营问题探讨 [J].生产力研究,2008（6）.

[10] 李琦.非物质文化遗产保护及其产业化经营探索 [J].商业时代,2008（24）.

[11] 辛儒.非物质文化遗产产业化经营管理的可行性研究 [J].商场现代化,2008（9）.

[12] 孟桃,等.旅游业视角下非物质文化遗产产业化经营探析 [J].中国市场,2013（16）.

[13] 苏勇军.浙江海洋文化产业发展研究 [M].北京:海洋出版社,2011.

[14] 夏萍.试论我国文化产业建设中存在的问题及发展思路 [J].当代经济,2013（4）.

[15] 赵丽.黑龙江文化产业特色化发展战略研究 [J].产业与科技论坛,

2013（1）．

[16] 赖丹．文化产业的特征与功能探析 [J]．科技广场，2009（10）．

[17] 葛存如，王山．广西壮族自治区文化产业竞争力评价分析 [J]．经济论坛，2013（5）．

[18] 张家辉，等．山东省海洋文化遗产产业发展的对策研究 [J]．北京：海洋开发与管理，2015（7）．

[19] 齐爱民．非物质文化遗产系列研究(一)非物质文化遗产的概念与构成要件 [J]．电子知识产权，2007（4）．

[20] 田特平．非物质文化遗产保护要以人为本 [J]．艺海，2007（2）．

[21] 刘建平等．论旅游开发与非物质文化遗产保护 [J]．贵州民族研究，2007（3）．

[22] 张燕．物质文化遗产的开发与利用——以甘肃省物质文化遗产开发为例 [J]．河北农业科学，2007（2）．

[23] 柳霞．山东公共文化服务机构与非物质文化遗产保护 [A]// 建设经济文化强省：挑战·机遇·对策——山东省社会科学界 2009 年学术年会文集（4）[C]，2009．

[24] 贾晓峰．保护传承非物质文化遗产打造特色历史文化名城——以山东省平度市为个案 [A]// 建设经济文化强省：挑战·机遇·对策——山东省社会科学界 2009 年学术年会文集（4）[C]，2009．

[25] 刘临安，马龙．传承与保护—非物质文化遗产的生存策略 [A]// 北京论坛（2007）文明的和谐与共同繁荣——人类文明的多元发展模式："人类遗产对文明进步的启示"考古分论坛论文或摘要集 [C]，2007．

[26] 杨红文，非物质文化遗产的保护性开发 [N]．中国文化报，2007-01-31．

[27] 池墨．保护"非遗"更应该重内质 [N]．中国文化报，2007-04-04．

[28] 何华湘．非物质文化遗产的传播研究 [D]．华东师范大学，2010．

[29] 高晓芳．物质文化遗产的电视传播研究 [D]．吉林大学，2012．

[30] 蔡光龙．图书馆保护非物质文化遗产的社会定位 [J]．图书与情报，2007（2）．

[31] 张魏，等．非物质文化遗产的旅游产业化研究 [J]．中国商贸，2013（18）．

[32] 王松华，廖嵘．产业化视角下的非物质文化遗产保护 [J]．同济大学学报

（社会科学版），2008（1）.

[33] 辛儒，王释云.非物质文化遗产产业化内涵解读与策略探析 [J].文化产业，2010（1）.

[34] 王文章.非物质文化遗产概论 [M].北京：教育科技出版社，2008.

[35] 王焯.辽宁非物质文化遗产产业化保护模式探究 [J].文化学刊，2009（6）.

[36] 吕建华.遗产保护与媒体宣传的关系 [A]// 新观点新学说学术沙龙文集3：遗产保护与社会发展 [C]，2006.

[37] 侯卫东.文化遗产的可持续发展概念 [A]// 新观点新学说学术沙龙文集3：遗产保护与社会发展 [C]，2006.

[38] 陈雯静.日本对于传统文化的保护及启迪 [A]// 湖南省城市文化研究会第六届学术研讨会论文集 [C]，2011.

[39] 舍日布.浅谈文化产业发展重要的文化资本 [J].大观周刊，2012（51）.

[40] 张晓明."十一五"文化产业发展五大趋势 [J].发展，2006（4）.

[41] 刘洋.体育非物质文化遗产保护的路径研究 [D].北京体育大学，2012.

[42] 王经伦.广东海洋文化遗产保护、开发与利用的思考 [J].广东社会科学，2009（2）.

[43] 张祖群.研读北京——北京遗产旅游与文化创意产业协同研究 [M].北京：首都经济贸易大学出版社，2014.

[44] 汪振军.河南非物质文化遗产传承与产业化研究 [M].北京：中国社会科学出版社，2014.

[45] 张开城，张国玲.广东海洋文化产业 [M].北京：海洋出版社，2009.

[46] 张继平，李强华.扬帆长江：直济沧海——南通海洋文化产业研究 [M].上海：上海交通大学出版社，2012.

[47] 徐海龙.文化遗产管理开发的几种模型 [J].生产力研究，2009（21）.

[48] 聂小会，彭建辉.文化遗产保护与开发的措施——国外文化遗产保护与开发 [J].大众商务，2010，14（下）.

[49] 刘庆余，等.中国遗产资源的保护与发展——兼论遗产旅游业的可持续发展 [J].中国软科学，2005（6）.

[50] 王琳霞.梧州非物质文化遗产产业化发展研究 [J].市场论坛，2012（6）.

[51] 胡海胜.民俗节庆遗产与旅游经济的融合发展模式研究——以三清山板灯节为例[J].江西财经大学学报,2011(5).

[52] 徐红慧.发挥公共图书馆优势:保护非物质文化遗产——兼谈漳州市图书馆保护非物质文化遗产的实践[A]//泛珠三角地区图书馆学(协)会2009年学术年会福建卷[C],2009.

[53] 臧萍.农村非物质文化遗产适度产业化及其管理策略[D].大连海事大学,2011.

[54] 张克伟.沂蒙红色文化资源产业化研究[D].山东大学,2010.

[55] 刘阳.加强非物质文化遗产保护:推进文化强省建设[A]//建设经济文化强省:挑战·机遇·对策——山东省社会科学界2009年学术年会文集(4)[C],2009.

[56] 时吉光,喻学才.我国近年来非物质文化遗产保护研究综述[J].长沙大学学报,2006(1).

[57] 罗茜.非物质文化遗产保护性旅游开发问题研究[J].管理观察,2009(11).

[58] 韩佳琦.文化产业和非物质文化遗产的产业化[J].商业文化(学术版),2008(1).

[59] 辛儒.非物质文化遗产数字博物馆研究[D].青岛大学,2009.

[60] 楼圆玲.大众传媒对非物质文化遗产传播的研究[D].浙江大学,2010.

[61] 符霞.旅游对非物质文化遗产的影响研究[D].北京林业大学,2007.

[62] 范玉娟.非物质文化遗产的旅游开发研究[D].上海师范大学,2007.

[63] 葛星,李建.山东非物质文化遗产保护体系的构建[J].东岳论丛,2007(4).

[64] 合浦县人民政府,北海市地方志办公室.北海合浦海上丝绸之路史[M],南宁:广西人民出版社,2008.

[65] 何振良.略论泉州"海上丝绸之路"文化遗产及其保护与开发[A]//闽南文化研究——第二届闽南文化研讨会论文集(上)[C],2003.

图书在版编目（CIP）数据

海洋文化遗产资源产业化开发策略研究 / 刘家沂主
编 . —青岛：中国海洋大学出版社，2016.4

ISBN 978-7-5670-1106-9

Ⅰ. ①海…　Ⅱ. ①刘…　Ⅲ. ①海洋－文化遗产－产业
发展－研究－中国　Ⅳ. ①K878.04

中国版本图书馆 CIP 数据核字（2016）第 069388 号

出版发行	中国海洋大学出版社			
社　　址	青岛市香港东路 23 号		**邮政编码**	266071
出 版 人	杨立敏			
网　　址	http://www.ouc-press.com			
电子信箱	zhanghua@ouc-press.con			
订购电话	0532-82032573（传真）			
责任编辑	张　华		**电　　话**	0532-85902342
印　　制	青岛国彩印刷有限公司			
版　　次	2016 年 4 月第 1 版			
印　　次	2016 年 4 月第 1 次印刷			
成品尺寸	170 mm × 230 mm			
印　　张	16.5			
字　　数	265 千			
定　　价	38.00 元			